环保公益性行业科研专项经费项目系列丛书

矿山开采沉陷监测及预测新技术

吴　侃　汪云甲　王岁权　蔡来良

著

陈冉丽　陈国良　李　亮　敖建锋

U0341906

中国环境科学出版社·北京

图书在版编目（CIP）数据

矿山开采沉陷监测及预测新技术/吴侃等著. —北京：中国环境科学出版社，2012.12

（环保公益性行业科研专项经费项目系列丛书）

ISBN 978-7-5111-1072-5

Ⅰ．①矿⋯ Ⅱ．①吴⋯ Ⅲ．①矿山开采—沉陷性—监测 Ⅳ．①TD327

中国版本图书馆 CIP 数据核字（2012）第 164879 号

责任编辑　丁莞歆
责任校对　唐丽虹
封面设计　金　喆

出版发行　**中国环境科学出版社**
　　　　　（100062　北京市东城区广渠门内大街 16 号）
　　　　　网　　址：http://www.cesp.com.cn
　　　　　电子邮箱：bjgl@cesp.com.cn
　　　　　联系电话：010-67112765（编辑管理部）
　　　　　发行热线：010-67125803，010-67113405（传真）
　　　　　印装质量热线：010-67113404
印　　刷　北京中科印刷有限公司
经　　销　各地新华书店
版　　次　2012 年 12 月第 1 版
印　　次　2012 年 12 月第 1 次印刷
开　　本　787×1092　1/16
印　　张　17.75
字　　数　410 千字
定　　价　45.00 元

《环保公益性行业科研专项经费项目系列丛书》
编委会

顾　问：吴晓青

组　长：赵英民

副组长：刘志全

成　员：禹　军　陈　胜　刘海波

总　序

我国作为一个发展中的人口大国，资源环境问题是长期制约经济社会可持续发展的重大问题。党中央、国务院高度重视环境保护工作，提出了建设生态文明、建设资源节约型与环境友好型社会、推进环境保护历史性转变、让江河湖泊休养生息、节能减排是转方式调结构的重要抓手、环境保护是重大民生问题、探索中国环保新道路等一系列新理念新举措。在科学发展观的指导下，"十一五"环境保护工作成效显著，在经济增长超过预期的情况下，主要污染物减排任务超额完成，环境质量持续改善。

随着当前经济的高速增长，资源环境约束进一步强化，环境保护正处于负重爬坡的艰难阶段。治污减排的压力有增无减，环境质量改善的压力不断加大，防范环境风险的压力持续增加，确保核与辐射安全的压力继续加大，应对全球环境问题的压力急剧加大。要破解发展经济与保护环境的难点，解决影响可持续发展和群众健康的突出环境问题，确保环保工作不断上台阶出亮点，必须充分依靠科技创新和科技进步，构建强大坚实的科技支撑体系。

2006 年，我国发布了《国家中长期科学和技术发展规划纲要（2006—2020年）》（以下简称《规划纲要》），提出了建设创新型国家战略，科技事业进入了发展的快车道，环保科技也迎来了蓬勃发展的春天。为适应环境保护历史性转变和创新型国家建设的要求，原国家环境保护总局于 2006 年召开了第一次全国环保科技大会，出台了《关于增强环境科技创新能力的若干意见》，确立了科技兴环保战略，建设了环境科技创新体系、环境标准体系、环境技术管理体系三大工程。五年来，在广大环境科技工作者的努力下，水体污染控制与治理科技重大专项启动实施，科技投入持续增加，科技创新能力显著增强；发布了 502项新标准，现行国家标准达 1 263 项，环境标准体系建设实现了跨越式发展；完成了 100 余项环保技术文件的制修订工作，初步建成以重点行业污染防治技术政策、技术指南和工程技术规范为主要内容的国家环境技术管理体系。环境科技为全面完成"十一五"环保规划的各项任务起到了重要的引领和支撑作用。

为优化中央财政科技投入结构，支持市场机制不能有效配置资源的社会公益研究活动，"十一五"期间国家设立了公益性行业科研专项经费。根据财政部、科技部的总体部署，环保公益性行业科研专项紧密围绕《规划纲要》和《国家环境保护"十一五"科技发展规划》确定的重点领域和优先主题，立足环境管理中的科技需求，积极开展应急性、培育性、基础性科学研究。"十一五"期间，环境保护部组织实施了公益性行业科研专项项目234项，涉及大气、水、生态、土壤、固废、核与辐射等领域，共有包括中央级科研院所、高等院校、地方环保科研单位和企业等几百家单位参与，逐步形成了优势互补、团结协作、良性竞争、共同发展的环保科技"统一战线"。目前，专项取得了重要研究成果，提出了一系列控制污染和改善环境质量技术方案，形成一批环境监测预警和监督管理技术体系，研发出一批与生态环境保护、国际履约、核与辐射安全相关的关键技术，提出了一系列环境标准、指南和技术规范建议，为解决我国环境保护和环境管理中急需的成套技术和政策制定提供了重要的科技支撑。

为广泛共享"十一五"期间环保公益性行业科研专项项目研究成果，及时总结项目组织管理经验，环境保护部科技标准司组织出版"十一五"环保公益性行业科研专项经费项目系列丛书。该丛书汇集了一批专项研究的代表性成果，具有较强的学术性和实用性，可以说是环境领域不可多得的资料文献。丛书的组织出版，在科技管理上也是一次很好的尝试，我们希望通过这一尝试，能够进一步活跃环保科技的学术氛围，促进科技成果的转化与应用，为探索中国环保新道路提供有力的科技支撑。

中华人民共和国环境保护部副部长

吴晓青

2011 年 10 月

前　言

作为世界上煤炭资源生产和消费最多的国家，在未来的几十年乃至上百年中，我国一次性能源中煤炭资源的主体地位不会发生改变。随着国民经济持续健康发展的需求，煤炭资源的产量也在稳步提高。2010 年中国煤炭产量接近 32 亿 t，每年增量保持在 2 亿 t 左右，"十二五"末需求量至少为 40 亿 t。其中，93%以上的煤炭产量来自于井工开采。

煤炭资源的高强度、大规模开采在为国民经济发展和社会进步作出巨大贡献的同时，也给矿区带来严重的环境地质灾害问题，如导致地表沉陷、农田及建筑物破坏、矸石堆积、瓦斯等有害气体排放、土地沙漠化、有害物质渗入地下水等。在我国不少矿区，煤炭不合理开发已危及矿区生态环境安全。如大规模、高强度、大面积开采已使山西省的生存支持系统、环境支持系统等多项指标都排在全国倒数第一或第二。

煤炭开发活动对生态系统的影响源头在于地下采煤引起的地表沉陷。如矿区的地表积水、耕地破坏、民房开裂、山体滑坡、植被破坏和铁路、公路等公共设施的破坏都与地表沉陷有直接关系。因此，做好煤炭井工开采地表沉陷的监测及预测工作对矿井开采规划及矿区生态环境保护及恢复具有重要的现实意义。

获取准确的开采沉陷盆地形态是实现开采沉陷预测的基础性工作，传统的开采沉陷变形监测只能获取沉陷盆地主断面上少数几个监测点的变形，用监测点的变形反演整个沉陷盆地的变形情况，这种以点概面的方法具有较大的局限性，引进新的沉陷监测技术势在必行。应用三维激光扫描技术进行开采沉陷监测可以获取监测区域内密集的点云数据，反映沉陷盆地的真实形态，适用于快速获取开采沉陷预测参数；应用 InSAR 技术可以获取大范围矿区沉陷信息。

煤炭开采地表沉陷预测研究是一个由来已久的话题，国内外建立的预测方法有概率积分法、剖面函数法、威布尔预计法、负指数幂法、典型曲线法、双曲线法、数值模拟计算等方法。在这些方法中，大部分方法由于参数体系复杂且难以获取、模型自身存在一定的缺陷、推广应用性差等问题未能得到广泛的应用，而概率积分法由于其参数体系简单、预计结果相对可靠等优点在我国各大矿区得到了广泛应用。但是概率积分法由于其自身模型的限制，对平原地区适应性较好，对山区适应性较差，对缓倾斜煤层开采沉陷适应性较好，对大倾角煤层开采适应性较差。而我国目前煤炭资源开发的重点转向山西、新疆、内蒙古等西部矿区，这些矿区典型的特点为地形起伏较大，煤层倾角较大，如何解决西部区域煤炭资源开采地表沉陷预测问题，对保证全国煤炭资源开发总体规划、保护西部脆弱生态环境显得重要而急迫。

在前人卓有成效的工作基础上，通过大量的理论分析、实验室模拟计算和对实测资料的整理分析，以求建立起一个参数体系简单、可适用于地形起伏和煤层倾角变化的一体化开采沉陷预测模型（广适应开采沉陷预测模型），并形成界面友好、操作简便的完整的软件系统。

本书是"煤炭井工开采的地表沉陷监测预测及生态环境损害累计效应研究"（项目编号：200809128）课题组成员在长期合作研究基础上的成果总结。

本书第一部分由吴侃负责，主要参加研究和编写工作的有：敖建锋博士、周大伟博士、张舒硕士、黄承亮硕士、赵鑫硕士等。本书第二部分由汪云甲负责，主要参加研究和编写工作的有：陈国良博士、王行风博士、盛耀斌博士、闫建伟硕士、乔浩然硕士、张俊硕士及研究生魏长倩、鲍金杰等。本书第三部分由吴侃、王岁权负责，主要参加研究和编写工作的有：蔡来良博士、陈冉丽硕士、李亮博士，郑汝育、李儒、谢艾伶、于启升、刘虎、王响雷、郝刚、徐亚楠、唐瑞林硕士等。

书中有关的应用实践涉及各个知名企业，包括：中煤国际工程集团北京华宇工程有限公司、冀中能源峰峰集团有限公司、兖州煤业股份有限公司、煤炭工业太原设计研究院和中煤科工集团南京设计研究院。在此，对以上各大企业的大力支持表示衷心感谢！

作 者

2012 年 11 月

目　录

第三部分　广适应开采沉陷预测模型

第一部分
地面三维激光扫描在开采沉陷观测中的应用

第一章　三维激光扫描观测站理论基础

第一节　三维激光扫描仪简介

三维激光扫描技术是随着当代地球空间信息科学发展而产生的一项高新技术，随着三维激光扫描仪在工程领域的广泛应用，这种技术已经引起了广大科研人员的广泛关注。三维激光扫描系统由三维激光扫描仪、数码相机、扫描仪旋转平台、软件控制平台、数据处理平台及电源和其他附件设备共同构成。它克服了传统测量方法条件限制多、采集效率低下等劣势，可以深入到任何复杂的现场环境及空间中进行扫描操作，并可以直接实现各种大型的、复杂的、不规则的、标准或非标准的实体或实景三维数据完整的采集，进而快速重构出实体目标的三维模型及线、面、体、空间等各种制图数据[1]。

一、三维激光仪分类

三维激光扫描技术在近几年得到了飞速的发展，成为多领域、多用途的一门应用技术。应用于不同领域的三维激光扫描仪的诞生代表了三维激光扫描技术的发展水平，目前应用的三维激光扫描系统种类繁多，类型、工作领域不尽相同。按照不同的研究角度、工作原理等可进行多种分类。

三维激光扫描系统从操作的空间位置可以划分为如下4类：

①机载型激光扫描系统：这类系统在小型飞机或直升机上搭载，由激光扫描仪（LS）、成像装置（UI）、定位系统（GPS）、飞行惯导系统（INS）、计算机及数据采集器、记录器、处理软件和电源构成，如图1-1所示。它可以在很短时间内取得大范围的三维地物数据，如图1-2所示。

②地面型激光扫描系统：此种系统是一种利用激光脉冲对被测物体进行扫描，可以大面积、快速度、高精度、大密度地取得地物的三维形态及坐标的一种测量设备。根据测量方式还可划分为两类：一类是移动式激光扫描系统；另一类是固定式激光扫描系统。

所谓移动式激光扫描系统，是基于车载平台，由全球定位系统（GPS）、惯性导航系统（IMU）结合地面三维激光扫描系统组成，如图1-3所示。

固定式激光扫描系统，类似传统测量中的全站仪。系统由激光扫描仪及控制系统、内置数码相机、后期处理软件等组成。与全站仪不同之处在于固定式激光扫描仪采集的不是离散的单点三维坐标，而是一系列的"点云"数据。其特点为扫描范围大、速度快、精度高、具有良好的野外操作性能，如图1-4所示。

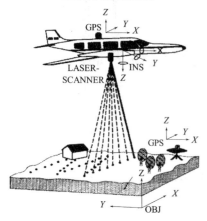

图 1-1　机载型扫描示意图

图 1-2　三维成果图

图 1-3　车载型激光扫描系统

图 1-4　GX200 固定式激光扫描系统

③手持型激光扫描仪：此类设备多用于采集小型物体的三维数据，一般配以柔性机械臂使用。优点是快速、简洁、精确。适用于机械制造与开发、产品误差检测、影视动画制作与医学等众多领域，如图 1-5、图 1-6 所示。

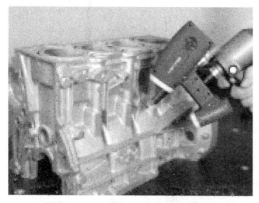

图 1-5　Model Maker 激光扫描仪

图 1-6　Fast Scan 激光扫描仪

④特殊场合应用的激光扫描仪，如洞穴中应用的激光扫描仪：在特定非常危险或难以到达的环境中，如地下矿山隧道、溶洞洞穴、人工开凿的隧道等狭小、细长型空间范围内，三维激光扫描技术也可以进行三维扫描。

在三维激光扫描系统中，还可以进行更加详细的分类，根据不同的分类角度可有不同的分类结果：

仪器的扫描方式——例如水平 360°扫描、瞬时视场的大小、扫描断面；

仪器的偏差系统——仪器的轴系旋转或镜面旋转方式；

结合使用的方式——内置或外置数码相机，GPS 接收机等。

另外，还可以做如下分类[7]：

按照激光光束的发射方式划分：灯泡式扫描仪，如图 1-7（a）所示；三角法扫描仪，如图 1-7（b）所示；扇形扫描仪，如图 1-7（c）所示。

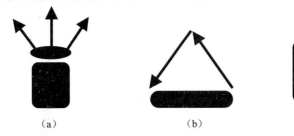

（a）　　　　　　　　　　（b）　　　　　　　　　　（c）

图 1-7　激光光束发射方式分类

按照扫描仪的扫描成像方式划分：

①摄影扫描式。此类型的扫描仪扫描瞬时视场有限，它与摄影相机类似。适用于室外物体扫描，尤其是对于长距离的扫描很有优势，见图 1-8（a）。

②全景扫描式。此类型的扫描仪视场局限于仪器的自身如三脚架，它适用于室内宽视角扫描，见图 1-8（b）。

③混合型扫描式。它集成了上述两种类型的优点，水平方向的轴系旋转不受任何的限制，而垂直的方向上的旋转受镜面的局限，见图 1-8（c）。

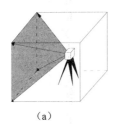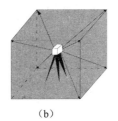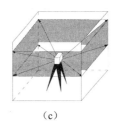

（a）　　　　　　　　　　（b）　　　　　　　　　　（c）

图 1-8　扫描成像方式分类

三维激光扫描仪按测距方式划分为 3 种：脉冲式、相位式和三角测距式。

①脉冲式：大多数的扫描仪测距都是采用这种原理，其测距范围可达到数百米，甚至上千米。而且不受环境光线影响，但扫描频率较低，单点定位精度稍差，适用于大型工程和室外使用。

②相位式：扫描范围一般在 100 m 内，与脉冲式相比，它的扫描频率和精度较高，但

是在一定程度上受环境光线影响，不适宜晴天时在室外进行大于 20 m 的工作。

③三角测距式：这种方式的测量距离有限，一般在几米到几十米，受环境光线影响较大，但扫描频率快、精度高，适用于室内且对精度要求很高的情况，主要应用于逆向建模等工程中。

二、三维激光扫描仪工作原理

三维激光扫描系统由三维激光扫描仪、数码相机、扫描仪旋转平台、软件控制平台、数据处理平台及电源和其他附件设备共同构成，是一种集成了多种高新技术的新型空间信息数据获取手段[8]。脉冲式三维激光扫描系统的工作原理如图 1-9 所示，首先由激光脉冲二极管发射出激光脉冲信号，经过旋转棱镜，射向目标，通过探测器，接收反射回来的激光脉冲信号，并由记录器记录每个激光脉冲从出发到被测物表面再返回仪器所经过的时间来计算距离，同时编码器测量每个脉冲的角度，可以得到被测物体的三维真实坐标。

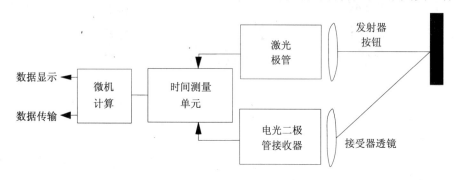

图 1-9   脉冲式三维激光扫描原理

原始观测数据主要是：精密时钟控制编码器同步测量得到的每个激光脉冲横向扫描角度观测值 α 和纵向扫描角度观测值 ξ，通过脉冲激光传播的时间计算得到的仪器扫描点的距离值 S，扫描点的反射强度等。三维激光扫描测量一般使用仪器内部坐标系统，X 轴在横向扫描面内，Y 轴在纵向扫描面内与 X 轴垂直，Z 轴与横向扫描面垂直，根据公式（1.1）可得到点坐标的计算公式[1]：

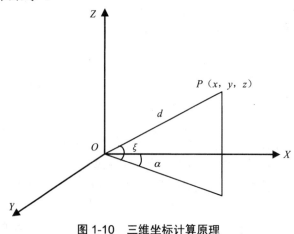

图 1-10   三维坐标计算原理

$$\begin{cases} x = d\cos\xi\cos\alpha \\ y = d\cos\xi\sin\alpha \\ z = d\sin\xi \end{cases} \tag{1.1}$$

三、三维激光扫描仪的主要特点

三维激光扫描仪的单点定位精度一般在亚厘米级，其模型精度还要高于单点定位的精度。三维激光扫描仪能提供视场内的、有效测程内的、基于一定采样间距的采样点三维坐标，并具有较高的测量精度和很高的数据采集效率。与基于全站仪或 GPS 的变形监测相比，其数据采集效率较高，且采样点数要多得多，形成了一个基于三维数据点的离散三维模型数据场，这能有效避免以往基于变形监测点数据的应力应变分析结果中所带有的局部性和片面性（即以点代面的分析方法的局限性）；与基于近景摄影测量的变形监测相比，尽管它无法像近景摄影那样能形成基于光线的连续三维模型数据场，但它比近景摄影具有更高的工作效率，并且其后续数据处理也更为容易，能快速准确地生成监测对象的三维数据模型。这些技术优势决定了三维激光影像扫描技术在变形监测领域将有着广阔的应用前景。

三维激光扫描技术可以大范围，快速全面，高精度，高分辨率地获取被测物体的平面和高程坐标，并可以方便地建立可以量测的三维模型。综合起来，激光测量具有以下特点：

①快速性。激光扫描测量能够快速获取大面积目标空间信息。应用激光扫描技术进行目标空间数据采集，可以及时地测定实体表面立体信息，应用于自动监控行业。

②非接触性。地面三维激光扫描系统采用完全非接触的方式对目标进行扫描测量，获取实体的矢量化三维坐标数据，从目标实体到三维点云数据一次完成，做到真正的快速原形重构。可以解决危险领域的测量、柔性目标的测量、需要保护对象的测量以及人员不可到达位置的测量等工作。

③激光的穿透性。激光的穿透特性使得地面三维激光扫描系统获取的采样点能描述目标表面的不同层面的几何信息。

④实时、动态、主动性。地面三维激光扫描系统为主动式扫描系统，通过探测自身发射的激光脉冲回射信号来描述目标信息，使得系统扫描测量不受时间和空间的约束。系统发射的激光束是准平行光，避免了常规光学照相测量中固有的光学变形误差，拓宽了纵深信息的立体采集。这对实景及实体的空间形态及结构属性描述更加完整，采集的三维数据更加具有实效性和准确性。

⑤高密度、高精度特性。激光扫描能够以高密度、高精度的方式获取目标表面特征。在精密的传感工艺支持下，对目标实体的立体结构及表面结构的三维集群数据作自动立体采集。采集的点云由点的位置坐标数据构成，减少了传统手段中人工计算或推导所带来的不确定性。利用庞大的点阵和一定浓密度的格网来描述实体信息，采样点的点距间隔可以选择设置，获取的点云具有较均匀的分布。

⑥数字化、自动化。系统扫描直接获取数字距离信号，具有全数字特征，易于自动化显示输出，可靠性好。扫描系统数据采集和管理软件通过相应的驱动程序及 TCP/IP 或平行连线接口控制扫描仪进行数据的采集，处理软件对目标初始点/终点进行选择，具有很好

的点云处理、建模处理能力，扫描的三维信息可以通过软件开放的接口格式被其他专业软件所调用，达到与其他软件的兼容性和互操作性。

⑦地面三维激光扫描系统对目标环境及工作环境的依赖性很小，其防辐射、防震动、防潮湿的特性，有利于进行各种场景或野外环境的操作。

四、三维激光扫描仪用途

目前三维激光扫描仪的主要用途为工程测量、地形测景、虚拟现实和模拟可视化、矿区土方开挖断面和体积测量、工业制造、变形测量、加工检测、施工控制、事故调查、历史古迹的调查与恢复，以及特殊动画效果的测量等。

第二节　三维激光扫描应用于矿山开采沉陷观测的基本原理

一、常规观测站基本原理

所谓观测站[9]，是指在开采影响范围内的地表、岩层内部或其他研究对象上，按一定要求设置的一系列互相联系的观测点。在采动过程中，根据需要定期观测这些测点的空间位置及相对位置的变化，以确定各测点的位移和点间的相对移动，从而掌握开采沉陷的规律。

为了能够获得比较准确、可靠、有代表性的观测资料，观测站设计中，一般应遵循下列原则：

①观测线应设在地表移动盆地的主断面上；

②设站地区，在观测期间不受邻近开采的影响；

③观测线的长度要大于地表移动盆地的范围；

④观测线上的测点应有一定的密度，这要根据开采深度和设站目的而定；

⑤观测站的控制点要设在移动盆地范围以外，埋设要牢固。在冻土地区，控制点底面应在冻土线 0.5 m 以下。

但为特殊目的而建立的专门观测站可不受上述条件限制。

根据设站目的，合理地选择观测站的布设形式是十分重要的。目前我国矿区大多采用剖面线状观测站。

观测站一般由两条观测线组成。一条沿煤层走向方向，一条沿倾斜方向，它们互相垂直并相交。在地表达到充分采动的条件下，通过移动盆地的平底部分都可设置观测线。在地表未达到充分采动的条件下，观测线需设在移动盆地的主断面上。由于我国煤矿区回采工作面大多是沿煤层走向方向较长，远远大于充分采动所要求的最小尺寸，因此为了检验观测成果的可靠性，往往在充分采动区内设置两条相距 50～70 m 的倾斜观测线，如图 1-11 所示。

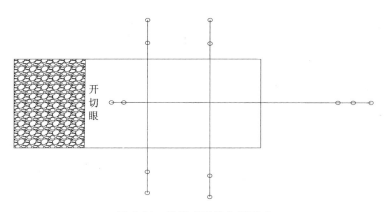

图 1-11 常用观测线布置形式

观测线的长度应保证两端（半条观测线时为一端）超出采动影响范围，以便建立观测线控制点和测定采动影响边缘。采动影响范围内的观测点为工作测点，在采动过程中应保证它们和地表一起移动，以反映地表的移动状态。

工作测点应有适当的密度。为了以大致相同的精度求得移动和变形值及其分布规律，一般工作测点采用等间距。测点密度除与采深（表 1-1）有关外，还取决于设站的目的。

表 1-1 测点密度 （单位：m）

开采深度	点间距离	开采深度	点间距离
<50	5	200~300	20
50~100	10	>300	25
100~200	15	—	—

常规观测站的布设所需要布设的测点一般都在 100 个以上，测点的埋设需要投入大量的人员和经费，从地表沉陷观测站监测经验来看，由于沉陷监测的持续时间通常都在一年以上，在整个监测过程中，测点的破坏是很难避免的问题，有的甚至大部分测点被破坏，这直接导致观测获取的数据不完整，从而影响地表沉陷参数的获取精度。另外，观测站的设计是根据计算的盆地主断面进行观测线布设，但是，在没有获取沉陷参数之前，盆地主断面是无法准确获得的，因此观测线无法布设在主断面上，从而导致盆地的最大下沉值难以获取，影响到地表沉陷参数的精度。利用三维激光扫描技术代替常规观测，能够很好地克服以上缺点，一方面只需要获取开采期间内几个月的地面数据进行动态求参，无需持续到地表沉陷稳定后，监测持续时间短，不需要埋设固定测点，从而避免了测点的破坏。另一方面，三维激光扫描技术获得的是面数据，能够很好地捕捉到最大下沉值，因此能够提高参数求取的精度。

二、三维激光扫描应用于矿山开采沉陷观测的基本原理

地面三维激光扫描短期观测监测沉陷盆地示意图见图 1-12。工作面推进到位置 1 时，用地面三维激光扫描仪观测一次地表，拟合后可以得到当时的数字地面模型 DEM_1。当工

作面推进到位置 2 时，再用三维激光扫描仪对同一位置地表进行第二次扫描，获得这个时候地表的数字地面模型 DEM_2。用 DEM_1 减去 DEM_2，可以得到监测区域的地表的实测下沉值即时刻 1 和时刻 2 之间的实测下沉值。

同时根据动态预计模型，可以计算出工作面开采到图 1-12 中的 1 时刻地表任意点的预计下沉值 W_1 及开采到 2 时刻地表任意点的预计下沉值 W_2，那么利用 $\Delta W = W_1 - W_2$ 即预计出时刻 1 和时刻 2 之间的预计下沉值。那么使实测下沉值和预计下沉值吻合最好的预计参数就为求取的概率积分参数。这即是动态求参原理。

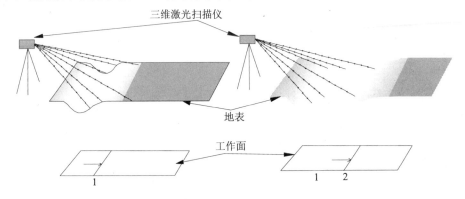

图 1-12　用地面三维激光扫描仪监测沉陷盆地示意图

三、开采沉陷盆地预计模型

在开采沉陷预计方法中，概率积分法在我国的应用最为广泛，因此，三维激光扫描观测站求参方法选用概率积分模型。概率积分预计参数如下[9, 10]：

下沉系数 q：充分采动情况下，地表最大下沉值与煤层法线采厚在铅垂方向投影长度的比值。水平移动系数 b：充分采动情况下，走向主断面上地表最大水平移动值与地表最大下沉值的比值。主要影响角正切 $\tan\beta$：走向主断面上走向边界采深与其主要影响半径 r 之比。主要影响半径 r 的解释为：受半无限开采影响时，除下沉值以外（在 $x > r$ 处下沉接近或达到最大值 W），主要的地表移动和变形值均发生在 $x = -r \sim +r$ 的范围内，r 就是主要影响半径。

拐点偏移距 s：此处的拐点是指下沉曲线的拐点，通常在下沉值为 0.5 倍的最大下沉值处，将拐点沿煤层法向投影到煤层上得到计算边界，量取实际开采边界和计算边界之间煤层的距离，即得到拐点偏移距 s，若计算边界在采空区一侧，s 取正值；若计算边界在煤柱一侧，s 取负值。

开采影响传播角 θ：也叫最大下沉角，在充分采动情况下，倾斜主断面上地表最大下沉值与该点水平移动值的比值的反正切。

（1）稳态预计模型

在开采沉陷预计方法中，概率积分法在我国的应用最为广泛。该方法为原国家煤炭工业局制定的《建筑物、水体、铁路及主要井巷煤柱留设与压煤开采规程》中推荐的方法。该方法的稳定态预计模型叙述如下：

在倾斜煤层中开采某单元 i，按概率积分法的基本原理，单元开采引起地表任意点 (x, y) 的下沉（最终值）为：

$$W_{eoi}(x, y) = \frac{1}{r^2} \exp(-\pi(x - x_i)^2 / r^2) \exp(-\pi(y - y_i + l_i)^2 / r^2) \quad (1.2)$$

式中：r ——主要影响半径，$r = H_0 / \tan\beta$；

$\quad\quad H_0$ ——平均采深；

$\quad\quad \tan\beta$ ——预计参数，为主要影响角 β 的正切；$l_i = H_i \cdot \cot\theta$，$\theta$ 预计参数，为最大下沉角；

$\quad\quad (x_i, y_i)$ —— i 单元中心点的平面坐标；

$\quad\quad (x, y)$ ——地表任意一点的坐标。

设工作面范围为：$0 \sim p$，$0 \sim a$ 组成的矩形。

①地表任一点的下沉为：

$$W(x, y) = W_0 \iint W_{eoi}(x, y) dxdy \quad (1.3)$$

式中：W_0 ——该地质采矿条件下的最大下沉值，mm，$W_0 = mq\cos\alpha$；

$\quad\quad q$ ——预计参数，下沉系数；

$\quad\quad p$ ——工作面走向长，m；

$\quad\quad a$ ——工作面沿倾斜方向的水平距离，m。

也可以写为：

$$W(x, y) = \frac{1}{W_0} W^0(x) W^0(y) \quad (1.4)$$

式中：W_0 ——走向和倾向均达到充分采动时的地表最大下沉值；

$\quad\quad W^0(x)$ ——倾向方向达到充分采动时走向主断面上横坐标为 x 的点的下沉值；

$\quad\quad W^0(y)$ ——走向方向达到充分采动时倾向主断面上横坐标为 y 的点的下沉值。

根据下沉表达式，可推导出地表 (X, Y) 的其他移动变形值。注意：除下沉外的其他移动变形都有方向性，同一点沿各个方向的变形值是不一样的，要对单元下沉盆地求方向导数，然后积分。

②沿 φ 方向的倾斜 $i(x, y, \varphi)$

设 φ 角为从 x 轴的正向沿逆时针方向与指定预计方向所夹的角度。

坐标为 (x, y) 的点沿 φ 方向的倾斜为下沉 $W(x, y)$ 在 φ 方向上单位距离的变化率，在数学上即为 φ 方向的方向导数，即为：

$$i(x, y, \varphi) = \frac{\partial W(x, y)}{\partial \varphi} = \frac{\partial W(x, y)}{\partial x} \cos\varphi + \frac{\partial W(x, y)}{\partial y} \sin\varphi \quad (1.5)$$

可将上式化简为：

$$i(x, y, \varphi) = \frac{1}{W_0} [i^0(x) W^0(y) \cos\varphi + i^0(y) W^0(x) \sin\varphi] \quad (1.6)$$

③沿 φ 方向的曲率 $k(x, y, \varphi)$

坐标为 (x, y) 的点 φ 方向的曲率为倾斜 $i(x, y, \varphi)$ 在 φ 方向上单位距离的变化率，

在数学上即为 φ 方向的方向导数，即为：

$$k(x,y,\varphi) = \frac{\partial i(x,y,\varphi)}{\partial \varphi} = \frac{\partial i(x,y,\varphi)}{\partial x}\cos\varphi + \frac{\partial i(x,y,\varphi)}{\partial y}\sin\varphi \tag{1.7}$$

可将上式化简为：

$$k(x,y,\varphi) = \frac{1}{W_0}[k^0(x)W^0(y)\cos^2\varphi + k^0(y)W^0(x)\sin^2\varphi + i^0(x)i^0(y)\sin 2\varphi] \tag{1.8}$$

④沿 φ 方向的水平移动 $U(x,y,\varphi)$

$$U(x,y,\varphi) = \frac{1}{W_0}[U^0(x)W^0(y)\cos\varphi + U^0(y)W^0(x)\sin\varphi] \tag{1.9}$$

⑤沿 φ 方向的水平变形 $\varepsilon(x,y,\varphi)$

$$\varepsilon(x,y,\varphi) = \frac{1}{W_0}\{\varepsilon^0(x)W^0(y)\cos 2\varphi + \varepsilon^0(y)W^0(x)\sin 2\varphi + \\ [U^0(x)i^0(y)+U^0(y)i^0(x)\sin\varphi\cos\varphi]\} \tag{1.10}$$

在充分采动时，最大值预计：

①地表最大下沉值，$W_0 = mq\cos\alpha$

②最大倾斜值，$i_0 = W_0/r$

③最大曲率值，$k_0 = \pm1.52（W_0/r^2）$

④最大水平移动，$U_0 = bW_0$

⑤最大水平变形值，$\varepsilon_0 = \pm1.52 b（W_0/r）$

在与下沉有关的参数都已求定后，上式中只有水平移动系数 b 是要求的参数，U_x，U_y 是实测的水平移动值沿 x，y 方向的分量，也就是说只要一个实测点的水平移动值就可以求出两个水平移动系数，所以在其他参数都已求出的情况下，少量的水平移动实测值就可以求出较准确的水平移动系数。

（2）动态预计模型

动态预计是考虑地表移动变形与空间位置及时间之间的关系，普遍采用的预计模型为最终状态的地表移动变形乘以时间影响函数[11]。

假如煤层的某个足够小的工作面（或把工作面划分为足够小的 n 个工作面）是在瞬间采出，$W_e(x,y)$，$W_{eo}(x,y,t)$ 分别为开采该工作面引起地表点 $p(x,y)$ 的最终下沉值和在 t 时刻的下沉值，时间影响函数为 $f(t)$，则

$$W_{eo}(x,y,t) = W_e(x,y) \cdot f(t) \tag{1.11}$$

其中 $W_e(x,y)$ 可取概率积分法稳态的预计模型，时间影响函数 $f(t) = 1-e^{-ct}$。

式中：t —— 预计时刻与单元开采时刻之间的时间间隔；

c —— 时间因素影响系数/下沉速度系数。

其他移动变形值可以根据上式求得。

如果把一个工作面划分成为足够小的 n 个矩形工作面，且 t 时刻开采到第 i 个小矩形工作面，整个工作面已经开采的范围（1~i 个小矩形工作面）引起地表 p 点在 t 时刻的下沉值，根据叠加原理即可求出：

$$W(x,y,t)=\sum_{i=1}^{n}[W_{ie}(x,y)\cdot f(t_i)] \tag{1.12}$$

其他移动变形值同理可以求出。

很显然，只要求出下沉速度系数 C，就可以求得地表任意点在任意时刻的下沉值。而 C 是取决于岩石性质的时间影响系数，目前以实测地表移动观测资料为基础确定下沉速度系数的方法主要有 3 种：图解法即将实测结果制成下沉—时间曲线，由此获得下沉速度系数；对比法即将实测结果制成下沉与时间过程的无因次曲线，通过选取适当的下沉速度系数使拟合曲线与实测曲线吻合求取；计算法即利用实测的下沉增量进行计算。

以上三种方法都是基于实测资料求取下沉速度系数，吴侃提出了计算下沉速度系数的公式[12]：

$$C=2.0\cdot v\cdot \tan\beta/H \tag{1.13}$$

式中：v——工作面平均推进速度，m/d；

　　　$\tan\beta$——主要影响角正切；

　　　H——工作面平均采深，m。

崔希民提出时间影响系数 C 与地表临界充分采动时的开采尺寸 L_1 和工作面的回采速度 V 之间的关系[13]。

$$C=-\frac{V}{L_1}\ln 0.02 \tag{1.14}$$

由以上分析可知下沉速度系数与开采速度、开采深度和主要影响角正切关系密切。特别是在动态求参过程中，下沉速度系数与主要影响角正切都是未知的，是相互影响的。由于地面三维激光扫描短期地表移动观测站可以获取大量的实测值，可以把下沉速度系数作为参数之一，这样求得其他沉陷参数的同时也求得了下沉速度系数。

四、求预测参数模型

（一）动态求参原理

地表点的移动变形过程是在空间和时间上的连续过程。移动与变形是空间和时间的连续函数，它们取决于点的空间位置及时间，又决定于开采速度和覆岩性质等因素[12]。动态预计就是要建立移动变形与空间位置和时间之间的关系。

目前动态预计的常用方法是通过下沉速度系数 C 确定动态过程中移动变形与稳态移动变形值的关系，即只需要增加一个下沉速度系数 C，就可变稳态预计为动态预计。波兰学者克诺特（Knothe）[14]提出地表点下沉的过程中：

$$\frac{\mathrm{d}W}{\mathrm{d}t}=C[W_k-W(t)] \tag{1.15}$$

式中：$W(t)$——某点在 t 瞬间的下沉量；

　　　W_k——某点在经过无限长时间后可达的最终下沉量。

即下沉速度系数为地表点的下沉速度与该点最终下沉量与该瞬间下沉量之差的比值。

式（1.15）可化为[14]：

$$W(t) = W_k(1-e^{-ct}) \tag{1.16}$$

很显然，只要确定了下沉速度系数 C，就可以求得地表任意点在任意瞬间的下沉量。

而下沉速度系数是取决于岩石性质的时间系数，以往地表移动观测资料确定下沉速度系数的方法主要有 3 种[14]：

（1）图解法

将实测结果制成下沉—时间曲线，由此获得下沉速度系数，这种方法比较简单，但受到制图精度的限制，不能够精确地求得下沉速度系数。

（2）对比法

这种方法将实测结果制成下沉与时间过程的无因次曲线，选取适当的下沉速度系数，使实测曲线和理论曲线一致，此方法工作量较大。

（3）计算法

利用实测的下沉增量进行计算。

以上 3 种方法都是基于实测资料求取下沉速度系数，吴侃[12]提出了计算下沉速度系数的公式：

$$C = 2.0 \cdot v \cdot \tan\beta / H \tag{1.17}$$

式中：v ——工作面平均推进速度，m/d；

　　　$\tan\beta$——主要影响角正切；

　　　H——工作面平均采深，m。

并给出了下沉速度系数同影响它的几个因素之间的关系，即：

①下沉速度系数 C 与开采深度 H 成反比。在其他条件相同的情况下，采深越大，下沉速度系数越小；反之，也成立。

②下沉速度系数 C 与开采速度 v 成正比。

③下沉速度系数 C 与主要影响角正切 $\tan\beta$ 成正比。$\tan\beta$ 是概率积分法中主要决定于岩层力学性质的一个参数。覆岩较硬时 $\tan\beta$ 较小，覆岩较软时 $\tan\beta$ 较大。同样地，覆岩较硬时 C 值较小，而覆岩较软时 C 值较大。

④如果 $\tan\beta$ 是重复采动参数，那么得到的下沉速度系数 C 也是重复采动时的。

根据以上分析，可以知道下沉速度系数与开采速度、开采深度和主要影响角正切关系密切。特别是在动态求参过程中，下沉速度系数与主要影响角正切都是未知的，是相互影响的。由于三维激光扫描短期地表移动观测站可以获取大量的实测值，可以把下沉速度系数作为参数之一，这样求得其他沉陷参数的同时也求得了下沉速度系数。

要变稳态预计为动态预计，增加下沉速度系数的同时，预计方法也更加复杂。动态预计要把工作面离散化，因为工作面不同位置开采的时间不同，但实际编程操作的时候，不需要真的把工作面划分为无穷小，只要沿开采前进方向把工作面划分成足够小的矩形工作面，这样就可以认为每一个小的矩形工作面开采时间是相同的。那么小工作面的尺寸应该如何确定，当然是划分得越小，计算结果越精确，但是为了节省计算时间，也不能划得太小，要确定合理的划分尺寸，要根据工作面的采深确定，采深越深，小工作面的划分尺寸就可以越大。

（二）动态求参方法

动态求参的具体方法如下：

①根据整体的监测区域生成预计格网，通常要设定一个包含监测区域的矩形范围，在这个范围内生成格网，但是这个范围可能没有被扫描完全，也就是说有一部分格网点的周围没有点云或点云很少，那么这个点就剔除，以免对后面的求参有影响。

②分别根据两次扫描的点云内插出格网点高程值。

③输入工作面信息及动态预计时工作面的划分尺寸，并输入两次测量距离工作面开始开采的时间 t_1，t_2。

④输入参数初值及上下界。

⑤分别预计格网点在 t_1，t_2 时的下沉量 W_1 和 W_2，W_2 与 W_1 之差即为 t_1 到 t_2 时间内的下沉量。

⑥两次实测高程值相减，得到实测下沉量。

⑦实测下沉量与计算下沉量之差，即为拟合误差。

⑧根据拟合误差判断是否继续迭代，如需继续迭代，就重新选取参数，从步骤⑤开始。

动态求取参数的流程见图 1-13 所示。

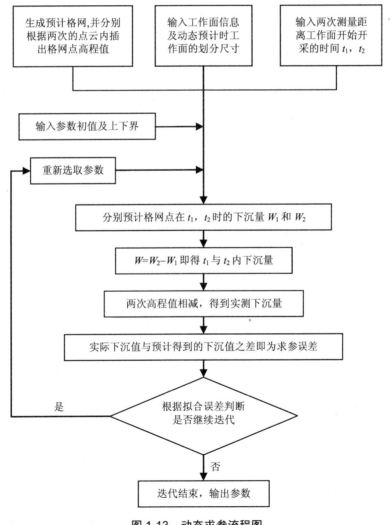

图 1-13　动态求参流程图

（三）RTK 获取动态数据的求参方法

使用 RTK 进行控制测量，可以实时地获取测点坐标，也就是说每一站测得的数据的时间属性都是不同的，这样求参的时候即使是一天测得的数据也不能够放在一起进行求参，因为时间点不同，具体的方法如下：

①分站保存数据，并记录测量时间，每一站的数据保存为 (x, y, z, t)，其中 x, y 为点云的平面坐标；z 为实测高程值；t 为测量时间距离开采开始的时间，单位为 d。

②生成预计格网，根据整体的监测区域生成预计格网，通常会设定一个包含监测区域的矩形范围，在这个范围内生成格网，但是这个范围可能没有被扫描完全，也就是说有一部分格网点的周围没有点云或点云很少，那么这个点就剔除，以免对后面的求参有影响。

③分别搜索每个格网点附近在每站的点数，哪个站点数最多，就用哪个站的数据拟合出这个格网点的高程 Z，并记录下这个站的测量时间，即 (X, Y, Z, t)。

其中 X, Y 为格网的平面坐标；Z 为由点云内插出的高程值；t 为测量时间距离开采开始的时间，单位为 d。

④输入工作面信息及动态预计时工作面的划分尺寸。

⑤输入参数初值及上下界。

⑥对应每一个 (X, Y, Z, t) 计算出这个点在这个时刻的下沉值 W。

⑦两次计算得到的下沉值相减，得到这个时间段内的下沉量。

⑧两次实测高程值相减，得到实测下沉量。

⑨实测下沉量与计算下沉量之差，即为拟合误差。

⑩根据拟合误差判断是否继续迭代，如需继续迭代，就重新选取参数，从步骤⑥开始。

RTK 获取动态数据的求参流程见图 1-14 所示。

（四）水平移动系数求取方法

由于地面三维激光扫描获取的是物体表面的三维空间坐标，对地表进行扫描时没有固定的测点，测得点云经过数据处理进行格网差值得到格网点高程，高程相减即可得到下沉值或通过建立地表的 DEM 模型，两次 DEM 模型相减即得到下沉值。但是水平移动值却不能够通过这种方法获得，那么要研究地表的水平移动规律，获取水平移动系数，就要考虑其他方法：

①埋设固定测点，根据已有的研究结果，通过埋设少量的简易测点就可以求得较为准确的水平移动系数。

②提取特征地物，如电线杆、小树、台阶等，通过建模获得其精确的水平坐标，从而获得其水平移动值。

根据获取的少量的水平移动值，即可得到水平移动系数 b，据此形成一套完整的概率积分参数。

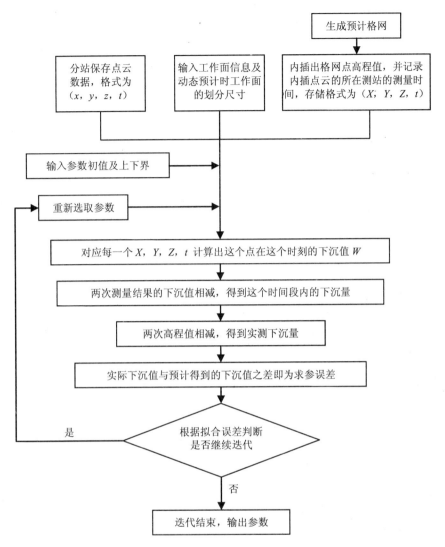

图 1-14　RTK 获取动态数据的求参流程图

第三节　三维激光扫描观测站精度研究

三维激光扫描观测站的精度研究包括误差来源分析、点云精度分析及求参精度分析。点云数据精度是三维激光扫描技术与其他测绘仪器（全站仪及 RTK）结合后获取的最终的融合精度。而这些点云数据的最终目的是求取沉陷预计参数，因此需要分析测量误差对预计参数的影响，对比分析利用传统方法测得的数据求参和利用地面三维激光扫描数据求参的精度。

一、误差来源

三维激光扫描观测站的误差来源有 3 大部分组成：一是作为控制测量时的观测仪器如全站仪或 RTK 引起的误差；二是作为分站扫描测量时三维激光扫描仪引起的误差；三是在观测过程中地表移动引起观测误差。

目前进行控制测量最常用的方法是全站仪及 RTK。全站仪的优点在于精度比较高，而 RTK 的优点在于实时动态地获取测站点坐标，可以在分站扫描测量时与三维激光扫描仪同步进行观测。

利用全站仪进行控制测量时，在观测前首先进行导线测量，将稳定基点与部分测站点联系起来，也就是进行观测站的连测。经过导线平差后，点位精度为毫米级，能够满足沉陷观测要求。

由于全站仪只能进行静态的控制测量，而在观测过程中测点仍在移动，即先测得的坐标在进行三维激光扫描观测时测点坐标已经发生了变化。在地表移动变形缓慢的时候，这种地表的变化不大，可以忽略，但是在地表移动变形剧烈的时期，地表一天内的下沉量能高达百毫米以上，对测量结果的影响非常大，这样，虽然控制测量的精度能够满足要求，但是由于观测时间较控制测量时间有滞后性，这期间产生的误差不得不考虑。针对这个问题，可以采用 RTK 与三维激光扫描仪进行结合，通过改进标靶的方法使控制测量和扫描测量同步进行。从而最大限度地减小了观测过程中的地表移动对观测数据精度的影响。

二、点云数据精度分析

从上面的分析可以知道，最终获取的点云数据的精度是受到上述三种误差综合影响后的融合精度。在地表的移动变形比较缓慢的情况下，可以忽略第三部分的误差影响。分析点云数据的精度应从以下方面进行分析：三维激光扫描仪的观测精度，RTK 或全站仪的观测精度及三维激光扫描与其他测绘仪器（RTK 或全站仪）的融合精度。

（一）三维激光扫描仪精度

根据对大量的实验分析，在地面三维激光扫描仪的误差来源中，仪器本身的测距误差和测角误差对最后仪器的测量精度有较大的影响。针对 Trimble GX200 三维激光扫描仪，做了大量的实验研究，可得到如下结论：

①在扫描距离为 50 m 内时，Trimble GX200 地面三维激光扫描仪的测距精度可以达到 1～2 mm。扫描距离为 50 m 时的单点定位精度能达到 6 mm，高程精度为 3.9 mm；在扫描距离为 100 m 时的单点定位精度能达到 12 mm，高程精度达到 5.8 mm。由于地面三维激光扫描仪的观测精度与扫描距离及扫描的精细程度有关，并且不同的仪器在相同扫描距离内的观测精度也不同，因此应用在沉陷变形监测领域时，根据变形监测对精度小于 10 mm 的要求，用于开采沉陷变形监测时，激光扫描仪的扫描距离一般不要超过误差为 10 mm 时的扫描距离，就 Trimble GX200 而言的话，扫描距离一般不要

超过 80 m。

②扫描仪旋转角度的大小是影响地面三维激光扫描仪定位精度高低的一个重要因素，当旋转的角度越小时被扫描的物点的定位精度越高，反之越大。

③后视定向精度对地面三维激光扫描仪的观测精度也有影响，后视定向精度较高，地面三维激光扫描仪的观测精度也相对较高，反之观测精度较低。因此要测得高精度的点云数据，必须控制后视定向的精度。

（二）RTK 精度分析

RTK 使用动态差分定位方式获得点位坐标[15]。在满足 RTK 工作条件下，在一定的作业范围内（一般 5 km），RTK 的平面精度和高程精度都能达到厘米级，且不存在误差积累[16]。为了使控制测量和分站扫描测量同步进行。使三维激光扫描与 RTK 二者在测量时能融合在一起，把扫描仪标靶进行改良，在其上方加工一个螺丝钉，如图 1-15 所示，以便安装流动站 GPS 接收机，而标靶放在脚架上希望可以提高 RTK 精度。

加工的螺丝钉

在螺丝钉上安装流动站 GPS 接收机

图 1-15　改进的标靶

RTK 虽然可以做到实时测量，可以实时地获取点位坐标，轻松地实现动态观测。但是目前的技术水平，RTK 只能达到厘米级的精度，而沉陷监测要求高程测量误差在 10 mm 以内，RTK 的精度显然不满足这一要求，那么 RTK 获取测点的三维坐标精度到底能够达到多少，我们就这个问题进行了一些实验和分析。一共做了 5 组实验，其中实验一和实验二是采用江苏 CORS（Continuous Operational Reference System），即利用多基站网络 RTK 技术建立的连续运行卫星定位服务综合系统，这种技术不需要设基站。实验三至实验五在中国矿业大学环测学院楼顶设置基站。另外，按照对中杆 RTK（图 1-15）和标靶 RTK（把 RTK 主机放在标靶上测量，见图 1-15）分别进行实验，其中实验一和实验四是对中杆 RTK，实验二、三、五是标靶 RTK。所有测点均已知高精度的三维坐标，将 RTK 测得的坐标与已知坐标进行比较分析，将已知的高精度坐标看作真值。实验结果见表 1-2—表 1-6，其中实验二没有获取高程值，只获取了平面坐标。

表 1-2　实验一（对中杆 RTK）　　　　　　　　　　　（单位：m）

实验一	x 之差 Δx	y 之差 Δy	z 之差 Δz	三维误差 M_{xyz}	平面误差 M_{xy}
A21	0.033	0.002	−0.001	0.033	0.033
A22	0.020	0.009	0.030	0.037	0.022
A23	−0.004	0.023	0.006	0.024	0.023
A24	−0.003	0.009	−0.049	0.050	0.010
平均	0.011	0.011	−0.003	0.036	0.022
中误差	0.019	0.013	0.029	0.037	0.023

日期：2009.08.23

表 1-3　实验二（标靶 RTK）　　　　　　　　　　　（单位：m）

实验二	x 之差 Δx	y 之差 Δy	z 之差 Δz	三维误差 M_{xyz}	平面误差 M_{xy}
A22	0.007	0.014	—	—	0.016
A23	0.016	0.003	—	—	0.016
A24	0.007	0.011	—	—	0.013
平均	0.010	0.009	—	—	0.015
中误差	0.011	0.010	—	—	0.015

日期：2009.08.23

表 1-4　实验三（标靶 RTK）　　　　　　　　　　　（单位：m）

实验三	x 之差 Δx	y 之差 Δy	z 之差 Δz	三维误差 M_{xyz}	平面误差 M_{xy}
A21	0.008	−0.026	0.002	0.027	0.027
A22	−0.009	−0.006	−0.010	0.015	0.011
A23	−0.020	0.008	0.002	0.022	0.022
A24	−0.005	0.013	−0.001	0.014	0.014
平均	−0.007	−0.003	−0.002	0.020	0.019
中误差	0.012	0.015	0.005	0.020	0.020

日期：2009.09.03

表 1-5　实验四（对中杆 RTK）　　　　　　　　　　　（单位：m）

实验四	x 之差 Δx	y 之差 Δy	z 之差 Δz	三维误差 M_{xyz}	平面误差 M_{xy}
A21	0.016	−0.003	−0.012	0.020	0.016
A22	0.010	0.013	−0.004	0.017	0.016
A23	0.007	0.033	−0.020	0.039	0.033
A24	0.014	0.026	−0.009	0.031	0.030
平均	0.011	0.017	−0.011	0.027	0.024
中误差	0.012	0.022	0.013	0.028	0.025

日期：2009.09.04

表 1-6　实验五（标靶 RTK）　　　　（单位：m）

实验五	x 之差 Δx	y 之差 Δy	z 之差 Δz	三维误差 M_{xyz}	平面误差 M_{xy}
A21	−0.006	−0.007	0.012	0.015	0.009
A22	0.000	0.010	0.015	0.018	0.010
A23	−0.005	0.004	−0.019	0.020	0.007
A24	0.005	0.024	−0.005	0.025	0.025
平均	−0.002	0.008	0.001	0.020	0.013
中误差	0.005	0.014	0.014	0.020	0.015

日期：2009.09.04

由上表可以得出以下结论：

①平面坐标中误差：两组对中杆 RTK 的平面坐标中误差分别为 23 mm 和 25 mm，根据双次观测值求取中误差的公式计算得到对中杆 RTK 点位中误差为 24 mm；两组标靶 RTK 的平面中误差分别为 15 mm、20 mm，根据双次观测值得标靶 RTK 点位中误差为 18 mm，优于对中杆 RTK 的精度，这主要是因为对中杆 RTK 在扶杆的时候会有轻微摆动，增加了人为的误差，而标靶 RTK 是把移动台主机安置在标靶上，没有了摆动，误差就小了。

②高程中误差：两组对中杆 RTK 的高程中误差分别为 29 mm 和 13 mm，根据双次观测值得到对中杆 RTK 高程中误差为 22 mm；两组标靶 RTK 的高程中误差分别为 5 mm、14 mm，根据双次观测值得到标靶 RTK 高程中误差为 11 mm，优于对中杆 RTK 的精度。

③三维坐标中误差：两组对中杆 RTK 的三维坐标中误差分别为 37 mm 和 28 mm，得对中杆 RTK 三维坐标中误差为 33 mm；两组标靶 RTK 的三维坐标中误差分别为 20 mm、20 mm，得标靶 RTK 三维坐标中误差为 20 mm，优于对中杆 RTK 的精度。

④比较对中杆 RTK 与标靶 RTK 的测量精度，见表 1-7。可以得到标靶 RTK 比对中杆 RTK 的精度要高。可以看到改进标靶可以提高 RTK 的观测精度。

表 1-7　对中杆 RTK 与标靶 RTK 精度比较　　　　（单位：mm）

类别		高程坐标	平面坐标	三维坐标
对中杆 RTK	中误差	22	24	33
	最大值	29	25	37
标靶 RTK	中误差	11	18	20
	最大值	14	20	20

三、融合精度分析

通过上面数据精度的分析，可得到地面三维激光扫描仪观测精度与扫描距离及扫描精细程度有关，不同的扫描仪在相同的扫描距离内的定位精度也不同。但是必须满足开采沉陷监测的 10 mm 的观测精度要求。因此在进行融合精度分析时，地面三维激光扫描的观测精度取 10 mm 这个极限值。而改进标靶后 RTK 的平面点位中误差 17 mm，三维中误差为 20 mm，高程中误差为 10 mm。

根据误差传播定律，可以得到地面三维激光扫描仪及 RTK 数据融合后的精度（以 Trimble GX200 为例）见表 1-8。

表 1-8　地面三维激光扫描仪与标靶 RTK 融合后的平面点位及高程精度　　　（单位：mm）

高程中误差	平面点位中误差 m_{xy}	三维中误差 m_{xyh}
15	20	22

实测下沉值中误差：

$$W_n = H_{n0} - H_n \tag{1.18}$$

式中：W_n——n 点的下沉值，mm；

　　　H_{n0}，H_n——分别为首次和 n 次观测时的下沉值。

设高程中误差为 m_H，实测下沉值中误差为 m_w，由误差传播定律可知：$m_w = \sqrt{2} m_H$。

因此融合后的下沉值中误差为：21 mm。

四、开采沉陷预计参数的精度分析

从上面的分析可以看出，两种仪器的观测数据融合后的点云数据精度已经超出沉陷变形监测的 10 mm 要求，但是，点云数据建模精度要比点云本身精度高很多。因此地面三维激光扫描与 RTK 结合能否应用在沉陷变形监测中，关键问题在于它们的观测数据是否可以求得可靠的预计参数。

（一）量级分析

由于地面三维激光扫描技术与 RTK 技术结合的方法获取的地面点云数据精度主要受 RTK 精度的制约，而 RTK 的精度为厘米级，则需要定性地分析厘米级的点位精度对求取沉陷预计参数的影响情况。其中主要研究对下沉系数及主要影响角正切值 2 个参数的影响。地表任意点的下沉计算公式如下[9]：

$$W_{cm} = mq\cos\alpha \tag{1.19}$$

$$W(x,y) = mq\cos\alpha \cdot \iint\limits_{D} \frac{1}{r^2} \cdot e^{-\pi \frac{(\eta - x)^2 + (\xi - y)^2}{r^2}} \, d\eta \cdot d\xi \tag{1.20}$$

$$\tan\beta = \frac{H}{r} \tag{1.21}$$

由式（1.20）可以推导出下沉系数 q 的计算公式：

$$q = \frac{W(x,y)}{m \cdot \cos\alpha \cdot \iint\limits_{D} \frac{1}{r^2} \cdot e^{-\pi \frac{(\eta-x)^2+(\xi-y)^2}{r^2}} \mathrm{d}\eta \cdot \mathrm{d}\xi} \tag{1.22}$$

由于采深 H 和主要影响半径 r 通常都为百米级别，而 RTK 监测数据影响的为开采影响半径 r，使其产生厘米级的变化，由式（1.21）可以看出厘米级的误差对 $\tan\beta$ 影响很小。由式（1.22）可以看出，下沉系数 q 与实测下沉值 $W（x，y）$，煤层厚度 m，煤层倾角 α 以及采深 H 有关。根据误差传播定律，式（1.22）的分母越大，那么实测下沉值的误差 $m_w（x，y）$ 对求取的下沉系数影响就会越小。通常情况下，开采引起的地表下沉可达到米级，而下沉系数通常在 0.7~1.1 之间，可见式（1.22）中分母的量级也为米。当分母的值为 1 000 mm 时，20 mm 的下沉值误差比 10 mm 的下沉值误差对下沉系数影响会增大 1%，这在可接受范围之内，因此 RTK 的精度能满足求参需要，可以用在矿区沉陷监测中。

（二）模拟计算与分析

据沉陷监测的精度要求，下沉值的允许误差为 10 mm[16]。这个误差要求主要考虑到移动盆地边界的识别（即下沉值为 10 mm 的点为下沉盆地边界点）。而对于求概率积分参数而言，这个要求不尽合理，因为不同的地质采矿条件地表的下沉值是不同的，地表下沉值越大，10 mm 的误差对求参精度的影响越小，反之越大。因此从求参精度的角度分析，下沉值的测量误差限制在 10 mm 的绝对值有待商榷。因此，本书采用测量中误差与最大下沉值的比值（相对值）为标准来衡量测量误差对参数精度影响程度，通过仿真实验来寻找保证参数可靠性的临界比值，从而得到一般意义上的求取可靠的开采沉陷预计参数所需要满足的条件即选择使用的测量仪器，在进行沉陷观测时，观测数据的测量误差在满足此条件的情况下，求出预计参数是可靠的。

通过预计参数正算及反算的试验方法来分析预计参数的精度，预计参数正算是指通过改变预计参数得到预计下沉值的中误差，通过反分析得到测量时下沉中误差会对参数产生多大的影响；预计参数反算是指在下沉值中加上随机误差，根据加入误差后的下沉值反算预计参数，分析误差会对预计参数带来多大的影响。

1. 预计参数正算

模拟设计一个典型工作面，采厚 $m=3$ m，倾角 $\alpha=12°$，工作面倾向斜长 $D_1=200$，走向长 $D_3=500$，下山边界采深 $H_1=350$ m，上山边界采深 $H_2=450$ m，推进速度为 2 mm/d，采煤方法为走向长臂，冒落法管理顶板。根据充分采动程度常用的采深比 D/H 来表示，该工作面走向达到充分采动，倾向未达到充分采动。

选一组参数作为真值（表 1-13）对典型工作面进行预计计算，得其下沉值，再把这组预计参数按照 1% 的步距减小或增大，并各预计一组下沉值，比较预计参数改变前后的下沉值差值，求其中误差。参数改变前后的下沉值变化情况见表 1-9—表 1-13。

表 1-9　改变参数（增加 1%）对下沉值的影响

点号	标准下沉值/mm	预计下沉值（参数中加入 1% 的误差）	差值/mm	点号	标准下沉值/mm	预计下沉值（参数中加入 1% 的误差）	差值/mm
1	239.1	263.7	−24.6	37	354.7	393.0	−38.3
2	516.2	552.2	−36.0	38	765.9	822.9	−57.0
3	800.9	837.2	−36.2	39	1 188.4	1 247.6	−59.3
4	981.8	1 006.3	−24.5	40	1 456.8	1 499.7	−43.0
5	1 053.0	1 068.0	−15.0	41	1 562.4	1 591.8	−29.4
6	1 070.0	1 081.6	−11.6	42	1 587.6	1 611.9	−24.4
7	1 070.9	1 081.7	−10.8	43	1 588.9	1 612.1	−23.2
8	1 063.6	1 073.3	−9.7	44	1 578.1	1 599.6	−21.5
9	1 036.9	1 043.4	−6.6	45	1 538.4	1 555.1	−16.7
10	965.9	964.3	1.6	46	1 433.1	1 437.2	−4.0
11	823.0	808.3	14.7	47	1 221.1	1 204.6	16.5
12	610.2	586.1	24.1	48	905.3	873.5	31.8
13	345.0	382.2	−37.2	49	253.2	279.5	−26.3
14	745.0	800.4	−55.4	50	546.6	585.3	−38.7
15	1 156.0	1 213.5	−57.5	51	848.2	887.5	−39.3
16	1 417.1	1 458.6	−41.6	52	1 039.7	1 066.8	−27.1
17	1 519.8	1 548.2	−28.3	53	1 115.2	1 132.2	−17.0
18	1 544.3	1 567.8	−23.5	54	1 133.1	1 146.6	−13.5
19	1 545.6	1 567.9	−22.3	55	1 134.1	1 146.7	−12.6
20	1 535.1	1 555.8	−20.7	56	1 126.4	1 137.8	−11.4
21	1 496.5	1 512.5	−16.0	57	1 098.0	1 106.2	−8.2
22	1 394.1	1 397.8	−3.7	58	1 022.9	1 022.3	0.6
23	1 187.8	1 171.6	16.2	59	871.6	856.9	14.7
24	880.6	849.6	31.1	60	646.2	621.3	24.9
25	392.7	435.5	−42.8	61	138.7	152.0	−13.2
26	847.9	911.9	−64.0	62	299.6	318.2	−18.7
27	1 315.8	1 382.7	−66.9	63	464.9	482.5	−17.6
28	1 612.9	1 662.0	−49.1	64	569.8	580.0	−10.1
29	1 729.9	1 764.0	−34.1	65	611.2	615.6	−4.4
30	1 757.7	1 786.4	−28.6	66	621.0	623.4	−2.4
31	1 759.2	1 786.5	−27.3	67	67.0	623.4	−1.8
32	1 747.3	1 772.7	−25.4	68	68.0	618.6	−1.3
33	1 703.3	1 723.4	−20.1	69	69.0	601.4	0.4
34	1 586.8	1 592.7	−5.9	70	70.0	555.8	4.8
35	1 352.0	1 335.0	17.0	71	71.0	465.9	11.8
36	1 002.3	968.0	34.3	72	354.1	337.8	16.3

中误差：$\sqrt{[vv]/(n-1)} = 28.4\text{mm} \approx 1.8\% \cdot W_{\max}$

表 1-10　改变参数（减小 1%）对下沉值的影响

点号	标准下沉值/mm	预计下沉值（参数中加入-1%的误差）	差值/mm	点号	标准下沉值/mm	预计下沉值（参数中加入-1%的误差）	差值/mm
1	239.1	218.3	20.7	36	1 759.2	1 731.9	27.3
2	516.2	481.3	34.9	37	1 747.3	1 721.9	25.4
3	800.9	765.7	35.2	38	1 703.3	1 683.1	20.2
4	981.8	957.8	24.0	39	1 586.8	1 577.6	9.1
5	1 053.0	1 038.1	14.9	40	1 352.0	1 363.1	-11.1
6	1 070.0	1 058.1	11.9	41	1 002.3	1 034.4	-32.1
7	1 070.9	1 060.0	10.9	42	354.7	322.5	32.2
8	1 063.6	1 053.9	9.7	43	765.9	710.9	54.9
9	1 036.9	1 030.1	6.8	44	1 188.4	1 131.0	57.3
10	965.9	965.6	0.3	45	1 456.8	1 414.8	41.9
11	823.0	834.3	-11.3	46	1 562.4	1 533.4	29.0
12	610.1	633.1	-22.9	47	1 587.6	1 562.9	24.7
13	345.0	313.8	31.3	48	1 588.9	1 565.7	23.2
14	745.0	691.7	53.3	49	1 578.1	1 556.7	21.4
15	1 156.0	1 100.4	55.6	50	1 538.4	1 521.6	16.8
16	1 417.1	1 376.5	40.6	51	1 433.1	1 426.2	6.9
17	1 519.8	1 491.9	28.0	52	1 221.1	1 232.3	-11.2
18	1 544.3	1 520.5	23.8	53	905.3	935.2	-29.9
19	1 545.6	1 523.3	22.3	54	253.2	231.0	22.2
20	1 535.1	1 514.5	20.6	55	546.6	509.2	37.5
21	1 496.5	1 480.3	16.2	56	848.2	810.0	38.2
22	1 394.1	1 387.6	6.5	57	1 039.7	1 013.3	26.4
23	1 187.8	1 198.9	-11.1	58	1 115.2	1 098.2	16.9
24	880.6	909.8	-29.2	59	1 133.1	1 119.3	13.8
25	392.7	356.7	36.0	60	1 134.1	1 121.4	12.7
26	847.9	786.4	61.5	61	1 126.4	1 114.9	11.5
27	1 315.8	1 251.1	64.7	62	1 098.0	1 089.7	8.3
28	1 612.9	1 565.0	47.9	63	1 022.9	1 021.5	1.4
29	1 757.7	1 728.8	29.0	64	646.2	669.8	-23.6
30	138.7	127.6	11.1	65	621.6	619.5	2.0
31	299.6	281.3	18.3	66	617.3	615.9	1.4
32	464.9	447.5	17.4	67	601.8	602.0	-0.2
33	569.8	559.8	10.0	68	560.6	564.3	-3.7
34	611.2	606.7	4.4	69	477.7	487.6	-9.9
35	621.0	618.4	2.6	70	354.1	370.0	-15.9

中误差：$\sqrt{[vv]/(n-1)} = 27.4\text{mm} \approx 1.8\% \cdot W_{max}$

表 1-11　改变参数（增加 2%）对下沉值的影响

点号	标准下沉值/mm	预计下沉值（参数中加入 2%的误差）	差值/mm	点号	标准下沉值/mm	预计下沉值（参数中加入 2%的误差）	差值/mm
1	239.1	289.9	−50.9	37	1 759.2	1 814.0	−54.8
2	516.2	589.3	−73.1	38	1 747.3	1 798.3	−51.0
3	800.9	869.8	−68.8	39	1 703.3	1 742.0	−38.7
4	981.8	1 028.4	−46.6	40	1 586.8	1 594.1	−7.3
5	1 053.0	1 082.6	−29.6	41	1 352.0	1 316.2	35.8
6	1 070.0	1 093.2	−23.2	42	1 002.3	931.3	71.0
7	1 070.9	1 092.5	−21.6	43	354.7	434.0	−79.3
8	1 063.6	1 083.0	−19.3	44	765.9	882.1	−116.3
9	1 036.9	1 049.1	−12.2	45	1 188.4	1 302.0	−113.6
10	965.9	960.0	5.9	46	1 456.8	1 539.5	−82.8
11	823.0	792.7	30.3	47	1 562.4	1 620.6	−58.2
12	610.1	560.9	49.3	48	1 587.6	1 636.4	−48.9
13	345.0	422.1	−77.0	49	1 588.9	1 635.4	−46.4
14	745.0	857.9	−112.9	50	1 578.1	1 621.2	−43.0
15	1 156.0	1 266.2	−110.2	51	1 538.4	1 570.4	−32.0
16	1 417.1	1 497.1	−80.1	52	1 433.1	1 437.1	−3.9
17	1 519.8	1 576.0	−56.1	53	1 221.1	1 186.6	34.5
18	1 544.3	1 591.4	−47.1	54	905.3	839.6	65.7
19	1 545.6	1 590.4	−44.7	55	253.2	307.6	−54.4
20	1 535.1	1 576.6	−41.4	56	546.6	625.2	−78.6
21	1 496.5	1 527.2	−30.7	57	848.2	922.8	−74.6
22	1 394.1	1 397.5	−3.4	58	1 039.7	1 091.1	−51.4
23	1 187.8	1 153.9	33.9	59	1 115.2	1 148.6	−33.4
24	880.6	816.5	64.1	60	1 133.1	1 159.8	−26.7
25	392.7	481.4	−88.7	61	1 134.1	1 159.1	−25.0
26	847.9	978.5	−130.6	62	1 126.4	1 149.0	−22.6
27	1 315.8	1 444.2	−128.5	63	1 098.0	1 113.0	−15.0
28	1 612.9	1 707.7	−94.8	64	1 022.9	1 018.5	4.4
29	1 729.9	1 797.6	−67.7	65	871.6	841.0	30.6
30	1 757.7	1 815.2	−57.5	66	646.2	595.1	51.1
31	138.7	165.9	−27.2	67	621.6	625.2	−3.7
32	299.6	337.3	−37.7	68	617.3	619.8	−2.5
33	464.9	497.8	−32.9	69	601.8	600.4	1.4
34	569.8	588.6	−18.8	70	560.6	549.4	11.2
35	611.2	619.6	−8.4	71	477.7	453.7	24.0
36	621.0	625.7	−4.6	72	354.1	321.0	33.1

中误差：$\sqrt{[vv]/(n-1)} = 56.97\text{mm} \approx 3.7\% \cdot W_{max}$

表 1-12　改变参数（减小 2%）对下沉值的影响

点号	预计下沉值/mm	预计下沉值（参数中加入 -2%的误差）	差值/mm	点号	预计下沉值/mm	预计下沉值（参数中加入 -2%的误差）	差值/mm
1	239.1	198.3	40.8	37	1 759.2	1 704.6	54.6
2	516.2	447.4	68.8	38	1 747.3	1 696.6	50.6
3	800.9	731.2	69.7	39	1 703.3	1 662.7	40.6
4	981.8	931.8	50.0	40	1 586.8	1 567.9	18.9
5	1 053.0	1 020.5	32.5	41	1 352.0	1 370.8	−18.8
6	1 070.0	1 045.4	24.5	42	1 002.3	1 061.8	−59.5
7	1 070.9	1 048.7	22.2	43	354.7	291.6	63.1
8	1 063.6	1 043.8	19.8	44	765.9	658.1	107.8
9	1 036.9	1 022.9	14.0	45	1 188.4	1 075.6	112.8
10	965.9	964.6	1.4	46	1 456.8	1 370.6	86.1
11	823.0	843.3	−20.3	47	1 562.4	1 501.1	61.3
12	610.1	653.2	−43.1	48	1 587.6	1 537.7	49.8
13	345.0	283.8	61.3	49	1 588.9	1 542.5	46.4
14	745.0	640.3	104.6	50	1 578.1	1 535.3	42.8
15	1 156.0	1 046.6	109.4	51	1 538.4	1 504.6	33.8
16	1 417.1	1 333.7	83.4	52	1 433.1	1 418.8	14.4
17	1 519.8	1 460.6	59.2	53	1 221.1	1 240.4	-19.3
18	1 544.3	1 496.3	48.0	54	905.3	960.9	-55.6
19	1 545.6	1 500.9	44.7	55	253.2	209.6	43.6
20	1 535.1	1 493.9	41.2	56	546.6	472.9	73.7
21	1 496.5	1 464.0	32.5	57	848.2	773.0	75.2
22	1 394.1	1 380.5	13.6	58	1 039.7	985.0	54.7
23	1 187.8	1 207.0	−19.2	59	1 115.2	1 078.8	36.4
24	880.6	935.0	−54.3	60	1 133.1	1 105.1	28.0
25	392.7	322.3	70.4	61	1 134.1	1 108.5	25.5
26	847.9	727.2	120.7	62	1 126.4	1 103.4	23.0
27	1 315.8	1 188.6	127.1	63	1 098.0	1 081.3	16.7
28	1 612.9	1 514.7	98.2	64	1 022.9	1 019.6	3.3
29	1 729.9	1 658.9	71.0	65	871.6	891.5	−19.9
30	1 757.7	1 699.3	58.4	66	646.2	690.5	−44.4
31	138.7	116.7	22.0	67	621.6	617.3	4.2
32	299.6	263.4	36.2	68	617.3	614.4	2.9
33	464.9	430.4	34.4	69	601.8	602.1	−0.3
34	569.8	548.5	21.3	70	560.6	567.8	−7.2
35	611.2	600.7	10.4	71	477.7	496.4	−18.8
36	621.0	615.4	5.6	72	354.1	384.5	−30.4

中误差：$\sqrt{[vv]/(n-1)} = 54.3\text{mm} \approx 3.5\% \cdot W_{max}$

表 1-13　工作面预计参数及其对应的下沉值中误差

预计参数	下沉系数 q	主要影响角正切 $\tan\beta$	水平移动系数 b	开采影响传播角 $\theta/(°)$	拐点偏移距 S/m	下沉值中误差/mm 及占最大下沉百分比
真值	0.760 0	2.0	0.300	83	0	—
增大 1%	0.767 6	2.02	0.303	83.83	0	28.4/1.8%
减小 1%	0.752 4	1.98	0.297	82.17	0	27.4/1.8%
增大 2%	0.775 2	2.04	0.306	84.66	0	57.0/3.7%
减小 2%	0.744 8	1.96	0.294	81.34	0	54.3/3.5%

从上面的表中可以得到：

①当开采沉陷参数增大 1%时，引起的下沉值中误差为 28.4 mm，占最大下沉值的 1.8%；减小 1%时，引起的下沉值中误差为 27.4 mm，也占最大下沉值的 1.8%；增大 2%时，引起的下沉值中误差为 57.0 mm，占最大下沉值的 3.7%；减小 2%时，引起的下沉值中误差为 54.3 mm，占最大下沉值的 3.5%。参数增大或减小相同的数值时对预计结果的影响基本一致，并且总体下沉值中误差会随着参数的改变量的增大而增大。

②由此可以反分析，由实测下沉数据反演参数时，如果下沉值的中误差为 28.4 mm 即占最大下沉值的 1.8%，那么反演出的参数与其真值相比有 1%的误差。传统观测站的下沉值观测误差一般不超过 10 mm。通过同样的试验方法验证得到 10 mm 的误差会对参数产生不足 0.5%的误差。

③根据融合精度分析可知，地面三维激光扫描与 RTK 结合观测的点云数据的下沉值中误差为 21 mm 的下沉值中误差。

2. 预计参数反算

利用含有测量误差的数据求参，势必对参数产生一定的影响。而各个预计参数对于概率积分预计模型的影响并不是等同的，有的参数比较敏感，有的相对次要一些或不太敏感；在求参时，对于敏感的参数来说，即使观测数据误差很小也会对其产生很大的影响；而对于不敏感的数据来说，即使观测数据误差很大也不会对其产生太大的影响。因此这里为了弄清楚测量误差对各个概率积分预计参数的影响，首先采用正交设计的方法对概率积分参数的敏感度进行了分析。

（1）正交试验的设计

正交设计法具有因子均衡搭配的性质，它可以利用相对较少的模型高效率地研究多因素交互影响问题的一种方法，从而可以用综合比较分析的方法得到诸因素的影响程度和变化规律[17]。应用这种方法研究概率积分参数的敏感程度的主要步骤为[18]：

①确定因子、水平和指标。根据概率积分模型选取下沉系数 q，主要影响角正切 $\tan\beta$，拐点偏移距 S/H，开采影响传播角 θ 4 个影响因子；各因素的取值范围及水平见表 1-14，指标选择下沉值中误差：$m=[vv/(n-1)]^{1/2}$。对水平移动值影响最大的是水平移动系数，这里不进行正交试验。

②提出设计方案，根据因子水平选择适当的正交表，制订出计算方案；考虑到因子的交互作用本次试验选中 L27（313）正交表[19]。

③根据设计方案，计算结果，根据方差分析得到因子的敏感性程度。

为了区分概率积分参数的敏感度，本书模拟了一个典型工作面，在其上方设计了地表移动观测站：该工作面采厚 $m=3$ m，倾角 $\alpha=12°$，工作面倾向长 $D_1=300$，走向长 $D_3=500$，下山边界采深 $H_1=260$ m，上山边界采深 $H_2=200$ m，平均采深 $H=230$ m，推进速度为 2 m/d，采煤方法为走向长壁，覆岩岩性为中硬，冒落法管理顶板。根据充分采动程度常用的采深比 D/H 来表示，该工作面走向及倾向均达到充分采动。在该工作面走向设置一条观测线，观测线上均匀布设 40 个测点；倾向设置两条观测线，每条观测线上均匀布设 30 个测点。采用的概率积分法参数见表 1-15。根据正交试验设计的步骤计算结果见表 1-16。

表 1-14　正交设计因子及水平选择

下沉系数 q	主要影响角正切 $\tan\beta$	开采影响传播角 $\theta/(°)$	拐点偏移距 S
0.70	1.7	83.0	0.1H
0.75	1.9	84	0.125H
0.80	2.1	85.0	0.15H

表 1-15　选取的参数真值

下沉系数 q	主要影响角正切 $\tan\beta$	水平移动系数/b	开采影响传播角 $\theta/(°)$	左拐点偏移距 S
0.75	2.1	0.26	83	0.15H

（2）正交设计统计分析

①直接分析

从表 1-14 中的极差值数据可以看出，下沉系数 q 和拐点偏移距 S 的极差最大，开采影响传播角 θ 的极差最小，说明下沉系数和拐点偏移距 S 对概率积分模型的预计结果影响大，开采影响传播角的影响小。在实验结果中按照极差大小，影响概率积分模型主控因素为：q 和 S。为直观说明，以预计参数的水平为横坐标，以下沉值中误差为纵轴，绘制的预计参数与下沉值中误差的趋势线见图 1-16 所示。从图 1-16 中可以更清楚地看出，随着 q 和 S 的改变，下沉值中误差的变化幅度较大，说明因子 q 和 S 的敏感性较大，而开采影响传播角的变化幅度较小，说明开采影响传播角的敏感度较小。

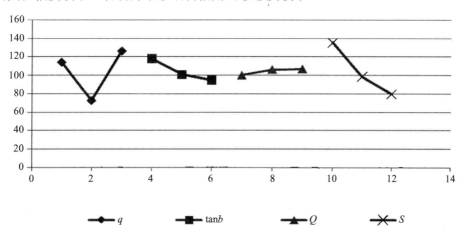

图 1-16　预计参数与下沉值中误差的趋势线

②方差分析

在试验中所选的因子，不一定对响应都有显著性的影响[18]；为了辨别各因子对预计结果影响的显著性，利用方差分析的方法进行显著性检验[19]。

表1-16　表头设计及计算结果

	1	2	3	4	5	6	7	8	9	10	11	12	13	m
	q	$\tan\beta$	$q \cdot \tan\beta$		θ_0	$q \cdot \theta_0$	$\tan\beta \cdot \theta_0$	S	$q \cdot S$	$\tan\beta \cdot S$	$\theta_0 \cdot S$			
1	1	1	1	1	1	1	1	1	1	1	1	1	1	138
2	1	1	1	1	2	2	2	2	2	2	2	2	2	135
3	1	1	1	1	3	3	3	3	3	3	3	3	3	155
4	1	2	2	2	1	1	1	2	2	2	3	3	3	100
5	1	2	2	2	2	2	2	3	3	3	1	1	1	118
6	1	2	2	2	3	3	3	1	1	1	2	2	2	112
7	1	3	3	3	1	1	1	3	3	3	2	2	2	94
8	1	3	3	3	2	2	2	1	1	1	3	3	3	98
9	1	3	3	3	3	3	3	2	2	2	1	1	1	80
10	2	1	2	3	1	2	3	1	2	3	1	2	3	122
11	2	1	2	3	2	3	1	2	3	1	2	3	1	85
12	2	1	2	3	3	1	2	3	1	2	3	1	2	78
13	2	2	3	1	1	2	3	2	3	1	3	1	2	61
14	2	2	3	1	2	3	1	3	1	2	1	2	3	35
15	2	2	3	1	3	1	2	1	2	3	2	3	1	109
16	2	3	1	2	1	2	3	3	1	2	2	3	1	0
17	2	3	1	2	2	3	1	1	2	3	3	1	2	112
18	2	3	1	2	3	1	2	2	3	1	1	2	3	54
19	3	1	3	2	1	3	2	1	3	2	1	3	2	169
20	3	1	3	2	2	1	3	2	1	3	2	1	3	115
21	3	1	3	2	3	2	1	3	2	1	3	2	1	68
22	3	2	1	3	1	3	2	2	1	3	3	2	1	124
23	3	2	1	3	2	1	3	3	2	1	1	3	2	75
24	3	2	1	3	3	2	1	1	3	2	2	1	3	174
25	3	3	2	1	1	3	2	3	2	1	2	1	3	94
26	3	3	2	1	2	1	3	1	3	2	3	2	1	186
27	3	3	2	1	3	2	1	2	1	3	1	3	2	134
均值	114	118	107	116	100	105	104	136	93	87	103	108	101	$\bar{m} =$ 105
	73	101	114	94	107	101	109	99	99	106	102	103	108	
	127	95	92	103	107	107	101	80	122	120	109	103	105	$SS_T =$ 46 582
极差	54	24	22	22	7	6	8	56	29	33	7	5	7	
SS_K	14 265	2 713	2 333	2 226	267	187	300	14 540	4 180	4 976	278	139	222	

各因子的自由度为：$f_1=f_2=f_3=f_5=f_6=f_7=f_8=f_9=f_{10}=f_{11}=2$，误差平方和自由度为 $f_E=26$。且

$\bar{m}=\dfrac{1}{27}\sum_{i=1}^{27}m_i$；总离差平方和 $SS_T=\sum_{i=1}^{27}(m_i-\bar{m})^2$；各个因子离差平方和

$SS_T=3\times\sum_{i=1}^{3}(\bar{K}_i-\bar{m})^2$，（$k=1$，$2$，$\cdots$，$13$）；误差平方和 $SS_E=SS_T-\sum_{i=1}^{K}SS_i$，（$k=1$，$2$，$3$，$5$，$6$，$7$，$8$，$9$，$10$，$11$）。得到方差分析结果见表1-17。

表 1-17　方差分析表

方差来源	偏差平方和	自由度	平均偏差平方和	F 比	显著性
q	14 265	2	7 133	72.92	高度显著
$\tan\beta$	2 713	2	1 357	13.87	显著
θ_0	267	2	134	1.36	不显著
S	14 540	2	7 270	74.33	高度显著
$q\times\tan\beta$	2 333	2	1 167	11.93	显著
$q\times\theta_0$	187	2	94	0.96	不显著
$\tan\beta\times\theta_0$	300	2	150	1.53	不显著
$q\times S$	4 180	2	2 090	21.37	显著
$\tan\beta\times S$	4 976	2	2 488	25.44	显著
$\theta_0\times S$	278	2	139	1.42	不显著
误差 SS_E	2 543	26	98	—	—

注：$F_{0.05}(2,26)=2.78$，$F_{0.025}(2,26)=4.27$。

通过方差分析表明：在水平 $a=0.05$ 下，下沉系数 q 和拐点偏移距 S 高度显著即对概率积分模型预计结果影响最大；其次是 $\tan\beta$、q 与 $\tan\beta$ 的交互作用、q 与 S 的交互作用及 $\tan\beta$ 与 S 的交互作用；而影响最小的因子是开采影响传播角 θ_0，且与开采影响传播角的交互作用的影响程度也很小。如果把参数对概率积分模型的影响分为敏感，较敏感及不敏感三层次的话，结合上面的分析，可以认为下沉系数 q 和拐点偏移距 S 属于敏感因子；主要影响角正切值 $\tan\beta$ 属于较敏感因子；开采影响传播角属于不敏感因子。这和直观分析的结果一致，因此在进行地表移动预计时，应精确确定下沉系数 q、拐点偏移距 S 和主要影响角正切值 $\tan\beta$，而开采影响传播角 θ_0 影响非常有限。这一结果与开采沉陷实践规律一致，也说明利用正交试验设计的方法进行概率积分参数的敏感性分析是可行的。

（3）观测误差对参数精度影响分析

根据某观测站，该观测站工作面沿煤层走向布置，走向长：1 011 m，倾向宽：141 m。平均回采速度：103 m/月。平均煤厚：4.2 m。该观测站井上、下对照图见图1-17。实测下沉值见表1-18。

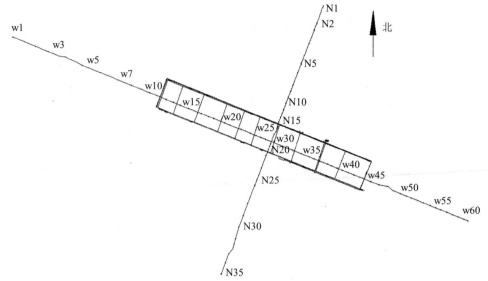

图 1-17　观测站井上、下对照图

表 1-18　某观测站走向及倾向实测下沉值

点号	走向下沉值/mm	点号	走向下沉值/mm	点号	倾向下沉值/mm
w1	0	w32	558	N1	3
w2	0	w33	568	N2	7
w3	0	w34	575	N3	7
w4	2	w35	555	N4	29
w5	3	w36	536	N5	38
w6	3	w37	513	N6	40
w7	3	w38	493	N7	63
w8	4	w39	465	N8	85
w9	5	w40	426	N9	110
w10	32	w41	354	N10	139
w11	7	w42	438	N11	281
w12	7	w43	301	N12	307
w13	10	w44	367	N13	315
w14	11	w45	233	N14	316
w15	12	w46	191	N15	313
w16	31	w47	163	N16	307
w17	36	w48	138	N17	295
w18	43	w49	121	N18	275
w19	58	w50	93	N19	220
w20	78	w51	37	N20	166
w21	100	w52	31	N21	138
w22	140	w53	13	N22	109
w23	168	w54	9	N23	85
w24	215	w55	4	N24	56
w25	293	w56	3	N25	46
w26	346	w57	3	N26	37
w27	397	w58	4	N27	40
w28	470	w59	1	N28	38
w29	500	w60	0	N29	31
w30	523	w61	0	N30	35
w31	547	w62	0	N31	24

根据概率积分法进行求参，求参结果见表1-19，拟合情况见图1-18和图1-19。

表1-19 求取的实测参数

下沉系数 q	主要影响角正切 $\tan\beta$	开采影响传播角 θ /（°）	左拐点偏移距 S_1/m	右拐点偏移距 S_2/m	上拐点偏移距 S_3/m	下拐点偏移距 S_4/m	拟合中误差/mm
0.52	1.84	89.17°	29.41	110.19	18.53	17.58	18.2

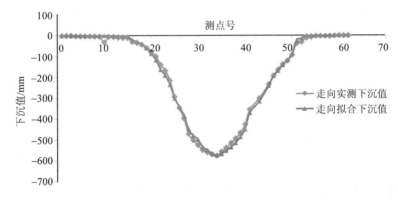

图1-18 走向下沉拟合效果图

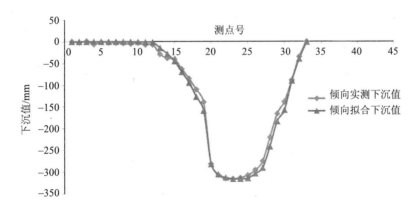

图1-19 倾向下沉拟合效果图

以该工作面为例，说明观测值误差对开采沉陷预计参数的影响。把观测站的实测下沉值视为真值，求取的实测参数视为参数真值。然后在下沉值中加入随机误差，利用加入误差后的下沉值求参，通过对比分析得到误差对开采预计参数的影响。求参结果见表1-20。

表 1-20　加入随机误差后的求参结果

观测中误差/mm	下沉系数 q	主要影响角正切 $\tan\beta$	开采影响传播角 θ/(°)	左拐点偏移距 S_1/m	右拐点偏移距 S_2/m	上拐点偏移距 S_3/m	下拐点偏移距 S_4/m	拟合中误差/mm
10	0.51	1.87	88	21.02	104.37	19.22	20.35	22
20	0.52	1.87	88	27.55	111.05	20.68	17.43	28
30	0.51	1.91	88	33.62	110.11	20.6	18.44	33
40	0.52	1.87	88	41.09	110.11	16.98	17.66	41
50	0.50	1.84	88	44.31	118.85	15.69	18.80	54
60	0.50	1.82	88	10.88	103.13	20.22	16.81	56
70	0.48	1.84	88	18.62	103.08	18.29	18.77	72
80	0.52	1.84	89	48.33	113.74	11.30	17.97	120
90	0.54	1.99	89.7	0.21	116.30	16.30	18.53	192

注：观测中误差为 $m=\sqrt{[vv]/(n-1)}$，$v=W_1-W_2$，W_1 为加入随机误差后的下沉值，W_2 为实测下沉值（视为真值）。

从表 1-20 可以看出，当观测中误差在（1%～10%）W_0（W_0 为最大实测下沉值）即 10～60 mm 范围内时，下沉系数还是稳定的，范围之外时，求出的下沉系数已经一定程度的偏离真值。观测中误差在（1%～7%）W_0 即 10～40 mm 范围时，求出的参数都是可靠的；>7%时拐点偏移距偏离真值较大（观测中误差为 40 时，$S1$=41，偏离真值 11 m）。且从表中可以看出，观测中误差对主要影响角正切和开采影响传播角的影响不是很大。观测中误差在（1%～10%）W_0 时拟合中误差满足<0.1W_0 的要求，如果观测中误差再大一些的话，拟合中误差>0.1W_0（如表中，观测中误差为 70 mm 时，拟合中误差 72 mm>0.1W_0=57.5 mm），求参结果已经不可靠。

从上面的分析可以得出，当观测中误差与最大实测下沉值的比小于 7%时，求出的预计参数是可靠的。当观测中误差与最大实测下沉值的比在 7%～10%时，求出的下沉系数，主要影响角正切和开采影响传播角是可靠的，而拐点偏移距会有一定程度的误差，当观测中误差与最大下沉值之比大于 10%时，求出的参数都不可靠。综上分析得到观测误差对求取概率积分参数可靠性的影响见表 1-21。

从表 1-20 也可以看出，拐点偏移距和下沉系数是最敏感的，其他参数的敏感度相对较小。这个结果也和前面正交设计的敏感度分析是一致的。

只从求参的角度来分析，地面三维激光扫描与 RTK 结合后观测的地表移动变形数据满足下面条件就能在矿山沉陷变形监测中使用：

$$\frac{21}{W_0}=7\%\Rightarrow W_0=300\ \text{mm}，\frac{21}{W_0}=10\%\Rightarrow W_0=210\ \text{mm}$$

即二者结合应用在开采沉陷监测中的条件是：观测区域的地表最大下沉量要大于 300 mm。

如果下沉量在 210～300 mm，求出的部分参数可靠；若小于 210 mm，不能使用地面三维激光扫描与 RTK 结合进行观测，但可以使用地面三维激光扫描与全站仪结合进行观测。

表 1-21 测量误差对概率积分参数影响结果

下沉值中误差与最大 下沉值的比	下沉系数 q	主要影响角正切 $\tan\beta$	开采影响传播角 $\theta / (°)$	拐点偏移距 S/m
<7%	可靠	可靠	可靠	可靠
7%~10%	可靠	可靠	可靠	不可靠

第四节 小结

本章从三维激光扫描仪的工作原理入手，分析了该技术在矿山开采沉陷观测中应用的基本原理，并结合传统观测站的求参模型得到了适合于利用三维激光扫描技术求参的动态模型。并通过三维激光扫描观测站精度研究得到了点云数据精度，点云数据与 RTK 的融合精度及开采沉陷预计参数的精度。

通过模拟及实测分析得到，当观测中误差与最大实测下沉值的比小于 7%时，求出的预计参数是可靠的。当观测中误差与最大实测下沉值的比在 7%~10%时，求出的下沉系数，主要影响角正切和开采影响传播角是可靠的，而拐点偏移距会有一定程度的误差，当观测中误差与最大下沉值之比大于 10%时，求出的参数都不可靠。

从上面的各方面综合分析可以看出，利用地面三维激光扫描技术快速获取开采沉陷预计参数是可行的，是一种可以推广应用的实用方法。

第二章　观测数据处理方法

　　三维激光扫描仪获取的数据量是非常可观的，但并非所有数据都是预期想要的数据，在后期应用时，需要将点云数据中的非预期数据点（即影响后期建模的噪声点）予以剔除，最终得到后续应用需要的数据，这个数据处理过程称为点云去噪。通常情况下，对点云数据的去噪处理可以分为两大类：一类是从点云中剔除后期处理不需要的数据，这类方法称为点云的滤波；另一类是从点云中直接提取出后期处理需要的数据，这类方法称为点云的重采样。针对这两类点云数据处理方法分别进行了研究。

第一节　点云滤波去噪方法研究

　　点云滤波去噪方法有很多，如基于坡度的滤波算法、基于渐进加密三角网算法、基于先验高程信息算法、移动曲面拟合算法以及迭代线性最小二乘内插算法等一系列滤波算法，研究发现，其各自的滤波处理都能获得不错的去噪效果。

一、基于坡度的点云滤波方法

　　基于坡度的滤波算法是点云滤波的主要算法之一，其基本思想是[20]：由于地形表面可以看作一张分片光滑的曲面，局部区域内地形表面发生急剧变化的可能性很小。相邻两扫描点的高程差异很大时，其由地形急剧变化产生的可能性很小，较为可能的是其中一点属于非地面点（即地物点）。也就是说，相邻两点的高差值超过一定的阈值时，两点间的距离越小，其中高程值大的扫描点属于地面点的可能性就越小。因此，基于坡度的滤波算法是一种基于两点间高差值和距离值的滤波函数。

　　传统基于坡度滤波算法由管海燕、张剑清等学者提出，针对地物较多但局部地形较为平坦的复杂城区，提出了一种以激光扫描线为基础的一维地形特征提取与局部参数化表面拟合调整相结合的滤波算法[21]。该算法分为两步：第一步借鉴 Sampath 算法的一维扫描线双向特征标识思想，根据地形连续性的特征，利用激光数据点之间的坡度、高程差以及扫描区域最大地形坡度进行一维地形点的特征提取；第二步，假设局部地形是平坦的，将前一步获得的地形点作为候选地形点，采用局部参数话表面拟合进一步将候选地形点中非地形点去除。

　　Sampath 一维地形特征提取算法为：激光扫描点集：$V = \{v_i\}_{i=1}^{N}$ 中任一点 V_i，若在 V_i 邻域内高程差 ΔZ_i 小于给定的阈值 $Z_{\text{threshold}}$ 和坡度 Slope_i 小于给定的阈值 $\text{Slope}_{\text{threshold}}$，则 V_i 被

认为是地形点，反之就是非地形点。分类函数：

$$\phi(v_i) = \begin{cases} 0 & Z_i < Z_{\text{threshold}}, \text{Slope} < \text{Slope}_{\text{threshold}} \\ 1 & \text{else} \end{cases} \tag{2.1}$$

其中，0 表示地面点；1 表示非地面点。

给每条扫描线上每个点赋予两个标识记号 $a_{i,\text{LtoR}}$，$a_{i,\text{RtoL}}$（前者为从左到右的标识，后者为从右到左标识）用以临时标识地形点和非地形点。首先沿扫描线从左到右一次扫描激光点，并假扫描线的第一个点为地形点即 $a_{1,\text{LtoR}} = 0$，然后计算 v_1 与 v_2 的坡度和高程差，如果满足给定的连续地形阈值则 v_2 点为地形点，临时标识记号 $a_{2,\text{LtoR}} = 0$；反之为非地形点 $a_{2,\text{LtoR}} = 1$。v_3 与 v_2 比较，依次类推直至扫描线上的点全部处理结束。然后再沿扫描线从右到左依次照从左到右的方法处理一遍，用临时标识记号 $a_{i,\text{RtoL}}$ 表示。获得地形点候选点的判别公式：

$$\phi(v_i) = \begin{cases} 0 & a_{i,\text{RtoL}} + a_{i,\text{LtoR}} = 0 \\ 1 & \text{else} \end{cases} \tag{2.2}$$

其中，0 表示地形点；1 表示非地形点。公式表示：如果 v_i 点的 $a_{i,\text{RtoL}}$ 与 $a_{i,\text{LtoR}}$ 都标识为地形点，则 v_i 为地形点；如果 $a_{i,\text{RtoL}}$ 与 $a_{i,\text{LtoR}}$ 其中任何一个被标识为非地形点，则 v_i 为非地形点。

传统坡度滤波算法采用了 Sampath 一维双向地形特征提取的思路，但没有采纳式中简单判读地形点与非地形点的方法，而是给出了新的判断选择方法来充实与完善一维地形特征提取。算法处理除引进高程差和坡度阈值外，还引进了另一个准则：最大地形坡度是 S_{T}，S_{T} 可以通过被扫描区域地形特征的先验知识来确定。

扫描线上点 v_i 的坡度值 Slope_i 以及高程差 $\Delta Z_i = Z_i - Z_{i-1}$ 是根据同一条扫描线上连续相邻两点计算得到。其坡度计算式为：

$$\tan(\text{Slope}_i) = \frac{Z_i - Z_{i-1}}{\sqrt{(x_i - x_{i-1})^2 + (y_i - y_{i-1})^2}} \tag{2.3}$$

式中，$\text{Slope}_i \in \left[-\dfrac{\pi}{2}, \dfrac{\pi}{2} \right]$。

由于上式中的 Slope_i 取值范围在 $\left[-\dfrac{\pi}{2}, \dfrac{\pi}{2} \right]$ 之间，因此算法大体可分为以下几种情况：

①如果 v_i 点的坡度 Slope_i 的绝对值满足给定的阈值 $\text{Slope}_{\text{threshold}}$，则 v_i 点根据 v_{i-1} 点的特征判断 v_i 点是否为地形点。

②如果 v_i 点的坡度 Slope_i 的绝对值不满足给定的阈值 $\text{Slope}_{\text{threshold}}$，则需要分 $\text{Slope}_i < 0$ 与 $\text{Slope}_i > 0$ 两种情况：

$\text{Slope}_i < 0$，且 v_{i-1} 已标识为非地形点，v_i 点与最邻近的已经标识为地形点 v_t 高程值

比较，设定 v_i 和 v_t 两点之间符合两个条件：a. 高程差 ΔZ_i 小于给定的阈值 $Z_{\text{threshold}}$；b. v_i 和 v_t 两点构成直线的坡度小于给定的最大地形坡度 S_T，则认为 v_i 点为地形点 $a_{i,\text{LtoR}} = 0$，否则为非地形点。

Slope$_i$>0，若 v_{i-1} 已标识为非地形点，则 v_i 为地形点；若 v_{i-1} 已标识为地形点，则需要检测 ΔZ_i 是否小于高差给定的阈值而进行判断。

利用一维地形特征点标识算法按流程图进行双向计算，然后根据式将 $\phi(v_i) = 0 (i = 0,1,2,\cdots,\ n)$ 的激光点构成地形特征候选点点集 $P = \{p_i\}_{i=1}^{M}$（其中 $M < N$），由此完成坡度法滤波。然而，该方法仅使用于局部地形较为平坦的区域，适用范围有限。

一维双向标明法也叫一维地形特征提取法，主要是针对线扫描方式，因此这种扫描方式的点云数据是按扫描的顺序存储的，每两个相邻点都是实际地表的相邻点。传统基于坡度的滤波算法就是将原始扫描数据按扫描线的顺序拆分成一行行的线状数据进行滤波的。然而，不同的扫描系统有不同的扫描方式，其点云数据的存储格式也将不同。因此，不一定都按线扫描方式顺序存储，国内许多学者都对基于坡度的滤波算法做了不同程度的改进。现主要介绍以下两种改进算法：

（1）改进算法 1——基于坡度的伪扫描线滤波算法[22]

为了能够运用类似于一维双向表明法的滤波思想，可将整个扫描数据集看成由很多行数据组成，视每一行为一条伪扫描线，然后按传统基于坡度的滤波方法进行过滤处理。

然而由于一维双向表明法中每条扫描线的开始第一个点，并没有对它进行判断就认为它是地面点。虽然有从另一个方向进行第二次滤波判断，但也不能保证第二次判断不会误判为非地面点，为了有效避免初始点的误判现象，进行如下改进措施：首先，找出每条伪扫描线中的最低点，根据左右两点与该点的高程差是否超过给定的阈值，来判断该点是否为极低点，因为极低点一般呈孤立分布，与正常点群的高程值不连续，若是则剔除；否则就认为是地面点。其次，根据这个已经确定的地面点向左右两边进行坡度和高程差的滤波。

此改进算法除了适用于不同类型的扫描方式，还可避免在处理过程中对初始点的误判。同时，基于坡度的伪扫描线滤波方法不需要进行极低点剔除的预处理，因为在滤波工程中，能够自动地进行低点的剔除，该方法对极低点有一定的抵抗力。对于地势平坦的区域，具有较好的滤波效果，但不足之处在于对地形起伏比较大的区域在进行地面点与非地面的过滤时，效果不是很好。

（2）改进算法 2——引入坡度增量的滤波算法[23]

如果扫描区域地形起伏较大，扫描点位于斜坡、陡坎等部位时，由于此时高差较大，而两点间距离较近，通常将地面点误判为非地面点。因此，不少学者又对经典的基于坡度滤波算法进行了改进。

考虑到在断裂线、陡坎、斜坡等高程急剧变化的地方，坡度值一般很大，单纯依靠高程差和距离阈值很容易将地面点误判为非地面点。因此提出了 4 个坡度阈值：坡度 S_{gen}，坡度增量 S_{det}，最小坡度 S_{min} 和最大坡度 S_{max}。在地面种子点的邻域内，种子点 P_0 向 8 个方向进行"生长"。图 2-1 为种子点及其邻域示意图。

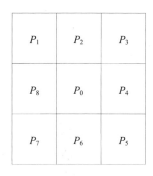

图 2-1　种子点 P_0 及邻域

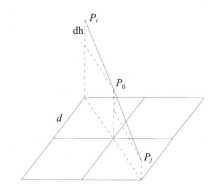

图 2-2　坡度计算示意图

图 2-2 为坡度计算示意图，在表面模型的网格剖面内，P_0 为地面种子点，P_i，P_j 为同一剖面内的网格点，S_{0i} 是 P_0 到 P_i 的坡度，S_{ij} 是坡度增量，计算公式为：$S_{0i} = \Delta h \Big/ \sqrt{2}d$；$S_{ij}=S_{0j}-S_{i0}$。其中 Δh 为 P_i 到 P_0 的高程差，d 为网格间距，S_{0j} 与 S_{i0} 的定义与 S_{0i} 相同。

地面点的选取是通过地面种子点的"生长"进行的，在种子点邻域内算法如下：

①输入 S_{gen}、S_{det}、S_{min} 和 S_{max}。

②如果 $S_{0i} < S_{gen}$，那么 P_i 为地面点。其中 P_i 为邻域中的任意点。

③如果 $S_{gen} < S_{0j} < S_{max}$，并且 $S_{ij} \leqslant S_{det}$，那么 P_j 为地面点。

④种子点在"生长"过程中，如果邻域内任何一点 P_i 的高程都低于 P_0（此时坡度为负值，小于 S_{gen}），并且 $S_{0i} \geqslant S_{min}$，那么该点也为地面点。

⑤对于判定为地面点的邻域点，将其标识为地面种子点 P_0，重复②到④进行区域生长。

⑥重复②到⑤，直到对所有点处理完毕。

此改进的基于坡度滤波算法，如果能正确地选取地面种子点，在斜坡、陡坎、断裂线等地形变化剧烈的地方，仍能够对扫描数据进行较好的过滤，从而获取正确的地面点。然而对于滤波参数的选择则需要较多的实验进行总结。

二、渐进加密三角网滤波

Axelsson 提出了一种基于不规则三角网（TIN）的滤波算法[26]：首先从点云数据中选取种子点，从而通过种子点生成一个稀疏 TIN，经过迭代处理逐层加密之后，得到位于这些点下方 TIN（TIN 的曲率受参数限制），该方法可以处理面不连续的情况，适用于密集的城区[27]。

该方法首先从点云中提取初始的地形，然后再逐层将满足阈值条件的点添加到地形当中，直至所有满足条件的点都被添加。但是，在这个过程中对于复杂区域特别是具有陡峭的斜坡、交通设施较多等地形特征的地方，由于阈值条件的针对性，会出现一些真实的地形点，比如陡坡转角上的边缘点，始终都不能满足添加到三角网的阈值条件，常常被漏选，如图 2-3 所示。

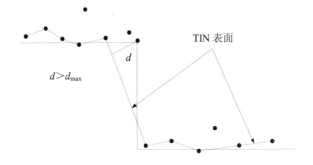

图 2-3　边缘点漏选示意图

对于出现的这种情况，Axelsson 所采用的是镜像的方法，在一定程度上解决了陡坡上边缘点的被漏选的可能性，虽然该方法在数学镜像的方法上具有一定的可行性，但该方法并没有给出合理的理论依据，仅仅是经验算法，难以保证普遍的适应性和稳健性。并且对于连接斜坡和较高地形处的地形点也不能较好的保留。

渐进加密三角网算法的基本思想如下：

首先对原始的扫描点云数据进行滤波预处理。通过预处理，可以将偶然噪声点从原始数据中剔除，避免其对于提取原始地形造成的错误，并将这些偶然噪声点从点云数据集中完全剔除，不用于后续的提取算法当中。

其次，构建初始的 TIN：将上一步处理后的点云数据划分为粗略的网格，并选取网格中的最低点最为初始 TIN 的点。构建 TIN 的算法有多种，如：

①泰森（Thiessen）多边形算法

泰森多边形的概念是将分布在平面区域上的一组离散点用直线分隔，使每个离散点都包含在的规则是：每个多边形内只包含一个离散点，而且包含离散点 p_i 的多边形中的任意一点 Q 到 P_i 的距离都小于 Q 点到任意一个其他离散点用 $P_j (j \neq i)$ 的距离。把每两个相邻的泰森多边形中的离散点用直线连接后生成的三角形称为泰森多边形的直线对偶，又称为 Delaunay 三角形。其特点是：每个 Delaunay 三角形的外接圆内不包含其他离散点，而且三角形的最小内角达到最大值。可以通过构造泰森多边形产生 Delaunay 三角形格网，也可以根据 Delaunay 三角形的特点直接构成 TIN。

②最近距离算法

用这种算法生成 TIN 时，先在离散点中找到两个距离最近的点，以两点连线为基础，寻找与此段连线最近的离散点构成三角形，然后再对这个三角形的三条边按同样准则进行扩展，构成新的三角形（图 2-4）。如此反复，直到没有可扩展的离散点或者所有的三角形的边都无法再构造出新的三角形为止。

③最小边长算法

在构成三角形时，离散点的选择应当使构成三角形的三边边长之和达到最小值。其余的离散点中进行比较，选择到 A 和 B 的距离之和最小的一点作为三角形的另一个顶点 C，构成第一个三角形（图 2-5）；再次用同样的方法对此三角形的每条边进行扩展，直到所有离散点都包含在三角形格网中时，构造三角格网的过程即结束。

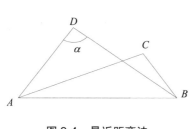

图 2-4 最近距离法

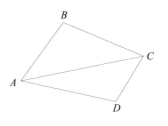

图 2-5 最小边长法

再次，根据不同的点添加算法（如图 2-6 所示的角度限差法，距离限差法等），将点云中满足特定阈值条件的点添加到已构成的 TIN 中，对 TIN 进行不断的加密，这是一个迭代的过程。

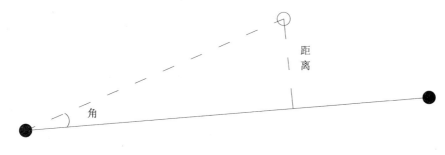

图 2-6 三角形迭代法示意图

角度限差法决定是否添加点，需要设置迭代角度。迭代角度是指每一个点和它相邻的三角形比较，这个角度是三角形平面和连接判断点的直线（上图中虚线）之间的角，和最近的三角形的顶点形成的角（如图 2-6 所示）。对于角度限差的选择，要根据不同的地形设置不同的值，或者根据先验知识进行实验。通常如果当前有人造建筑物时选择 88°～90° 的值；如果全是自然地形，则需要计算最大坡度。

同样，若通过距离限差法确定是否添加点，则需要设置迭代距离。所谓迭代距离是指扫描点到三角形一边的距离（如图 2-6 中虚线所标识）。此种方法其迭代距离较难确定，故应用范围小。

最后，当不再有新的点添加到 TIN 中的时候，基本的地形就已经完成。

由于此滤波算法存在着剧烈变化地形会漏选点，边缘信息难以提取的缺陷性，国内不少学者提出了不同程度的改进算法。例如武汉大学遥感信息工程学院的李卉博士[27]提出了融合区域增长思想的改进方法，其能够实现精确稳健的将陡坡边缘上的地形点添加到 TIN，并能够剔除在高程接近，强度信息差别不明显的数据情况下的植被和原始地面，在很大程度上对 Axelsson 的滤波算法进行了改进。毛建华[28]等在分析典型地物激光雷达点云空间分布基本规律的基础上，重点研究了典型地物表面及其边缘的点云空间分布特征及基于 TIN 结构的邻近点云高程突变规律，设计了相应的点云过滤算法，并对算法的参数选择及相应的误差进行了探讨，进行了 LIDAR 数据 DEM 提取实验。

三、基于地面高程注记点或等高线的点云噪声剔除算法

在"数字地球"的建立过程中,如果能将原有平面地图上所反映的地形宏观信息与三维激光扫描技术获取的微观信息结合起来,将原始地形图作为先验知识,对扫描数据中与真实地形明显不符的错点进行噪声剔除,可以使得建立的三维地形模型更加准确地反映地表变化特征。基于地面高程注记点或等高线的点云噪声剔除算法正是这一思路的实现,该算法结合原有地形图,利用高程注记点或等高线能够大体上反映地形变化趋势这一特征,逐一内插出各点位置上的理论高程值。将该理论高程与实际测得的各点高程值进行比较,当二者有明显不符时,则剔除该数据点。实现该算法分为 5 个步骤:

①在地形图上提取测区的高程注记点或等高线信息。若地形图上只有等高线可作为先验信息,则将其离散化成点的形式。

②确定搜索步长。以各点为中心,按照一定的步长搜索范围内的高程注记点。

③内插各点的高程。选择适当的内插模型,内插出各点的理论高程值。

④确定阈值。阈值的选取要考虑到高程注记点的精度以及内插精度等,若由等高线离散点作为先验信息时,还要考虑等高线内插精度。

⑤确定噪声点。将内插出的点云高程 Z' 与实际扫描出的点 P 高程 Z 比较,如果超过所设定的阈值则剔除该点,否则保留该点。

在该算法中用到了高程内插模型的理论知识,涉及到确定搜索步长和阈值的问题,下面就本算法运用的理论知识及细节问题进行简要说明。

(一)高程内插模型

高程内插即根据已知点的空间数据获取未知点的高程。在数学上,内插属于函数逼近。按照内插的分布,内插可以分为整体内插、分块内插、逐点内插等。按照内插的类型,内插可以分为代数多项式内插、样条函数内插等。从计算方法上,内插可以分为插值(过已知点)和拟合(不过已知点)。具体分类如图 2-7 所示。

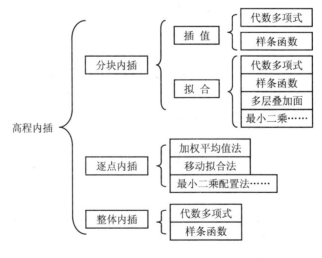

图 2-7　高程内插分类

内插的关键在于内插点以及内插邻域的确定，以及选择适当的内插函数。内插主要考虑内插的精度、计算的复杂性等。下面简要介绍几种常见的内插方法。

1. 整体内插

整体内插即在整个研究区域或部分研究区域上，根据已知数据点，用内插函数表述 DEM 表面，然后再计算未知的点。内插函数通常是如下的多项式或样条函数：

$$P(x, y) = \sum_{i=0}^{n} \sum_{j=0}^{m} c_{ij} x^i y^j \tag{2.4}$$

$$U(x, y) = \sum_{i=-1}^{n+1} \sum_{j=-1}^{m+1} c_{ij} \Omega_3 \left(\frac{x - x_i}{h}\right) \Omega_3 \left(\frac{y - y_i}{h}\right) \tag{2.5}$$

其中 $\Omega_3(x)$ 为 3 次等距 B 样条基函数。

整体内插类似于 DEM 表面整体建模，能较好地估计地形整体特征。对于多项式，由于高阶插值多项式会出现振荡现象，因此较高阶多项式内插也不适用。通常取较低阶多项式，利用最小二乘法构造拟合曲面，进而内插所要的点。整体内插由于顾及的点多，特别是大数据量时，计算比较复杂，实际中用得较少。

2. 分块内插

分块内插是常用的内插方法，它能够较好地估计内插精度与计算复杂性。分块内插即将研究区域分成若干块，对每一块建立插值或拟合函数（曲面），进而求出块中所需若干点的高程。

分块大小根据地形复杂程度、格网点分布形式和分布密度决定，有时要有适当的重叠。内插函数的选取主要依赖于内插点数以及分布。

（1）线性内插

线性内插就是利用靠近插值点的 3 个已知点，确定内插函数。由于是 3 个已知点，常用的函数是如下的有 3 个系数的线性函数

$$z(x, y) = a_0 + a_1 x + a_2 y \tag{2.6}$$

根据已知点的坐标，可以确定上述函数的系数。利用得到的线性函数，就可以得到内插区域中内插点的值。

线性内插计算简单，几何上是用 3 个点确定的平面来内插求未知的点。但是，实际地形通常是曲面，因此，这种简单的线性内插由于不能很好地顾及地形的变化，在精度上稍差。

（2）双线性内插

双线性内插是利用靠近待插点的 4 个已知点，确定一个双线性多项式函数，进而求出内差点高程。双线性多项式是

$$z(x, y) = a_0 + a_1 x + a_2 y + a_3 xy \tag{2.7}$$

由于已知 4 个点的坐标，通过解方程容易得到其系数。与线性内插法类似，双线性内插法不能很好地顾及地形的变化，在精度上稍差。

3. 逐点内插

逐点内插是以待插点为中心，定义一个局部函数去拟合周围的数据点，数据点的范围

随待插点的位置变化而变化，也称为移动曲面法。与分块内插相比，逐点内插法一次内插一个点，以该点为中心。而分块内插法一次可能内插多个点。

（1）单点移面法

单点移面法属于逐点内插中的一种，其关键在于解决两个重要问题：一是如何确定待插点的最小邻域以保证有足够的参考点；二是如何确定各参数的权重。当所选中的点都位于以待插点为圆心的圆内时，该算法又称为动态圆法。动态圆的圆半径取决于原始数据点疏密程度和原始数据点可能影响的范围。对于选取的邻近 n 个数据点，可用代数多项式拟合，多项式通常取为如下的二次多项式

$$z = ax^2 + bxy + cy^2 + dx + ey + f \tag{2.8}$$

其中，a、b、c、d、e、f 为待定的系数，它们可由 n 个选定的参考点用最小二乘法求解。

（2）加权平均

用多项式曲面来进行拟合往往需要求解误差方程式。在实际应用中，更为常见的是加权平均法。加权平均法在计算待定点 P 的高程时，使用加权平均值代替误差方程。

$$Z_P = \frac{\sum_{i=1}^{n} p_i \times z_i}{\sum_{i=1}^{n} p_i} \tag{2.9}$$

式中，Z_P 为待定点 P 的高程；Z_i 为第 i 个参考点的高程值；n 为参考点的个数；p_i 是第 i 个参考点的权重，在实际应用中常选用距离平方的倒数为权重，即

$$p_i = \frac{1}{D_i^2} \tag{2.10}$$

$$D_i = \sqrt{(X - X_P)^2 + (Y - Y_P)^2} \tag{2.11}$$

（3）断面内插法

断面内插法的基本思路是沿某一断面将地表剖分，在此剖分面上采样若干个点，然后进行曲线插值计算，如图 2-8 所示，x_0，x_1，$\cdots$，x_n 是采样点，对应的高程值可设为 y_0，y_1，$\cdots$，y_n。

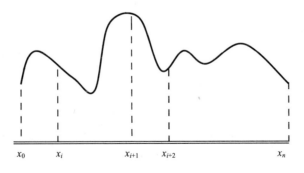

图 2-8　断面内插法

断面内插法从数学上讲就是一元函数逼近，从几何上讲，就是曲线插值。一元函数的逼近有许多方法，如代数多项式插值、分段函数插值、样条函数插值、最小二乘拟合等。

几种高程内插方法各有优劣，整体内插法计算量大，且高次多项式不稳定，因此一般不采用。分块内插能一次内插较多的点，同时通过选取合适的内插函数，能保证地形特征，从而内插点具有良好的精度，并且计算也较为方便。逐点内插法简单灵活，但由于一次只能内插一个点，计算量较大，逐点内插方法中，加权平均法简单易行。

（二）搜索步长

理论上，搜索步长的确定可以根据离散点的密度，采用同一的步长值运算，这样虽然简便，但仅适用于离散点密度较为平均的情况。实际应用中，由于平均密度不能反映具体某个区域的离散点疏密情况，因此可能出现点数过多，使内插运算变得烦琐；或者点数过少，影响内插精度的情况。

要保证方程的解，既要有足够的已知高程点，又不能使点太多。为了解决这一问题，可以采用动态半径方法，即从数据点的平均密度出发，确定搜索步长范围内的已知高程点。当点数过少时，扩大该点的搜索半径，当点数过多时，缩小搜索半径，最终达到适宜的点数（一般 4~10 个）。根据高程注记点的密度求解初始搜索步长 R，其公式为：

$$\pi R^2 = 7 \times (A/N) \tag{2.12}$$

式中：N——总点数；

A——总面积。

需要注意的是，当利用等高线离散点作为地形先验信息时，还要考虑到高程值是否唯一的问题：如果搜索范围内的等高线离散点均为同一高程值，则不能正确内插出点云高程。因此，要求步长范围内的等高线离散点在尽可能少的情况下，至少具有两种不同的高程值，即搜索范围与两条以上等高线相交。这种方法同时考虑了点数和确保高程值不同的两个因素。

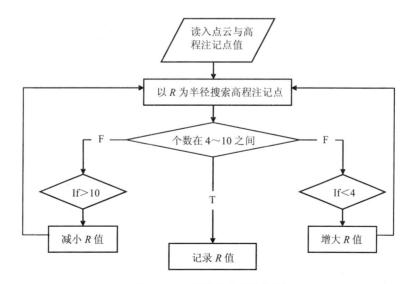

图 2-9　确定搜索步长流程图

（三）阈值的确定

阈值是判断点能否作为噪声去除的量化标准，因此阈值的选取关系到噪声剔除的效果。如果阈值选取过大，则不能真实反映地形特征的点会保留下来，达不到噪声剔除的效果；如果阈值选取过小，则会剔除掉有用的数据。在本算法中，阈值的设定应充分考虑到高程注记点的测量精度和地形因素造成的影响。

（1）由图根点测量高程注记点的精度

由全站仪施测高程注记点时，其误差主要有：测距误差、测角误差、仪器高和目标高的量取误差、球气差影响。全站仪的测距精度较高，且能对球气差进行自动改正，因此可以忽略测距误差和球气差对高程注记点精度的影响，则高程注记点中误差 m_H 可写为：

$$m_H{}^2 = (D \times m_Z / \rho)^2 + m_i{}^2 + m_v{}^2 \qquad (2.13)$$

式中： m_Z——天顶距观测误差；

D——测站点至测点的平距；

m_i——仪器高；

m_v——目标高量测误差。

$\rho = 206265''$。

本例以 1 : 500 的数字地形图作为参考，根据《数字地形图系列和基本要求》（GB/T 18315—2001）中对高程精度的要求，高程注记点的高程中误差为 0.4 m。

表 2-1　高程精度要求　　　　　　　　　　　　　　（单位：m）

		平地	丘陵	山地	高山地
1 : 500	注记点	0.4	0.4	0.5	0.7
	等高线	0.5	0.5	0.7	1.0
1 : 1 000	注记点	0.5	0.5	0.7	1.5
	等高线	0.7	0.7	1.0	2.0
1 : 5 000	注记点	1.2	1.2	2.5	3.0
	等高线	1.5	1.5	3.0	4.0

（2）地形概括误差

地形概括误差的计算公式为：

$$m_{概} = \mu \sqrt{L} \qquad (2.14)$$

式中： $m_{概}$——地形概括中误差；

L——地形点间距；

μ——地形概括系数（平地取 0.04，丘陵地取 0.15，山地取 0.25，高山地取 0.30）。

由此得出内插点云理论高程值的精度，其中误差为：

$$m_{点云}{}^2 = m_{概}{}^2 + m_H{}^2 \qquad (2.15)$$

第二节　点云重采样方法研究

点云数据去噪的另一种方式是从点云数据中直接提取需要的信息，通常是对点云数据中的特征信息进行直接提取。点云数据的特征是指对表面建模有关键影响的一些带有规律的点、线、面。点云可以以散乱点、扫描线甚至深度影像的存储形式进行存储。而在实际处理过程中，针对不同性质的点云数据，学者们提出了不同的特征提取方法。

一、基于扫描线的特征提取方法

基于扫描线或切片数据的特征提取一般用来研究扫描线或者点云的切片数据。通过将三维数据进行降维处理，即通过对切片进行运算或对二维扫描线的直接处理将三维模型转换为有序的二维数据点集，从而利用二维空间数据处理技术进行特征点提取，然后通过采用一定的连接规则对各特征边进行连接。扫描平面与被测物体的交线数据可以看作扫描线数据，由于曲面上各截面线的特征分布一般能够反映曲面特征的分布，因此可以利用曲线曲率计算方法对测量数据中各类特征点进行提取。

吕震[29]等借助扫描线数据提出基于角度、离散曲率或高斯球对扫描线上的特征点进行提取，然后采用与用户进行交互的方式连接各构造特征区域的边界线；梁佳洪[30]等通过利用平面曲率法提取从散乱数据中截取的平面点云中的特征点，然后将这些特征点作为 NURBS 曲线的节点，应用能量法光顺处理求出 NURBS 曲线并生成产品特征线，从而利用这些特征线分割测量数据并进行分块拟合以实现特征面的提取；慈瑞梅[31]等将扫描线的三维分层式方法应用于特征线的自动提取，采用基于局部增量网格扩张的三维散乱数据三角剖分算法，自动提取任意复杂曲面尖锐棱线；路兴昌[32]等将每一条扫描线看成是分段光滑的曲线，从上到下（或者从左到右）地进行局部一次拟合，得到逼近的距离图像，检测深度和拟合点的法向连续性并生成边缘映射图，从而提取出二维轮廓边缘，由一维网格链码跟踪获取不同边缘链，沿边缘链搜索以确定边缘拐点，去掉小于某一长度域值的边缘链，然后根据用户的指定将距离图像等分为 N 幅子距离图像，各幅子距离图像间有且仅有一条重叠边，最终分别在各子距离图像内进行自适应采样；张慧[33]等将小波变换应用于提取三维激光扫描表面轮廓特征，通过对原始数据在多分辨率下进行分解在去除噪声后提取界点，从而很好地避免了冗余数据和噪声干扰实验结果。

由于经过曲面上存在无数条经过某一点的曲线，另外，点沿各曲线的曲率不同且曲率变化率也不同，基于切片或扫描线数据提取特征的方法只能提取出沿着切片或扫描线方向上曲率变化大的点，这样所得到的特征很不完整。而且，在处理无组织的点云数据时，首先要通过切片运算将这些杂乱的点云转换成有序二维数据集，在转换过程中引入较大误差又是不可避免的，这些误差将会对重构边界的质量产生严重的影响。

二、基于深度影像的特征提取方法

激光扫描仪是以固定的角度间隔发射激光束逐行逐列扫描实体并以矩阵形式逐行逐列地组织所获取的扫描数据。物体上的每一个采样点对应着点云矩阵中各元素，这种组织方式类似于二维图像的组织方式，采样点的三维空间信息包含在每一像素中，这种数据组织方式被称为深度影像或者深度数据。

数字城市中的机载和车载点云数据所获得的都属于物体的立面或顶面信息，其领域内点云的特征提取一般都利用基于深度影像的特征提取方法。在建筑物的特征提取方面，李必军[34]等利用车载三维激光扫描数据进行建筑物特征提取研究前提出一套基于建筑物几何特征的信息挖掘方案，从激光扫描数据中直接提取建筑物的平面外轮廓信息，然后利用这些特征线进行三维重建并获得了较好的效果。Xu[35]对 canny 算法和坡度计算以及边界点的选择进行了改进，从而实现了对 Lidar 深度影像进行多分辨率边界提取的研究，实验证明该方法能有效去除噪声从而保护不清晰边界。路兴昌[36]等应用了平面分割和 Hough 变换在利用地面三维激光扫描仪进行建筑物的构建中对目标物进行识别并提取出特征点、线、面。Dinesh[37]研究了从车载扫描的距离影像里直接提取相关几何特征和纹理特征的相关算法以及各种模板。

在地学研究领域中，激光点云的特征提取主要是基于深度影像，针对城市环境的重建，如隧道、公路、建筑地形等，主要利用图像处理的思想对点云进行分割和特征提取。由于机载和车载点云数据一般比较稀疏，因此现阶段能够得到的一般是建筑物的立面和顶部信息，研究内容也一般集中在面特征的提取上。在深度图像上相邻的点在空间上未必相邻，深度图像上每个像素和周围像素的邻接关系不一定对应实际场景中该点和周围点的邻接关系。由于在采集数据的时候物体之间存在相互遮挡，导致信息存在缺失，因此从深度图像上提取出来的特征不够完整。深度影像从某种意义上说是物体在扫描空间上的投影，基于深度影像从不规则物体上提取出的仅仅是物体的侧影轮廓，并非其真正特征。但对规则的建筑，由于其大部分是规则的直角，这些边角在任意角度下的深度影像仍然表现为特征，因此对规则建筑物可以采用深度影像提取特征的处理方法，这在数字城市建模中尤其适应。

三、基于离散点的特征提取方法

基于离散点的特征提取方法是基于数学理论的出发点，认为测量点的法向矢量或曲率等微分属性的突变反映的是一个区域与另一个区域的边界，因此将突变点作为特征点。

柯映林[38]通过利用空间栅格结构建立散乱点的拓扑关系，然后根据栅格中数据点与栅格中心点相对位置计算出栅格的曲率及其与相邻栅格间的曲率差值，由曲率差函数判别并抽取边特征栅格，可以有效地解决具有曲率突变性点云数据的特征提取问题。Pauly[39]等将该方法进行了拓展，提出基于采样点多尺度邻域曲面变化量的计算，以此实现多尺度特征线的提取算法。该算法抗噪能力比上述算法更强，而且可以提取出不同形态的从尖锐到平缓的过渡特征。吴杭彬[40]等通过 LiDAR 方法获取的点云数据，通过矢量转化为栅格数据的方法将数据转化为图像，之后用数学形态学中的膨胀和腐蚀方法进行序贯运算，从而将得到的图像进行边缘提取和图像边缘矢量化，最终得到每个地物所对应的边缘和数据点。Milroy[41]从点集中确定表征过渡特征、曲面片间相交、边界轮廓特征的特征点，连接特征点形成特征边界环，然后根据特征边界环实现对点云数据的分割。柯映林[42]等为了快速计算点的曲率，在 RE-SOFT 软件中采用全局模型替代局部曲面片模型，在四维空间中生成一全局 Shepar 曲面，其中（x, y, z）为采样点空间坐标，c 为该点的估算曲率。利用该曲面，点云中每个点的曲率值都可以很方便快捷地被计算出来。Gumhold[43]等根据测量点领域构建协方差矩阵，通过协方差分析将点分为折痕点、边界点、拐点、平面点，然后针对各类特征点建立最小生成树以构建特征线。

第三节 三维激光扫描数据处理软件

一、软件简介

作为一种新兴的三维数据采集手段，地面 LiDAR 自出现以来便受到了国内外学者的密切关注，为了使得 LiDAR 能够尽快投入现实应用中来，人们对于点云数据的后处理开展了广泛研究，然而，到目前为止，几乎任何一种算法都有其自身的局限性，所处理的点云数据均需要满足其特定的假设条件，否则，将无法对点云数据进行处理。

针对上述情况，本软件的设计着重于将地面 LiDAR 技术应用于煤矿开采沉陷以及地表沉降变形的研究之中，为了有效地基于地面 LiDAR 点云提取相应的地表特征信息，本软件从两个方面着手对原始 LiDAR 点云进行处理，即重采样与滤波。其中，前者的目标是根据工程应用需要，直接从海量的 LiDAR 点云中提取相应的地表特征信息；而后者是通过对 LiDAR 数据采集过程中冗余数据的删除，从而达到提取地表特征信息的目的。软件采用 C++与 VB 两种语言进行混合编程，最后在 VS2010 的环境下对各模块以动态链接库（*.dll）的形式予以整合。软件主界面见图 2-10。

图 2-10 软件主界面

二、数据处理流程

本系统中对点云数据的滤波处理模块共有 5 个，分别基于坡度、先验高程信息、重采样、渐进加密 TIN 以及形态学进行点云滤波，其总体架构如图 2-11 所示。

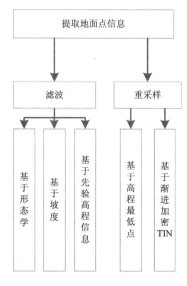

图 2-11　总体架构图

三、数据准备

本软件中的所有数据（包括导入、中间生成以及导出数据）均以*.pts 后缀存在，其内容格式为：X 坐标，Y 坐标，Z 坐标。

13 855.315，54 068.846，219.400
13 745.049，54 020.065，218.100
14 012.668，54 030.068，222.600
14 056.648，53 973.958，226.900
13 778.913，53 900.660，219.500
13 970.154，54 164.376，233.100
13 862.937，54 175.555，219.600
13 630.082，54 094.921，213.800
13 622.080，54 152.180，213.400
13 745.049，54 020.065，218.100
14 152.659，53 927.223，234.500
…………
…………

注：中间分格符必须为逗号

在进行数据处理之前,应该对所需要处理的数据量及可以需要进行的处理进行相应的估计,如果数据量比较大（如超过 5 万个点）,应先对原始数据进行形态学滤波或重采样滤波,这样,在不损失地面信息的前提下,可以很大程度地减少数据量并提高处理效率,而当数据量更大（如超过 100 万点）时,建议采用分站处理的方法,并在最后对处理后的数据予以合并。

四、基于形态学原理滤波使用说明

本软件中,是在原有的形态学滤波算法的基础上,对其进行相关改进,得出的一种新的准形态学滤波算法。算法首先对原始点云进行格网化,并对格网化之后的数据实时相关的后处理,在此基础之上,分别沿着平行于 X 轴与 Y 轴的 4 个不同方向来判断各格网点的属性（地面点与非地面点）。

在系统窗体上单击"文件"→"输入"→"Point cloud",如图 2-12 所示。

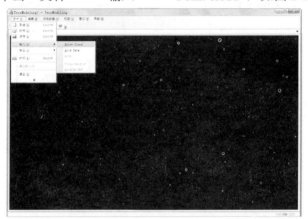

图 2-12　点云数据读入

然后从弹出的对话框中选取需要进行滤波的数据文件,从而能够得到如图 2-13 所示的点云数据预览图。滚动鼠标中键可以对点云数据进行缩放,按住键盘上的 Ctrl 键,可以对点云数据预览视图进行旋转和平移,其中按住鼠标右键可以对点云数据进行旋转,按住鼠标中键可以对点云数据进行平移。

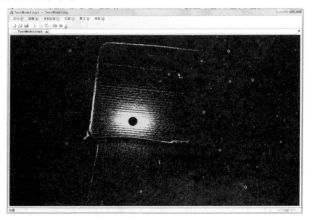

图 2-13　点云数据预览

单击"点云数据"→"滤波"→"形态学滤波"对点云数据进行基于形态学原理的滤波，如图 2-14 所示。

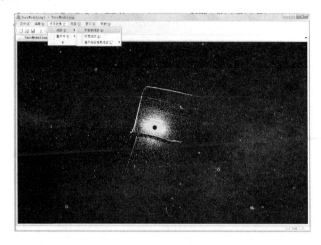

图 2-14　形态学滤波菜单项

根据图 2-15 所示的对话框设置相关的滤波参数，其中，格网化参数中的"横向"和"纵向"为网格的边长，根据应用的需要来设置，建议设置至少等于原始点云的点云间隔；邻域窗口是根据应用需要，推测一个点的影响范围，一般建议取 3×3 或 5×5，需要注意的是，太大的操作视窗会滤除地形细节，太小的操作视窗则不能去除房屋，因此操作时应注意视窗的选取；高差阈值需要根据地表坡度变化的最大值与格网化横向和纵向来计算其具体值；坡度阈值是滤波时所保留点的最大坡度允许值。

图 2-15　形态学滤波参数设置

滤波完成后，软件将弹出如图 2-16 所示的对话框，提示是否保存滤波后的数据，单击"确定"为保存，单击"取消"为不保存。需要注意的是，此模块数据的保存和写文件是分开的，如果要将滤波后的数据写到硬盘保存下来，则需要对数据予以导出，单击"文件"→"输出"→"PTS File（.pts）"，如图 2-17 所示，得到如图 2-18 所示的写文件对话框，输入适当的文件名，单击"保存"按钮，即将点云数据保存为对应路径文件名。

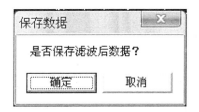

图 2-16 数据保存对话框

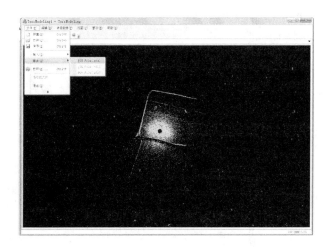

图 2-17 点云数据输出菜单项

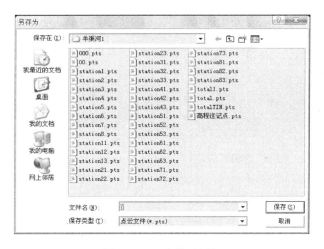

图 2-18 写文件对话框

五、基于坡度滤波使用说明

基于坡度的滤波算法是点云滤波的主要算法之一，其基本思想是：地形表面是一份分片光滑的曲面，局部区域内地形表面发生急剧变化的可能性很小。邻近两扫描点的高程差异很大时，由地形急剧变化产生的可能性很小，更有可能是其中一点属于地物点。也就是说，相邻两点的高差值超过给定的阈值时，两点间的距离越小高程值大的扫描点属于地面点的可能性就越小。因此，基于坡度的滤波算法是一种基于两点间高差值和距离值的滤波函数。

单击"点云数据"→"滤波"→"坡度滤波"对点云数据进行基于坡度的滤波，如图 2-19 所示。

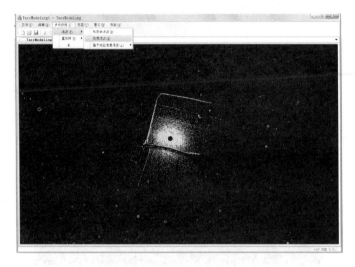

图 2-19　坡度滤波菜单项

根据图 2-20 所示的对话框设置相关的滤波参数，其中各参数的意义如下：

线密度：指扫描线的间隔（例如输入 0.3 表示每隔 0.3 m 取一条线进行过滤）。

X 方向坡度阈值：指 X 方向坡度的阈值（例如输入 0.05 表示当待判定点与控制点的 X 方向坡度值超过 0.1 时，判定为非地面点，剔除）。

Y 方向坡度阈值：指 Y 方向坡度的阈值（例如输入 0.05 表示当待判定点与控制点的 Y 方向坡度值超过 0.1 时，判定为非地面点，剔除）。

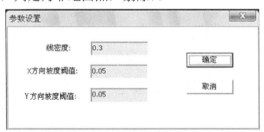

图 2-20　坡度滤波参数设置

单击"确定"后，将弹出如图 2-21 所示的读取文件对话框，选取相应路径的文件，单击"打开"，即开始对所选取点云数据进行坡度滤波处理，处理期间，软件将提示所读入的点数，处理后将弹出相应的完成对话框，随即弹出数据保存对话框，选取适当的路径文件名予以保存，即完成坡度滤波操作。

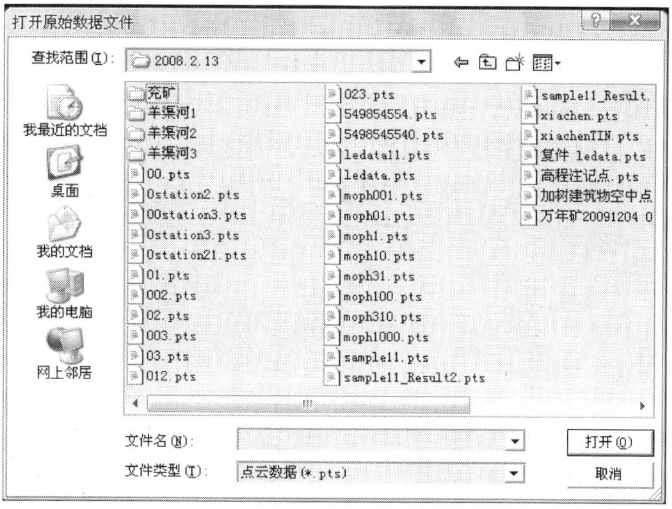

图 2-21　数据读入对话框

滤波完成后，若想对滤波效果进行预览，可以参照第三节所述的文件输入操作将之前滤波后保存的数据进行输入，之后进行相应的预览操作。

六、基于先验高程信息滤波使用说明

基于先验高程信息滤波分为 3 个子模块，其操作步骤相同。该模块的执行需要准备两组数据，分别为高程注记点数据文件（即保存区域内若干已知点位的坐标及高程信息）和点云数据文件，应以 pts 格式分别存放于两个文件中，其内容格式完成相同，均为"X 坐标，Y 坐标，Z 坐标"。

单击"点云数据"→"滤波"→"基于先验信息滤波"，选择子菜单中的相应滤波方式，对点云数据进行基于先验高程信息的滤波，如图 2-22 所示。

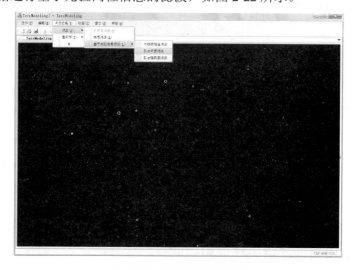

图 2-22　坡度滤波菜单项

选取相应滤波方法后，将弹出两个数据读入对话框，第一个弹出的为打开高程注记点文件对话框，从中选取之前准备好的高程注记点数据文件，如图 2-23 所示；第二个弹出的为打开点云数据文件对话框，从中选取所需要进行滤波的点云数据文件，如图 2-24 所示。滤波处理期间，软件将出现相应操作完成的提示。处理后将弹出相应的完成对话框，随即弹出数据保存对话框，选取适当的路径文件名予以保存，即完成坡度滤波操作。

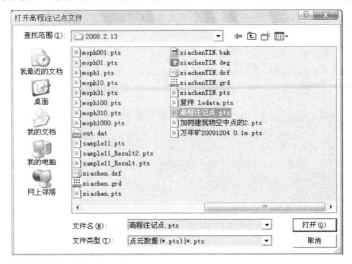

图 2-23　高程注记点数据读入对话框

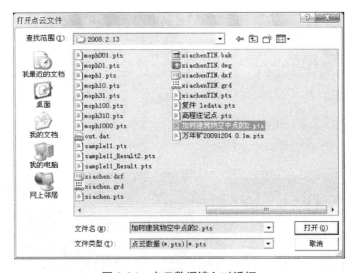

图 2-24　点云数据读入对话框

滤波完成后，若想对滤波效果进行预览，可以参照第三节所述的文件输入操作将之前滤波后保存的数据进行输入，之后进行相应的预览操作。

七、基于高程最低点重采样使用说明

本软件采用基于十进制的 Morton 码索引方式对点云数据进行组织。首先计算点云数据中每个点对应的 Morton 码并将此 Morton 码作为该点的属性值存入该点所处结点的数据域中，然后遍历数据链表，依据其中的 Morton 码建立一系列网格并同时将数据点存入对应网格中，当发现网格链表中存在与某节点的 Morton 码相同的网格时，则将该节点存入此网格节点的子数据链表中，子数据链表的长度加 1，否则，存入新开辟的网格链表节点内的子数据链表，按 Morton 码值大小将新节点插入网格链表中，网格链表和子数据链表长度同时加 1。

单击"点云数据"→"重采样"→"基于高程最低点"对点云数据进行基于高程最低点的重采样，如图 2-25 所示。

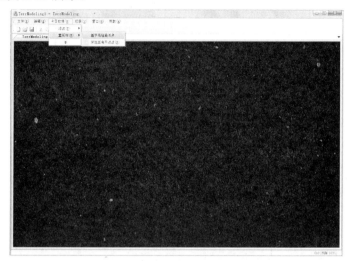

图 2-25　基于高程最低点重采样菜单项

选取相应重采样方法后，将弹出数据读入对话框，如图 2-26 所示。数据处理期间，软件将出现相应操作完成的提示。处理后将弹出数据保存对话框，选取适当的路径文件名予以保存，数据保存后软件会提醒每平方米网格内所包含的点数，即完成坡度滤波操作。

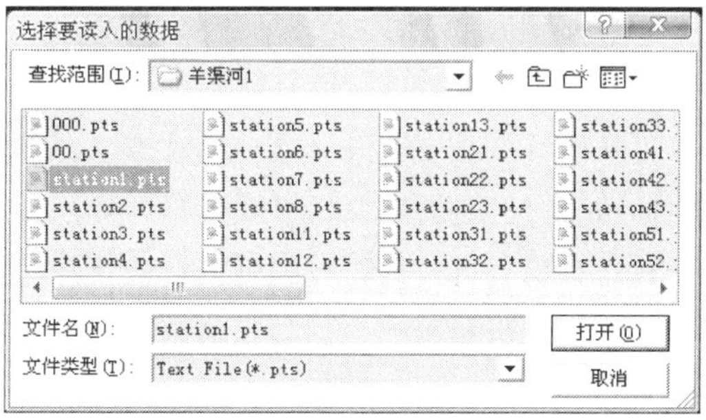

图 2-26　点云数据读入对话框

滤波完成后，若想对滤波效果进行预览，可以参照第三节所述的文件输入操作将之前滤波后保存的数据进行输入，之后进行相应的预览操作。

八、基于渐进加密 TIN 滤波使用说明

首先，对原始的扫描点云数据进行滤波预处理。通过预处理，可以将偶然噪声点从原始数据中剔除，避免其对于提取原始地形造成的错误，并将这些偶然噪声点从点云数据集中完全剔除，不用于后续的提取算法当中。

其次，构建初始的 TIN：将上一步处理后的点云数据划分为粗略的网格，并选取网格中的最低点作为初始 TIN 的点。构建 TIN 的算法有多种，这里构建的是 Delaunay 三角形，其特点是：每个 Delaunay 三角形的外接圆内不包含其他离散点，而且三角形的最小内角达到最大值。

再次，根据不同的点添加算法将点云中满足特定阈值条件的点添加到已构成的 TIN 中，对 TIN 进行不断的加密，这是一个迭代的过程。

最后，当不在有新的点添加到 TIN 中的时候，基本的地形就已经完成。

单击"点云数据"→"重采样"→"渐进三角网滤波"对点云数据进行基于坡度的滤波，如图 2-27 所示。

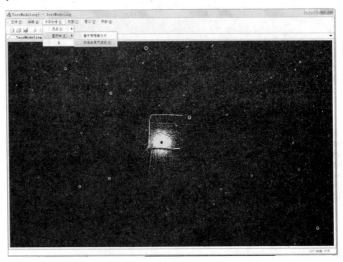

图 2-27　坡度滤波菜单项

根据图 2-28 所示的对话框设置相关的滤波参数。首先输入需要分段的行列数。比如填写 10，表示将初始点云分为 10 行 10 列，共 100 个点云模块，后续将从这 100 个点云模块里选择最低点作为构建初始三角网的基点，行列数越大，效果越好，但运行速度越慢。在阈值对应的文本框里填写需要处理的精度。

图 2-28　坡度滤波参数设置

单击"确定"后，将弹出如图 2-29 所示的读取文件对话框，选取相应路径的文件，单击"打开"，即开始对所选取点云数据进行坡度滤波处理，处理期间，软件将提示所读入的点数，所构三角形数以及滤波后的点数，处理后弹出数据保存对话框，选取适当的路径文件名予以保存，即完成坡度滤波操作。

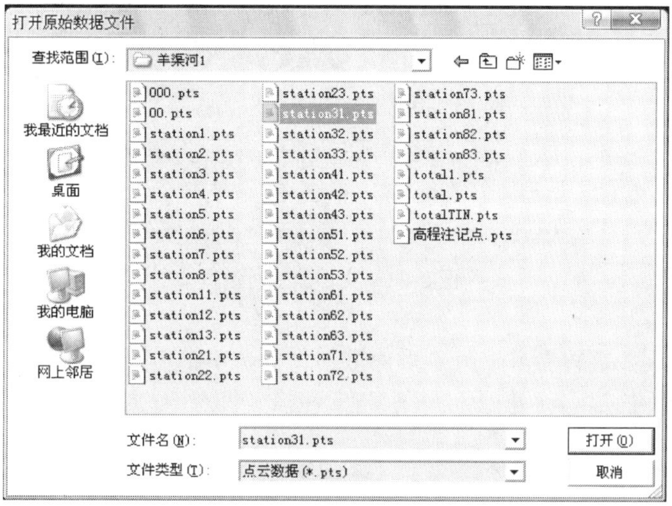

图 2-29　数据读入对话框

滤波完成后，若想对滤波效果进行预览，可以参照第三节所述的文件输入操作将之前滤波后保存的数据进行输入，之后进行相应的预览操作。

九、文件合并

前面提到，当数据量比较大的时候，需要对数据进行分站处理，以提高数据处理的效率，本软件提供了将各站处理完的数据整合到一起的功能。

单击"点云数据"→"文件合并"，如图 2-30 所示。

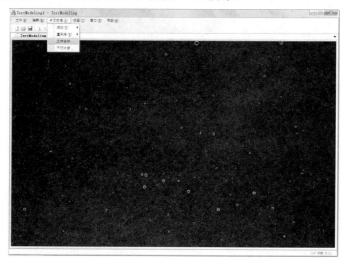

图 2-30　文件合并菜单项

选择文件合并选项后，将弹出文件读入对话框，如图 2-31 所示。

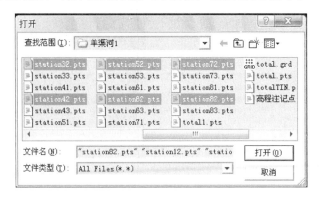

图 2-31　文件读入对话框

从中选取所需要进行合并的处理后的数据文件，单击"打开"按钮，合并完成后，软件会弹出完成合并的提示并弹出数据保存对话框，选取适当的路径和文件名保存合并后的数据。

十、沉陷计算

在对多期数据进行处理之后，需要计算每两期数据各网格点在此期间的下沉值从而获得下沉盆地，以为后续参数求取等操作提供数据支持。

单击"点云数据"→"下沉计算"，如图 2-32 所示。

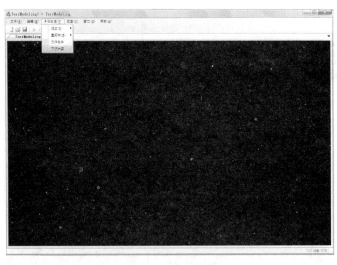

图 2-32　下沉计算菜单项

弹出如图 2-33 和图 2-34 所示的读取文件对话框，其中图 2-33 为读取前一期点云数据对话框，图 2-34 为读取后一期点云数据对话框。

图 2-33　前一期数据读取对话框

图 2-34　后一期数据读取对话框

　　下沉计算完成后，弹出数据保存对话框，选择适当的路径和文件名保存计算后的网格点下沉值，如图 2-35 所示。

图 2-35　下沉值文件保存对话框

　　完成后，若想对下沉盆地效果进行预览，可以参照第三节所述的文件输入操作将之前滤波后保存的数据进行输入，之后进行相应的预览操作。

第三章　地面三维激光扫描观测站布设方法及实例研究

第一节　观测站布设

观测站控制点主要作用是使分站扫描观测的点云数据统一于同一坐标系统下，即控制测量。因此在控制点的布设时，应充分考虑观测站的布设位置。

利用地面三维激光扫描建立短期观测站（以下简称"短期观测站"）时的控制点的布设位置与传统的常规观测站（以下简称"传统观测站"）的控制点的布设位置有所不同：

传统观测站一般要严格布置在移动盆地主断面上，而地面三维激光扫描是以"面"方式获取点云数据，因此扫描的点云数据覆盖一定范围的面域，只要是在移动盆地内的一片区域即可，该区域应覆盖移动盆地中央，工作面边界正上方及采空区边界区域。

利用地面三维激光扫描技术与 RTK 结合进行观测时主要包括控制测量和分站扫描测量。

①控制测量：控制测量目前有全站仪和 RTK 两种方法，全站仪的测量精度为毫米级，可以满足矿山地表沉陷变形监测的要求。RTK 的测量精度在厘米级，但是通过对扫描仪标靶改进，使 RTK 固定在标靶上面，这样就防止了立杆时人为误差，提高了 RTK 精度。且地面三维激光扫描能获取大量的点云数据，而地面三维激光扫描最大的优势就是其建模精度高，通过下面的精度分析可知对沉陷参数的影响不大，可以在矿区应用。

②分站扫描测量：RTK 获得控制点坐标后，把该点作为地面三维激光扫描观测站坐标输入仪器，扫描完一站之后，把后视点转到下一测站点，同时卸下三维激光扫描仪，把流动站 GPS 接收机安装在改进的标靶（在原来标靶的上方加工一个螺丝）上，见图 3-1，实时获取该测站点及后视点的三维坐标。之后把三维激光扫描仪放在下一测站点的脚架上，应用 RTK 获取的三维坐标设置测站点及后视点，就绪后进行扫描采集点云数据。

图 3-1　对中杆 RTK（左）及改进的标靶 RTK（右）

第二节　实例一：峰峰矿区羊渠河矿里 8256 工作面观测

一、工作面情况

峰峰矿区羊渠河矿里 8256 工作面地质采矿条件具体见表 3-1，该工作面走向和倾向均为充分采动。扫描地点为工作面上方部分区域。详见图 3-2 所示。

表 3-1　里 8256 工作面基本信息

工作面长	工作面宽	平均采深	地面平均标高	煤层平均厚度	平均开采速度	煤层倾角
800 m	139 m	540 m	147 m	5 m	1.3 m/d	12°

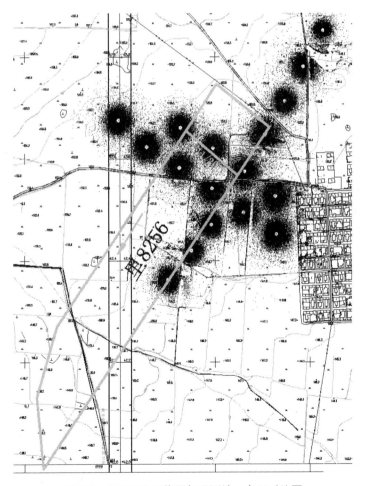

图 3-2　里 8256 工作面与观测站，点云对比图

此工作面进行了 4 次扫描：

第一次　2009.11.07—2009.11.08，共扫了 18 站；

第二次　2009.12.08—2009.12.08，共扫了 12 站。

第三次　2010.01.27—2010.12.28，共扫了 15 站。

第四次　2010.03.09—2010.03.10，共扫了 18 站。

二、实地观测

该矿地表起伏变化不大，有低矮的农作物及少量植被覆盖。该工作面左侧和下方都为采空区，右侧为村庄，综合考虑实地及工作面地质采矿条件把观测站布设成沿走向和倾向两条观测线，形式上类似于传统的剖面线状观测站，但是获取的数据是两个具有一定宽度的条带形扫描区域，条带宽度为 80 m 左右。工作面与点云见图 3-2，图中点云是第一次扫描的数据。此工作面共 18 站扫描数据，覆盖面积约为 14.2 万 m²。此工作面条件较好，除了东边有一个村庄，其余都是开阔的农田，观测站的布设较为方便。根据上文所述的观测方法及步骤，对羊渠河矿里 8 256 工作面进行了 4 次观测，获得了丰富的数据。

三、数据处理

在进行点云数据处理时采用 Realworks Survey 软件进行裁剪和采样，处理后输出点云的三维坐标，然后使用第二章中的数据处理理论及编制的相应程序进行噪声剔除。

数据处理方法可以从两个方面考虑，一种为噪声剔除，另一种为特征提取等。噪声剔除为剔除数据中的噪声来获取需要的点云数据；特征提取为直接在点云数据中提取需要的数据。对于矿区数据，由于其数据覆盖面积大，数据多，地表植物高低不等，噪声复杂等特点，剔除噪声来获取代表地面变化的数据工作量很大，最好的方法是特征提取。

要研究采煤对地表移动变形的影响，必须从点云数据中提取能代表地面起伏的数据；在这些点云数据中高程最低的点一定是激光打在地表的点。鉴于此，对点云数据可以采用以下两种方法进行处理，第一种把点云数据划分成一定大小的矩形格网，提取每个格网中的最低点代表此处的地表；第二种以最低点为基准设置合理的高程阈值，提取一定范围内的点云。如图 3-3（左边为提取最低点，右边为提出一定范围内的点云）所示。

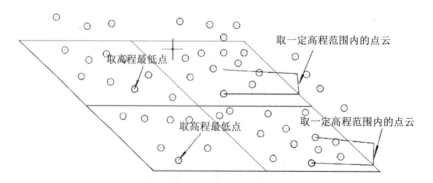

图 3-3　地表点提取模型

上述的两种地表数据的提取方法对应两种不同的下沉值计算模型：

①利用第一种方法在前后两期测得的点云数据中提取的地表点不固定。因此就给计算下沉值带来了困难。但是这种方法的优点是提取的点能完全代表地表的起伏变化，因此根据这个特点，把前后两期提取的点建立成 DEM_1 和 DEM_2，通过两次 DEM 相减，输出格网点的（x、y、Δh）坐标，其中 Δh 即是下沉值，见彩图 1 所示。

②第二种方法获取的点数量要远大于第一种方法。因此可以通过插值拟合的方法来获取矩形格网中心点的三维坐标（x，y，z），前后两期测得的点云数据插值拟合相同点的高程差值即为下沉值。

大量的点云数据经过上述处理后得到代表地表变化的下沉值；利用下沉值，根据矿区的地质采矿条件，采用概率积分模型和动态求参方法能得到矿区的沉陷参数。下面以实例来说明上述方法的应用效果。

四、参数求取

选取 1 组参数初值，然后利用整个盆地的扫描点数据进行求参，得到最终的开采沉陷参数。需要说明的是：由于利用地面三维激光扫描仪测量时没有固定的测点，无法利用点云数据求水平移动系数，因此求取的预计参数不包括水平移动系数。水平移动系数会单独求取。

（一）参数初值选取

根据峰峰矿区实际，选取的参数初值见表 3-2。

表 3-2　参数初值

下沉系数 q	主要影响角正切 $\tan\beta$	开采影响传播角 $\theta_0/（°）$	左拐点偏移距 S_1/m	右拐点偏移距 S_2/m	上山拐点偏移距 S_3/m	下山拐点偏移距 S_4/m
0.78	2.0	84	25	−20	0	−30

（二）扫描点云数据求参

利用地面三维激光扫描仪在 2009 年 11 月 8 日和 2010 年 3 月 10 日 2 次测得的点云数据，通过数据处理得到工作面该时间段的下沉值，采用动态求参模型，得到该地质采矿条件下的实测参数见表 3-3。沿走向及倾向任意取 2 个剖面，实测值与拟合值对比见图 3-4 和图 3-5 所示。

表 3-3　利用点云数据求取的参数

下沉系数 q	主要影响角正切 $\tan\beta$	开采影响传播角 $\theta/（°）$	左拐点偏移距 S_1/m	右拐点偏移距 S_2/m	上山拐点偏移距 S_3/m	下山拐点偏移距 S_4/m
0.8	1.9	68	10	−5	−10	−5

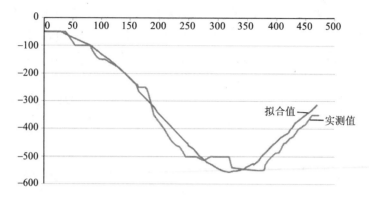

图 3-4　走向方向实测值与预计值对比图（图 3-6 所示 AB 剖面）

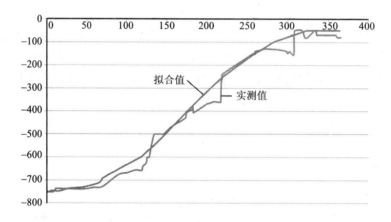

图 3-5　倾向方向实测值与预计值对比图（图 3-6 所示 CD 剖面）

从彩图 2 中可以看出，由于实际地表的起伏不平，实测下沉等值线比预计下沉等值线弯曲散乱些。

从图 3-4、图 3-5 中可以看出，2 个剖面拟合得很好；走向剖面拟合中误差值为 17.9 mm，占走向最大下沉值的 5.2%；倾向剖面拟合中误差值为 19.5 mm，占走向最大下沉值的 6.2%。

（三）水平移动系数求取

羊渠河矿里 8256 工作面在观测之前在主断面上布设 18 个 RTK 控制点，RTK 测点与工作面的对应关系见图 3-6。选择可用的 7 个点见表 3-4，求取水平移动系数。

根据上面求出的预计参数，固定这些参数，结合表 3-4 中的水平移动值，通过最小二乘曲线拟合分析得到水平移动系数为 $b=0.3$。拟合值与实测值见表 3-4，拟合中误差为 44 mm。

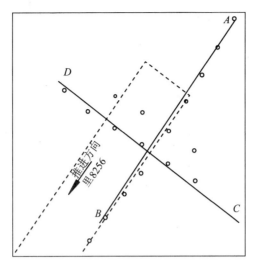

图 3-6　布站点与工作面的关系

表 3-4　RKT 控制点

点号	2009 年 11 月 8 日			2010 年 3 月 10 日			沿走向水平移动实测值/mm	沿走向水平移动拟合值/mm
	X	Y	Z	X	Y	Z		
1	25 427.11	42 851.48	134.152	25 427.06	42 851.46	134.133	−50	−46
2	25 385.7	42 780.8	134.774	25 385.61	42 780.78	134.724	−70	−61
3	25 346.39	42 712.56	134.586	25 346.3	42 712.5	134.493	−103	−107
4	25 262.59	42 574.76	133.376	25 262.47	42 574.72	133.067	105	108
5	25 192.1	42 470.58	132.915	25 192.05	42 470.68	132.576	−42	−41
6	25 149.94	42 419.27	133.027	25 149.89	42 419.29	132.793	9	5
7	25 060.04	42 304.49	132.581	25 059.99	42 304.48	132.487	37	66

（四）角量参数及动态参数的求取

地表移动盆地的角量参数指：边界角和移动角，动态参数指：超前影响角、最大下沉速度滞后角及地表移动总持续时间（包括起始期、活跃期和衰退期）。为了获取充分采动时的角量参数和动态参数，需要构造一个该地质条件下充分采动的典型工作面，然后稳态预计该典型工作面达到充分采动时的移动变形值，通过稳态预计的移动变形值求取角量参数；动态预计该工作面达到充分采动后任意时刻的移动变形值，通过动态预计的移动变形值求取动态参数。

此处取平均采深 H=550 m，则主要影响半径 $r=H/\tan\beta$=289 m，理论上工作面走向倾向长度达到 2r，即可达到充分采动，为确保计算的可靠性，此处取工作面走向长度大于 3r（867 m），即 L_1=4×900 m，倾向长度 L_2=900 m。煤层倾角取 0°。在反演动态参数时，拟定工作面起始开采时间为 2009 年 7 月 1 日，终止开采时间为 2015 年 3 月 1 日，预计截止时间为 2014 年 3 月 1 日，工作面推进速度为 1.5 m/d，采厚 5 000 mm，概率积分预计参数取值见表 3-3，水平移动系数为 0.30。获得的动态下沉曲线及下沉速度曲线见图 3-7。

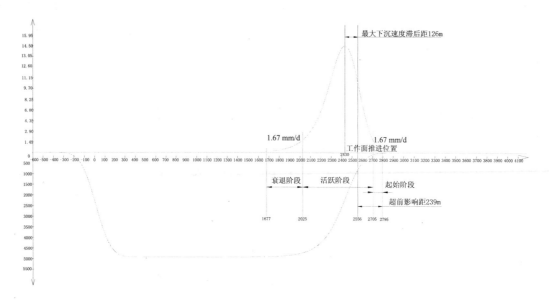

图 3-7　动态下沉曲线和下沉速度曲线图

从图 3-7 中可以求得如下动态参数：最大下沉速度=14.3 mm/d，最大下沉速度滞后距=126 m，超前影响角=66.5°，最大下沉速度滞后角=77.1°，地表移动持续时间=起始阶段 60 d+活跃阶段 454 d+衰退阶段 232 d=746 d。

根据观测成果，在求得的地表移动盆地的各种角量参数中，因表土层移动角无法获取，故本报告内所获得的参数值均为含表土层的综合角值。求取的角量参数见表 3-5。

表 3-5　反演的角量参数表

边界角/（°）	走向边界角	59.0
	上山边界角	77.7
	下山边界角	45.0
移动角/（°）	走向移动角	64.7
	上山移动角	87.4
	下山移动角	48.0

第三节　实例二：峰峰矿区万年矿 13266 工作面观测

一、工作面情况

峰峰矿区万年矿 13266 工作面地质采矿条件具体见表 3-6，该工作面左侧和下方都为采空区，工作面东西 2 侧均为采空区，其中西侧相邻的 13264 工作面的开采时间为 2004 年 6 月至 2005 年 10 月，13262 工作面的开采时间为 2007 年 1 月至 2008 年 1 月；东侧相邻的 13268 工作面的开采时间为 2006 年 11 月至 2007 年 12 月，下 13268 工作面为开掘准备，工作面上方地面有村庄和沟渠，具体的见井上下对照图 3-8。

表 3-6　13266 工作面基本信息

工作面长	工作面宽	平均采深	地面平均标高	煤层平均厚度	平均开采速度	煤层倾角
1 445 m	130 m	580 m	220 m	3.8 m	3 m/d	23°

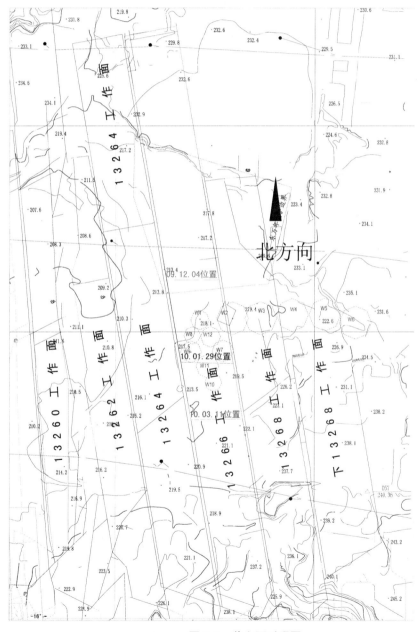

图 3-8　井上下对照图

二、实地观测

由于万年矿的地形变化较为显著，周边的村庄和凸起的高地都极大地影响了布站的范围，因此，在综合考虑了点云覆盖范围和观测便利条件之后，选择在工作面走向正上方较平坦区域多布设而受地形限制的倾向少布设的方法进行扫描站点的布设，万年矿的点云覆盖范围为 4.7 万 m^2。期间于 2009 年 12 月 8 日至 2009 年 12 月 14 日、2010 年 1 月 27 日至 2010 年 1 月 31 日和 2010 年 3 月 10 日至 2010 年 3 月 17 日三个时间段分别进行了 12 站扫描，其中走向平坦区布设 7 站，倾向受限区连接走向架设 5 站，扫描区域如图 3-8 所示的工作面上方圆圈所包围的区域，各圆圈中心点为设站位置，各设站位置的坐标及高程均由扫描工作开始之前的 RTK 采集工作进行控制。具体扫描工作与羊渠河矿工作相同。

三、数据处理

利用第二章中所阐述的数据处理方法，第 2、3 期数据进行处理，从而获得第 2 期数据中网格点的下沉值，所获得的等值线分别如图 3-9 所示。

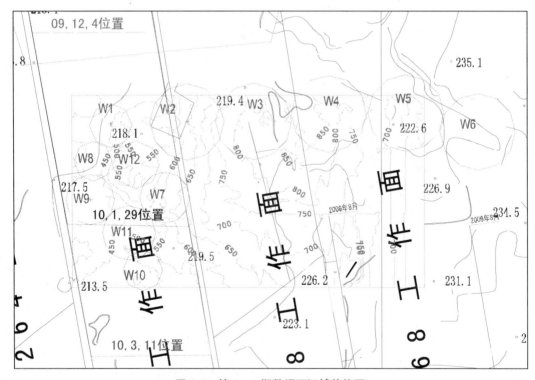

图 3-9　第 2、3 期数据下沉等值线图

四、参数求取

根据第二节中的动态求参模型，根据峰峰矿区已有的观测成果，选取一组参数初值，然后利用整个盆地的扫描点数据进行求参，得到最终的开采沉陷参数。需要说明的是：由于利用地面三维激光扫描仪测量时没有固定的测点，无法利用点云数据求水平移动系数，因此求取的预计参数不包括水平移动系数。水平移动系数会单独求取。

（一）参数初值选取

根据峰峰矿区实际，选取的参数初值见表 3-7。

表 3-7　参数初值

下沉系数 q	主要影响角正切 $\tan\beta$	开采影响传播角 θ_0 /（°）	左拐点偏移距 S_1/m	右拐点偏移距 S_2/m	上山拐点偏移距 S_3/m	下山拐点偏移距 S_4/m
0.78	2.0	84	25	−20	0	−30

（二）扫描点云数据求参

利用地面三维激光扫描仪在 2010 年 1 月 27 日和 2010 年 3 月 10 日两次测得的点云数据，通过数据处理得到工作面该时间段的下沉值，采用动态求参模型，得到该地质采矿条件下的实测参数见表 3-8 所示。沿走向及倾向任意取 2 个剖面，实测值与拟合值对比见图 3-10 和图 3-11 所示。

表 3-8　利用点云数据求取的参数

下沉系数 q	主要影响角正切 $\tan\beta$	开采影响传播角 θ_0 /（°）	左拐点偏移距 S_1/m	右拐点偏移距 S_2/m	上山拐点偏移距 S_3/m	下山拐点偏移距 S_4/m
0.81	1.72	67.6	−33	36	−37	−19

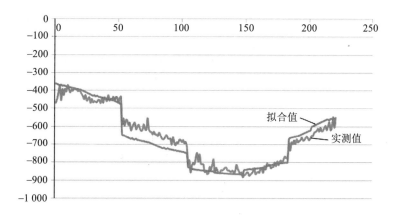

图 3-10　倾向方向实测值与预计值对比图（图 3-12 所示 AB 剖面）

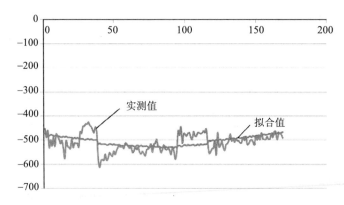

图 3-11　走向方向实测值与预计值对比图（图 3-12 所示 CD 剖面）

从图 3-9 中可以看出，由于实际地表的起伏不平，实测下沉等值线比预计下沉等值线弯曲散乱些，但总体上吻合，下沉盆地的位置一致。整个区域的下沉中误差值为 56 mm，占最大下沉值的 6.1%，下沉盆地范围内的下沉中误差值为 64 mm，占最大下沉值的 7.0%。

从图 3-10、图 3-11 中可以看出，2 个剖面拟合得很好；走向剖面拟合中误差值为 48.7 mm，占走向最大下沉值的 7.9%；倾向剖面拟合中误差值为 43.3 mm，占走向最大下沉值的 4.9%。

（三）水平移动系数求取

万年矿 13266 工作面在观测之前在主断面上布设 12 个 RTK 控制点，RTK 测点与工作面的对应关系见图 3-12。选择可用的 9 个点见表 3-9，求取水平移动系数。

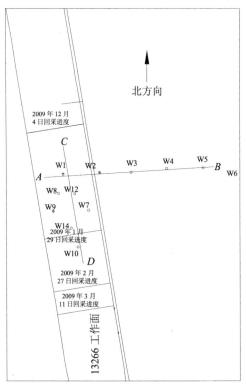

图 3-12　布站点与工作面的关系

表 3-9 RKT 控制点

点号	2009 年 11 月 8 日			2010 年 3 月 10 日			沿走向水平移动实测值/mm	沿走向水平移动拟合值/mm
	X	Y	Z	X	Y	Z		
1	13 712.09	54 028.88	215.677	13 711.89	54 028.88	215.23	199.1	197.6
2	13 794.09	54 032.72	217.44	13 793.91	54 032.68	216.798	184.2	179.3
3	13 864.6	54 033.27	218.301	13 864.36	54 033.18	217.468	249.5	250.4
4	14 101.39	54 025.29	226.407	14 101.83	54 022.64	225.725	23.7	32.7
5	13 769.84	53 953.64	216.841	13 769.71	53 953.64	216.231	128	122.5
6	13 692.72	53 991.69	215.473	13 692.57	53 991.68	215.059	−149.5	−143.3
7	13 689.72	53 951.5	215.54	13 689.52	53 951.52	215.135	−194.1	−182.4
8	13 730.84	53 916.71	216.176	13 730.63	53 916.83	215.677	−188.3	−190.0
9	13 738.93	53 988.02	216.27	13 738.79	53 988.03	215.738	136.1	135.7

根据上面求出的预计参数，固定这些参数，结合表 3-9 中的水平移动值，通过最小二乘曲线拟合分析得到水平移动系数为 $b=0.33$。拟合值与实测值见表 3-9，拟合中误差为 18 mm。

（四）角量参数及动态参数的求取

地表移动盆地的角量参数指：边界角和移动角，动态参数指：超前影响角、最大下沉速度滞后角及地表移动总持续时间（包括起始期、活跃期和衰退期）。为了获取充分采动时的角量参数和动态参数，需要构造一个该地质条件下充分采动的典型工作面，然后稳态预计该典型工作面达到充分采动时的移动变形值，通过稳态预计的移动变形值求取角量参数；动态预计该工作面达到充分采动后任意时刻的移动变形值，通过动态预计的移动变形值求取动态参数。

此处取平均采深 $H=580$ m，则主要影响半径 $r=H/\tan\beta=337$ m，理论上工作面走向倾向长度达到 $2r$，即可达到充分采动，为确保计算的可靠性，此处取工作面走向长度大于 $3r$（1 011 m），即 $L_1=3 000$ m，倾向长度 $L_2=3 000$ m。煤层倾角取 0°。在反演动态参数时，拟定工作面起始开采时间为 2009 年 4 月 17 日，终止开采时间为 2012 年 1 月 12 日，预计截止时间为 2012 年 1 月 12 日，工作面推进速度为 3 m/d，采厚 3 800 mm，概率积分预计参数取值见表 3-8，水平移动系数为 0.33。获得的动态下沉曲线及下沉速度曲线见图 3-13。从图 3-13 中可以求得如下动态参数：最大下沉速度=19.5 mm/d，最大下沉速度滞后距=193 m，超前影响角=71.6°，最大下沉速度滞后角=72.5°，地表移动持续时间=起始阶段 17 d+活跃阶段 288 d+衰退阶段 142 d=447 d。

根据观测成果，在求得的地表移动盆地的各种角量参数中，因表土层移动角无法获取，故本报告内所获得的参数值均为含表土层的综合角值。求取的角量参数见表 3-10。

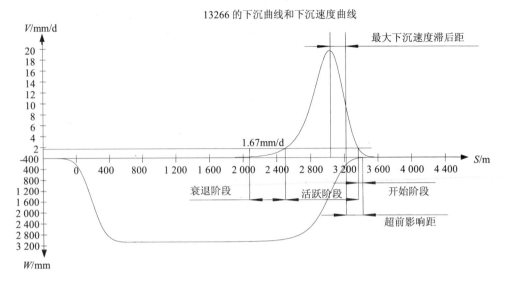

图 3-13   动态下沉曲线和下沉速度曲线图

表 3-10   反演的角量参数表

边界角/（°）	走向边界角	57
	上山边界角	70
	下山边界角	44
移动角/（°）	走向移动角	62
	上山移动角	81
	下山移动角	46

第四节   实例三：兖州矿区 5305（2）工作面观测

在兖州矿区 5305（2）工作面设立的三维激光扫描快速地表移动观测站。首先使用全站仪进行观测站连测，然后使用三维激光扫描仪对工作面进行了 2 次扫描，经过数据处理得到 2 次扫描期间地表的下沉值，利用这个下沉值进行参数反演，得出最终的求参结果。

一、工作面情况

扫描地点为兖州矿区鲍店煤矿 5305（2）工作面上方部分区域，地表起伏变化不大，有低矮的农作物及少量植被覆盖，工作面具体信息见表 3-11。

表 3-11   5305（2）工作面基本信息

工作面长	工作面宽	平均采深	地面平均标高	煤层平均厚度	平均开采速度	煤层倾角
2 400 m	108 m	305 m	45 m	8.7 m	5.23 m/d	8°

由于现场条件的限制（矿方要对地表进行整理）此工作面只进行了 2 次扫描：

第一次　2008.01.31—2008.02.01，共扫了 12 站；

第二次　2008.02.13—2008.02.14，共扫了 9 站。

扫描区域是农田和一条受开采影响破坏的小路，具体情况见图 3-14，其中图 3-14（a）是农田，地表已经有明显的裂缝了，图 3-14（b）是小路，破坏得也比较严重了。整体来说这个区域还是比较适于扫描的，虽然有农作物，但是由于是冬季，非常的低矮，土地也比较平整。照片是三维激光扫描仪在圈定扫描范围时用内置的数码相机拍摄的，拍摄时间是 2008 年 1 月 31 日。

（a）农田　　　　　　　　　　　　　　　　（b）小路

图 3-14　工作面上方地表情况

扫描得到的点云见彩图 3，其中彩图 3（a）为第一次扫描得到的点云（未删减），可以明显看到在田地里的面扫描有些点云较稀或空白的区域，主要是因为没有使用全圆扫描，采用的是面扫描或框选的方法，使得部分位置没有扫到，虽然有部分位置缺失或点云较稀，但是大部分位置都有较密的点云，对求参不会造成大的影响。彩图 3（b）为第二次扫描得到的点云（未删减），这一次吸取了第一次扫描的经验，仅扫了 9 站，就完整地扫完了所需的范围，效果较好。彩图 3（c）为两次点云叠加图（已删减），彩图 3（d）是第二次点云侧面图（未删减），从图中可以看到树木和一些杂草。

二、数据处理

利用第二章中所阐述的数据处理方法，2、3 期数据进行处理，从而获得两期数据中网格点的下沉值，所获得的等值线分别如图 3-15 所示。

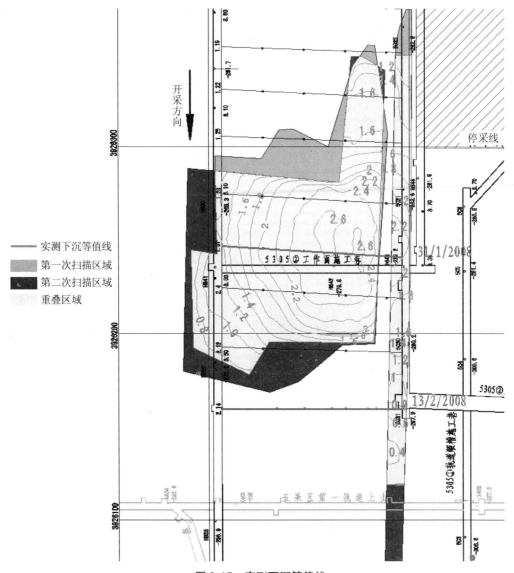

图 3-15　实测下沉等值线

三、参数求取

在求参前首先对工作面进行分析，确定参与求参的参数。一般地，稳态的观测站需要通过实测值求取的主要有 8 个参数，包括：下沉系数，水平移动系数，主要影响角正切，开采影响传播角，上下左右拐点偏移距。

（一）参数确定

本次参与求参的参数共有 5 个，其中包括下沉系数 q，主要影响角正切 $\mathrm{tg}\beta$，左右拐点偏移距 S_1，S_2 和下沉速度系数 C。之所以只求取这 5 个参数，原因如下：

关于拐点偏移距，由于对动态的下沉值进行求参，无法确定工作面推进方向的拐点偏移距，而监测区域离工作面开切眼较远，也无法确定开切方向的拐点偏移距，所以走向方向的拐点偏移距没有参与计算。

关于开采影响传播角：没有计算开采影响传播角是因为工作面一侧有采空区，最大下沉点会受采空区的影响，求得的结果会有偏差。

关于水平移动系数：由于三维激光扫描只能获取地表的下沉情况，而水平移动系数需要另设测点或特征地物获取，本工作面的观测没有获取此类信息，所以不能够获得水平移动系数。

（二）初值确定

根据兖矿往年的观测资料及该矿区的地质采矿条件确定该工作面的参数初值见表3-12。

表 3-12　参数初值

下沉系数 q	主要影响角正切 $\mathrm{tg}\beta$	左拐点偏移距 S_1/m	右拐点偏移距 S_2/m	下沉速度系数 C
0.85	2.0	10.1	−10.7	0.126 5

（三）求参结果

根据概率积分法动态求参模型，利用处理后的点云数据进行求参。求取的参数结果见表3-13。

表 3-13　求参结果

	下沉系数 q	主要影响角正切 $\mathrm{tg}\beta$	左拐点偏移距 S_1/m	右拐点偏移距 S_2/m	下沉速度系数 C	拟合中误差 M/mm
求参结果	0.92	2.62	16.3	−16.1	0.126 3	166.7

图 3-16 为根据最终求得的参数绘制的两次观测期间地表的下沉等值线与实测下沉等值线的对比图。

四、求参精度分析

本观测站最终的求参拟合中误差为 166.7 mm，拟合出的最大下沉值为 2.56 m，拟合中误差约占最大下沉值的 6.5%，这个值比一般的稳态观测站稍大，原因主要有 2 点：

①使用全站仪做观测站的连测，而观测期间地表的移动变形又比较大，增加了观测误差。

②在进行粗差剔除时仍不能够完全做到在保留原始地表的情况下将地物剔除，使得一些存在粗差的数据参与了求参运算。

求参拟合误差分布见图 3-17，由图中可以看到，在观测区域中央下沉值大的区域拟合得还是比较好的，在边缘区域差一些。

五、参数应用

获取的概率积分参数已用于当地的开采沉陷预计及泗河河堤的治理。在矿区泗河河堤的治理过程中，验证了获得的参数的正确性，为河堤的治理提供了基础数据，取得了良好的经济和环境效益。图 3-18 为根据所得参数预计的 1312 工作面开采对泗河河堤的影响情况。

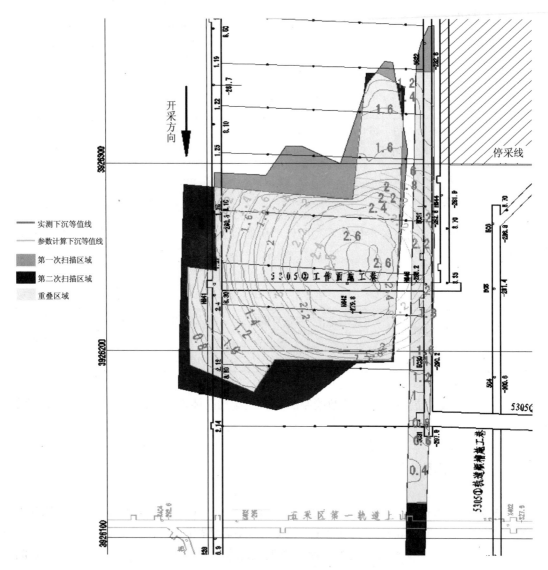

图 3-16　计算与实测下沉等值线对比图

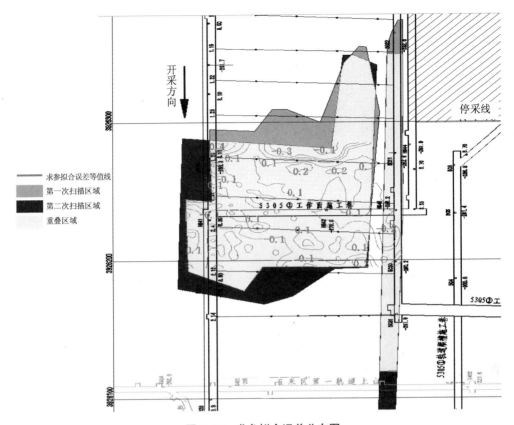

图 3-17　求参拟合误差分布图

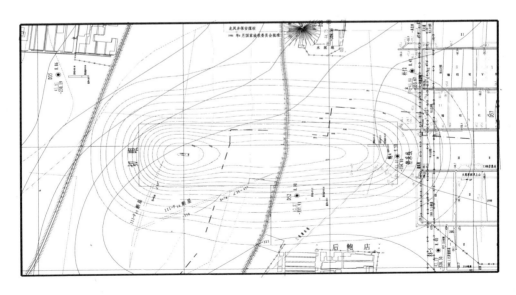

图 3-18　1312 工作面开采对泗河河堤的影响情况（下沉等值线）

第二部分
InSAR 矿区监测

第四章　InSAR 技术发展现状

合成孔径雷达干涉测量（Synthetic Aperture Radar Interferometry，InSAR），是一种在近几十年才发展起来的卫星成像技术，它成功地结合了高分辨率成像、合成孔径雷达和干涉测量技术，利用传感器的系统参数和轨道之间的几何关系等精确测量地表某一点的三维空间位置及微小变化[44]，被证明是一种高效的、与光学遥感互补的地球观测工具。利用雷达影像中的相位信息，InSAR 不仅能够测量地形[45-46]、研究地表覆盖类型[47-48]，还能够监测由地壳运动[49-50]和地下资源开采[51,52]而引起的地表形变。

InSAR 技术的发展经历了"地面探测雷达—成像合成孔径雷达—合成孔径雷达干涉—差分合成孔径雷达干涉—基于相干目标的合成孔径雷达差分干涉—多种 InSAR 新技术"的过程[54]。

一、地面探测雷达

雷达的出现，是在第二次世界大战期间。它将电磁能量以定向方式发射至空间之中，借助接收空间内存在物体所反射的电波，可以计算出该物体的方向、高度及速度，并且可以探测物体的形状。以地面为目标的雷达，可以用于探测地面的精确形状。

二、成像合成孔径雷达（SAR）

20 世纪 50 年代，美国 Goodyear 宇航公司的 Willey 第一次发现侧视雷达通过利用回波信号中的多普勒频移可以改善其方位分辨率，该发现意味着合成孔径雷达的诞生。与此同时，美国伊利诺伊大学的 Sherwin 等于 1953 年 7 月得到了第一张非聚焦型合成孔径雷达图像。1953 年夏，在美国密歇根大学举办的暑期讨论会上，许多学者提出了利用载机运动可将雷达的真实天线综合成大尺寸的线性天线阵列的新概念——合成孔径。会上还制订了一个 SAR 发展计划，这个计划促使第一个 SAR 实验系统的诞生。1957 年 8 月美国密歇根大学与美国军方合作研究的 SAR 实验系统成功地获得了第一幅全聚焦 SAR 图像，宣告了 SAR 技术从理论走向实践的成功。20 世纪 70 年代初，美国研制出第一个数字处理系统，并获得了高质量的 SAR 图像[44]。

SAR 按其载体可分为机载 SAR 系统和星载 SAR 系统。其中，星载 SAR 系统是进行地表形变研究的重要数据来源。

1978 年美国发射第一颗合成孔径雷达卫星 SEASAT，但这颗卫星仅仅工作了 100 天，其数据第一次应用在民用方面是 1986 年[47]。从 20 世纪 90 年代起，很多国家都开始大力发展星载 SAR 系统，其中早期应用较普遍的星载数据有欧空局的 ERS-1/2（C 波段，分别于 1991 年、1995 年）、日本的 JERS-1（L 波段，1992 年）和加拿大的 RADARSAT-1（L 波段，1995 年）等，这些都是单波段、单极化星载 SAR 系统。这些系统为星载雷达系统的进一步发展积累了宝贵的经验并为干涉测量的初期研究提供了丰富的实验数据。

目前星载 SAR 系统正朝着高分辨率、多波段、多极化和多模式方向发展，在提升数据质量的同时也拓宽了 SAR 的应用领域。世界上第一个多波段、多极化航天飞机雷达是由美国（National Aeronautics and Space Administration，NASA）、意大利（Italian Space Agency，ASI）、德国（German Space Agency，DARA）于 1994 年共同研制的 SIR-C/X-SAR，它是在 X、C、L 3 个波段同时成像的系统，具有极化测量和干涉测量功能。

三、合成孔径雷达干涉（InSAR）

InSAR 技术诞生于 20 世纪 60 年代。1974 年，美国 Goodyear 宇航中心的 Graham 提出用干涉合成孔径雷达进行地形测绘的原理，首次演示了 InSAR 用于地形测量的可行性，并制作了第一台用于三维地形测量的机载合成孔径雷达。该雷达采用单轨道双天线方式进行光学干涉处理，从而得到地面的高度信息，属于模拟型的干涉合成孔径雷达。Graham 的研究成果对 SAR 应用的发展起到了巨大的推动作用，从此人们对 InSAR 开展了广泛的研究[44]。

1978 年美国发射的 SEASAT 卫星首次从空间获得了地球表面雷达干涉测量数据，为开展空间 InSAR 技术的应用提供了可能。

2000 年，NASA 使用航天飞机搭载一个双天线雷达进行地形测绘（Shuttle Radar Topography Mission，SRTM），这是第一个专用于干涉测量的雷达成像系统，它只用了 11 天就获取了覆盖全地球 80%陆地的影像，其成果 SRTM DEM 是目前应用最广泛的全球 DEM 数据库之一，也是 InSAR 技术测量地形的典型成功范例。

2002 年 3 月欧空局（European Space Agency，ESA）发射了 C 波段多极化干涉成像雷达系统 ENVISAT-ASAR。2006 年 1 月，日本发射了先进陆地观测卫星（Advanced Land Observing Satellite，ALOS），它携带有 L 波段相控阵型合成孔径雷达（PALSAR），该雷达系统可以获取全极化干涉 SAR 数据，是第一个真正意义上的星载全极化 SAR 系统。意大利于 2007 年 6 月 8 日发射首颗侦察卫星"宇宙-地中海"（COSMO-Skymed），此系统由 4 颗 X 波段雷达组成。德国 DLR 于 2007 年 6 月 15 日发射了重复观测周期仅为 11 天的 X 波段雷达 TerraSAR-X，并且在 2010 年 6 月 21 日发射了 TanDEM-X 卫星，它与 TerraSAR-X 卫星编队飞行，构成一个高精度雷达干涉测量系统，其多极化、干涉以及高分辨率成像的性能，在地形测量、地表形变监测等领域有着其特定的优势。2007 年 12 月 14 日，加拿大发射的第二代地球观测卫星搭载了 C 波段全极化雷达系统 RADARSAT-2，RADARSAT-2 与 RADARSAT-1 在相同轨道运行，比后者滞后 30 分钟，这样可以获得高质量的双星串飞干涉数据。印度于 2009 年 4 月 20 日发射了一颗高分辨率 X 波段雷达遥感卫星 RISAT-2。

相对而言，我国对星载多极化干涉雷达系统的研究起步较晚，但发展较快。我国于 2003 年由国务院批准立项启动的环境与减灾卫星规划中，计划发射 4 颗 S 波段的雷达卫星组成小星座（HJ 系列），建成后重访周期能达到 12 个小时。其中第一颗雷达卫星（HJ-1C）已经在 2010 年第八届珠海航展中展出，有希望能于 2012 年发射。测绘系列卫星规划中，也有星载干涉 SAR 系统部分。可以预见，我国的星载雷达系统在不远未来将有很大的发展。

四、差分合成孔径雷达干涉（D-InSAR）

D-InSAR 技术是 InSAR 技术的进一步拓展，该方法通过对由 InSAR 技术获得的干涉相位图进行差分处理，监测地表形变信息。国内外已做了不少将这一技术应用于地表沉降监测的探索，取得了重要进展，证明了这一技术的应用潜力。

20 世纪 90 年代以来，D-InSAR 技术迅速发展，成为一种极具潜力的矿区地表沉陷监测技术。与传统的测量方法相比，D-InSAR 技术在地面沉陷监测中有以下优势[53-55]：①SAR 影像具有全天候、全天时的特点，且分辨率高、覆盖范围大，同时影像源丰富，具有巨大的信息量优势；②常规水准测量和 GPS 测量的方法一般需要建立地面控制网，而 D-InSAR 方法无此要求，同时可以实现大面积的监测，降低了成本，处理也更为快捷省时；③传统的测量方法只是获取点、线塌陷信息，D-InSAR 可直接获取面的沉陷信息，便于从整体上把握沉陷地区情况。

Massonnet 在 1993 年提出了利用"二轨法"进行差分干涉的技术。它通过从 2 幅 SAR 影像的干涉相位中消除由外部 DEM 模拟生成的地形相位达到提取形变相位的目的，这种方法的精度与外部 DEM 的精度及 DEM、SAR 影像间的配准精度有关[56]。Zebker 在 1994 年提出了使用三景 SAR 影像的"三轨法"差分干涉测量技术，它采用三景 SAR 影像生成 2 个干涉条纹图，一个包含整个形变时段，干涉相位同时受到地形影响和形变影响，一个仅发生在形变前，干涉相位仅受地形影响而与形变无关，这种方法在形变量较大极易造成形变干涉对的不相干，从而难以达到较好的处理效果[57]。之后发展出的"四轨法"技术在原理上同"三轨法"类似，但它使用 4 幅 SAR 影像获取的 2 个干涉影像对进行差分处理。这种方法可以采用不同选择来增加形变对的相干性，但它需要对 SAR 影像进行多次配准，造成误差累积。Massonnet 等在 1996 年又提出了一种组合差分算法[58]，该法通过对垂直基线进行线性组合进行差分处理，它的优点是不需要进行相位解缠，同时也不需要外部 DEM，缺点是对垂直基线的要求较高。

五、基于相干目标的合成孔径雷达差分干涉

针对 D-InSAR 技术受到大气效应、时间和空间失相关等因素的严重影响，近年来，一些学者将注意力从以往的高相干区域转移到了长时序个别高相干区域甚至是某些具有永久散射特性的点集上，通过分析它们的相位变化来提取形变信息。Ferretti 等在 1999 年提出了永久散射体干涉测量（Permanent Scatterer，PS）技术，并于 2003 年对该技术进行完善且获得了专利[59-60]。

六、多种 InSAR 新技术

InSAR 技术的研究热潮使得 InSAR 技术产生了许多新技术，如基于 PS 自适应估计的改进 PS-InSAR 技术、GPS-InSAR 融合技术、CR-PSInSAR 联合测量技术、小基线集算法（SBAS）、基于相干点目标的多基线 D-InSAR 技术等。这些新技术在很大程度上促进了 InSAR 技术的发展。

第五章　主流雷达遥感卫星及影像简介

利用 InSAR 技术监测地表形变离不开 InSAR 相关数据，这些数据有两方面：一是雷达数据，即 SAR 数据，用于获取干涉图；二是 DEM 数据，用于模拟地形相位。

自第一颗星载 SAR 卫星发射以来，国内主要使用的 SAR 卫星系统情况如表 5-1 所示。

表 5-1　SAR 卫星系统

国家	SAR 系统	波段	极化方式	发射时间	退役时间
欧洲宇航局	ERS1	C	单极化（VV）	1991.07	2000
	ERS2	C	单极化（VV）	1995	2011.07
日本	JERS-1	L	单极化（HH）&多极化	1992.02	1998
	ALOS PALSAR	L	单&双极化&四极化	2006.01	2011.04
欧空局	ENVISAT ASAR	C	单&双极化	2002.03	—
加拿大宇航局	RADARSAT1	C	单极化（HH）	1995.11	—
	RADARSAT2	C	单&双极化&四极化	2007.12	—
德国	TerraSAR-X	X	单&双极化&全极化	2007.06	

注：单极化为 HH 或 VV，双极化为 HH/VV、HH/HV 或 VV/VH，四极化（全极化）为 HH/VV/HV/VH。

由表 5-1 可以看出，目前在轨的星载 SAR 卫星有 ENVISAT ASAR、RADARSAT1/2 和 TerraSAR-X，但由于 ALOS PALSAR 损毁时间不长，它的一些存档数据仍可大量使用。

第一节　ENVISAT ASAR

一、ENVISAT 卫星

ENVISAT 卫星是欧空局的对地观测卫星系列之一，于 2002 年 3 月 1 日发射升空。它的一些主要参数指标如表 5-2 所示：

表 5-2 ENVISAT 卫星主要参数指标

发射时间	2002 年 3 月 1 日（欧洲中部时间）
运载工具	阿里亚纳 5 号火箭
发射重量	8 200 kg
有效载荷重量（仪器）	2 050 kg
设计寿命	5～10 a
星上仪器数量	10
轨道	太阳同步，高度 800 km
轨道倾角	98°
单圈时间	101 min
重复周期	35 d
耗资	大约 20 亿欧元
主要参与国家	奥地利、比利时、加拿大、丹麦、法国、芬兰、德国、意大利、挪威、西班牙、瑞典、瑞士、荷兰和英国

在 ENVISAT-1 卫星上载有多个传感器，分别对陆地、海洋、大气进行观测，其中最主要的就是名为 ASAR（Advanced Synthetic Aperture Radar）的合成孔径雷达传感器，我国遥感卫星地面站目前所接收和处理的也正是 ASAR 的数据。

二、ASAR 传感器

图 5-1 为 ENVISAT ASAR 数据示例，其中图 5-1（a）为 SAR 影像覆盖范围，图 5-1（b）为 ENVISAT 卫星上 ASAR 传感器获取的 SAR 影像。

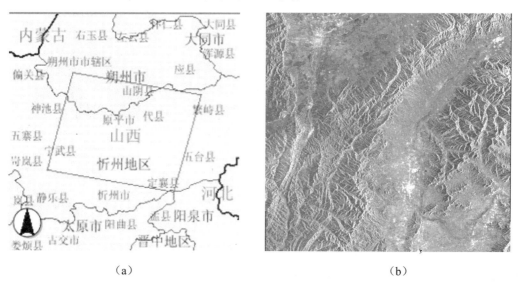

（a）　　　　　　　　　　　　　　　　（b）

图 5-1 ENVISAT ASAR 数据示例

ASAR 传感器工作在 C 波段，波长为 5.6 cm，它具有许多独特的性质，如多极化、可变观测角度、宽幅成像等，共有 5 种工作模式：Image 模式、Alternating Polarisation 模式、Wide Swath 模式、Global Monitoring 模式和 Wave 模式。

各种工作模式的特性见表 5-3。

表 5-3   ENVISAT ASAR 工作模式及其特性

模式	Image	Alternating Polarisation	Wide Swath	Global Monitoring	Wave
成像宽度	最大 100 km	最大 100 km	约 400 km	约 400 km	5 km
下行数据率	100 Mbit/s	100 Mbit/s	100 Mbit/s	0.9 Mbit/s	0.9 Mbit/s
极化方式	VV 或 HH	VV/HH 或 VV/VH 或 HH/HV	VV 或 HH	VV 或 HH	VV 或 HH
分辨率	30 m	30 m	150 m	1 000 m	10 m

在上述 5 种工作模式中,高数据率的有 3 种,即 Image 模式、Alternating Polarisation 模式和 Wide Swath 模式,供国际地面站接收,低数据率的为 Global Monitoring 模式和 Wave 模式,仅供欧空局的地面站接收。

下面分别介绍我国遥感卫星地面站所接收和处理的 Image 模式、Alternating Polarisation 模式和 Wide Swath 模式。

(一)Image 模式

Image 模式生成约 30 m 空间分辨率的图像,可以在侧视 10°～45° 的范围内,提供 7 种不同入射角的成像,并以 HH 或 VV 极化方式成像。

表 5-4   Image 模式成像参数

成像位置代号	幅宽/km	与星下点的距离/km	入射角范围/(°)
IS1	105	187～292	15.0～22.9
IS2	105	242～347	19.2～26.7
IS3	82	337～419	26.0～31.4
IS4	88	412～500	31.0～36.3
IS5	64	490～555	35.8～39.4
IS6	70	550～620	39.1～42.8
IS7	56	615～671	42.5～45.2

(二)Alternating Polarisation 模式

Alternating Polarisation 模式的图像与 Image 模式一样,具有约 30 m 的空间分辨率,以及同样具有 IS1～IS7 的 7 种不同入射角的成像位置。但 Alternating Polarisation 模式提供同一地区的 2 种不同极化方式的图像,用户可根据需要从以下 3 种极化方式组合中选择一种:VV 和 HH、HH 和 HV、VV 和 VH。由于采用了特殊的数据处理技术,与 Image 模式相比,Alternating Polarisation 模式图像辐射分辨率略有降低。

(三)Wide Swath 模式

Wide Swath 模式采用 ScanSAR 技术,可以提供更宽的成像条带,但图像的空间分辨率有所降低。Wide Swath 模式的成像幅宽是 405 km,空间分辨率 150 m,可以 HH 或 VV 极化方式成像。

第二节 ALOS PALSAR

一、ALOS 卫星

ALOS 卫星是日本继对地观测卫星 JERS-1 与 ADEOS 发射后,于 2006 年 1 月 24 日发射的又一先进对地观测卫星,其分辨率可达 2.5 m。它采用了先进的陆地观测技术,能够获取全球高分辨率陆地观测数据,主要应用目标为测绘、环境观测、灾害监测、资源调查等领域。

ALOS 卫星的基本参数见表 5-5:

表 5-5 ALOS 卫星基本参数

发射时间	2006 年 1 月 24 日
运载火箭	H-IIA
卫星质量	约 4 000 kg
生产电量	约 7 000W（生命末期）
设计寿命	3～5 a
轨道	太阳同步轨道
	重复周期：46 d 重访时间：2 d
	高度：691.65 km
	倾角：98.16°
姿态控制精度	$2.0×10^{-40}$（配合地面控制点）
定位精度	1 m
数据速率	240Mbit/s（通过数据中继卫星）120Mbit/s（直接下传）
星载数据存储器	数据记录仪存储量（90 GB）

2011 年 4 月 22 日,日本宇宙航空研究开发机构（JAXA）宣布,ALOS 卫星的自身电力供应急剧下降,无法再与地面进行通信联系。虽经多次努力,但地面控制中心最终未能恢复 ALOS 卫星的功能,因此决定停止使用这颗卫星。ALOS 卫星服役 5 年,完成了它的光荣使命。图 5-2 显示了 ALOS 卫星的组成。

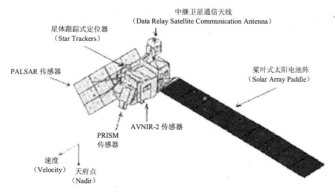

图 5-2 ALOS 卫星组成

二、ALOS 卫星传感器

由图 5-2 可以看出，ALOS 卫星载有三个传感器：全色立体测绘仪（PRISM）（见图 5-3 所示）、高性能可见光与近红外辐射计-2（AVNIR-2）、相控阵型 L 波段合成孔径雷达（PALSAR）。

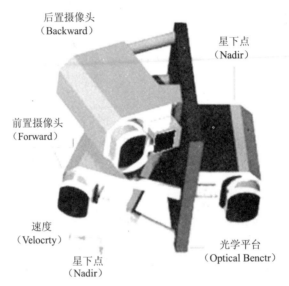

图 5-3　ALOS 卫星的 PRISM 传感器

（一）全色立体测绘仪（PRISM）

PRISM 具有独立的 3 个观测相机，分别用于星下点、前视和后视观测，沿轨道方向获取立体影像，星下点空间分辨率为 2.5 m。其数据主要用于建立高精度数字高程模型。

表 5-6　PRISM 传感器的基本参数

波段数	1（全色）	观测模式	
波长	0.52~0.77 mm	模式 1	星下点、前视、后视（35 km）
观测镜	3（星下点成像、前视成像、后视成像）	模式 2	星下点（70 km）+ 后视（35 km）
基高比	1.0（在前视成像与后视成像之间）	模式 3	星下点（70 km）
空间分辨率	2.5 m（星下点成像）	模式 4	星下点（35 km）+ 前视（35 km）
信噪比	>70	模式 5	星下点（35 km）+ 后视（35 km）
MTF	>0.2	模式 6	前视（35 km）+ 后视（35 km）
量化长度	8 位	模式 7	星下点（35 km）
探测器数量	28 000/波段（70 km 幅宽）	模式 8	前视（35 km）
	14 000/波段（35 km 幅宽）		
指向角	−1.5°—1.5°	模式 9	后视（35 km）
幅宽	70 km（星下点成像模式），35 km（联合成像模式）		

（二）AVNIR-2 传感器

新型的 AVNIR-2 传感器比 ADEOS 卫星所携带的 AVNIR 具有更高的空间分辨率，主要用于陆地和沿海地区观测，为区域环境监测提供土地覆盖图和土地利用分类图。为了灾害监测的需要，AVNIR-2 提高了交轨方向指向能力，侧摆指向角度为±44°，能够及时观测受灾地区。

（三）合成孔径雷达 PALSAR

PALSAR 采用了主动式微波传感器，它不受云层、天气和昼夜影响，可全天候对地观测，比 JERS-1 卫星所携带的 SAR 传感器性能更优越。该传感器具有高分辨率、扫描式合成孔径雷达、极化 3 种观测模式，高分辨率模式（幅度 10 m）之外又加上广域模式（幅度 250～350 km），使之能获取比普通 SAR 更宽的地面幅宽。

图 5-4　AVNIR-2 观测示意图

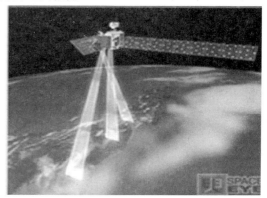

图 5-5　PALSAR 观测示意图

表 5-7　AVNIR-2 基本参数

波段数	4
波长	波段 1：0.42～0.50 μm
	波段 2：0.52～0.60 μm
	波段 3：0.61～0.69 μm
	波段 4：0.76～0.89 μm
空间分辨率	10 m（星下点）
幅宽	70 km（星下点）
信噪比	＞ 200
MTF	波段 1—3：＞0.25
	波段 4：＞0.20
探测器数量	7 000/波段
侧摆角	−44°～44°
量化深度	8 bit

表 5-8 PALSAR 传感器的基本参数

模式	高分辨率模式		扫描式合成孔径雷达	极化（试验模式）
中心频率	1 270 MHz（L 波段）			
线性调频宽度	28 MHz	14 MHz	14MHz，28 MHz	14 MHz
极化方式	HH/VV	HH+HV/VV + VH	HH/VV	14 MHz
入射角	8°～60°	8°～60°	18°～43°	18°～30°
空间分辨率	7～44 m	44～88 m	100 m（多视）	24～89 m
幅宽	40～70 km	40～70 km	250～350 km	20～65 km
量化长度	5 bit	5 bit	5 bit	5 bit
数据传输速率	240Mbit/s	240Mbit/s	120Mbit/s，240Mbit/s	240Mbit/s

三、PALSAR 数据产品

ALOS PALSAR 数据产品包括 Level 1.0、Level 1.1 和 Level 1.5 3 种。其中，Level 1.0 为未经处理的原始信号产品，附带辐射与几何纠正参数；Level 1.1 为经过距离向和方位向压缩，斜距产品，单视复数数据；Level 1.5 为经过多视处理及地图投影，未采用 DEM 高程数据进行几何纠正。提供地理编码或地理参考数据。

第三节 RADARSAT1/2

雷达卫星（RADARSAT）是加拿大空间署（CSA）与马克唐纳-德特威尔联合有限公司（MDA）合作完成的 2 颗商业卫星。

一、RADARSAT-1 卫星

RADARSAT-1（见图 5-6）于 1995 年 11 月发射，其上装载的合成孔径雷达（SAR）工作在 C 频段，用户可选择入射角（20°～50°）、分辨率（10～100 m）和幅宽（45～500 km），发射和接收均为水平极化方式。它具有 7 种模式、25 种波束，不同的入射角，因而具有多种分辨率、不同幅宽和多种信息特征。广泛用于全球气候和环境监测、极区冰覆盖情况观测、多云的热带和温带雨林观测以及海洋观测、灾难管理和舰船监视以及军事和国防等，为全球 60 多个国家提供全天时、全天候的高分辨率卫星图像。设计使用寿命为 5 年，但目前仍在继续运行。

RADARSAT-1 卫星的参数如下：

太阳同步轨道（晨昏）

轨道高度：796 km

倾角：98.6°

运行周期：100.7 min

重复周期：24 d

每天轨道数：14

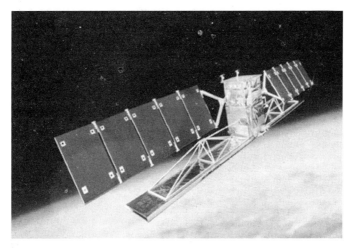

图 5-6　RADARSAT-1 卫星

RADARSAT-1 上合成孔径雷达的主要特性参数见表 5-9。

表 5-9　RADARSAT-1 上 SAR 的主要特性参数

工作模式	波束位置	入射角/（°）	标称分辨率/m	标称轴宽/km
精细模式（5 个波束位置）	F1—F5	37～48	10	50×50
标准模式（7 个波束位置）	S1—S7	20～49	30	100×100
宽模式（3 个波束位置）	W1—W3	20～45	30	150×150
窄幅 ScanSAR（2 个波束位置）	SN1	20～40	50	300×300
	SN2	31～46	50	300×300
宽幅 ScanSAR	SW1	20～49	100	500×500
超高入射角模式（6 个波束位置）	H1—H6	49～59	25	75×75
超低入射角模式	L1	10～23	35	170×170

二、RADARSAT-2 卫星

RADARSAT-2（图 5-7），于 2007 年 12 月 14 日在哈萨克斯坦拜科努尔基地发射升空，是目前世界上最先进的 SAR 高分辨率商业卫星，它同 RADARSAT-1 一样，运行在 C 波段，并与 RADARSAT-1 卫星兼容。卫星设计寿命 7 年而预计使用寿命可达 12 年。运行周期为 100.7 分钟，重访周期为 24 天。它保留了 RADARSAT-1 的运行模式，新增了 4 种波束模式：小面积、超精细、多视精细、四极化。对所有继承的波束、天线的极化可选，对所有波束都可以右视或左视。在目前的土地利用遥感监测工作中，主要使用 Radarsat-2 在超精细分辨率模式下获取的 SAR 影像。RADARSAT-2 波束模式特征见表 5-10，产品分类见表 5-11。

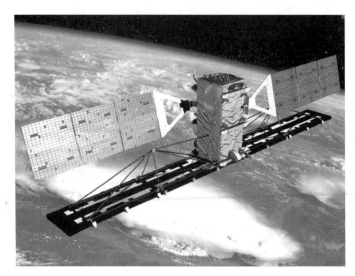

图 5-7　RADARSAT-2 卫星

表 5-10　RADARSAT-2 波束模式特征

波束模式	运行模式	极化	入射角	标称分辨率		景大小（标称值）
				距离向/m	方位向/m	
Spotlight	Spotlight	可选单极化（HH、VV）	20°～49°	1	1	20 km×8 km
超精细	Stripmap	可选单极化	30°～40°	3	3	20 km×20 km
多视精细	Stripmap	（HH、VV、HV、VH）	30°～50°	8	8	50 km×50 km
精细	Stripmap	可选单&双极化	30°～50°	8	8	50 km×50 km
标准	Stripmap	（HH、VV、HV、VH）&	20°～49°	25	26	100 km×100 km
宽	Stripmap	（HH&HV、VV&VH）	20°～45°	30	26	150 km×150 km
四极化精细	Stripmap	四极化	20°～41°	12	8	25 km×25 km
四极化标准	Stripmap	（HH&VV&HV&VH）	20°～41°	25	8	25 km×25 km
高入射角	Stripmap	单极化（HH）	49°～60°	18	26	75 km×75 km
窄幅扫描	ScanSAR	可选单&双极化	20°～46°	50	50	300 km×300 km
宽幅扫描	ScanSAR	（HH、VV、HV、VH）&（HH&HV、VV&VH）	20°～49°	100	100	500 km×500 km

表 5-11　RADARSAT-2 产品分类

成像模式	SLC	SGF	SGX	SCN	SCW	SSG	SPG
Ultra-Fine（超精细）	√	√	√			√	√
Multi-look Fine（多视精细）		√	√			√	√
Fine（精细）	√	√	√			√	√
Standard（标准）	√	√	√			√	√
Wide（宽）	√	√	√			√	√
ScanSAR Wide（窄幅扫描）				√			
ScanSAR Narrow（宽幅扫描）					√		
Extended High（超高）	√	√	√			√	√
Fine Quad-Pol（四极化精细）	√		√			√	√
Stand Quad-Pol（四极化标准）	√		√			√	√

第四节　TerraSAR-X

　　TerraSAR-X 雷达卫星是由德国航空航天局（DLR）与欧洲航空防务和航天公司（EADS2Astri2um）共建的德国卫星，是德国第一颗卫星。发射于 2007 年 6 月 15 日，是一颗 X 波段高分辨率雷达卫星，计划运行 5 年。TerraSAR-X 对地观测任务的主要目标有两个：一是为水文地理学、地质学、气候学、海洋学、制图学、环境或灾害监测、干涉测量研究等领域提供多模式 X 波段 SAR 数据；二是在欧洲建立一个商业的地球观测市场，发展可持续的地球观测服务行业，资助后续系统的开发。

　　TerraSAR-X 卫星 SAR 主要参数如表 5-12 所示。

表 5-12　TerraSAR-X 卫星 SAR 主要参数

极化方式	HH，VV，HV，VH	侧视方向	右侧视
波长	3.2 cm	天线类型	有源相控阵天线
频率	9.65 GHz	天线尺寸	4.8 m×0.8 m×0.15 m
方位向扫描角	±0.75°	波束宽度	方位向：0.33° 距离向：2.3°
距离向扫描角	±20°	峰值输出功率	2 260 W
脉冲重复频率（PRF）	3.0～6.5 kHz	数据传输速度	300 Mbit/s（X 波段下行）
星上数据存储能力	256 Gbit	成像能力	300 s/orbit
脉冲带宽	5～300MHz	系统噪声	5.0 dB

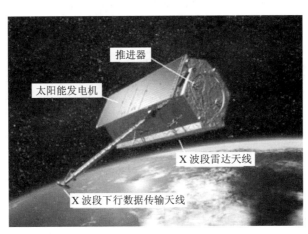

图 5-8　TerraSAR-X 卫星

　　TerraSAR-X 有多种成像模式，主要有聚束成像（Spotlight，SL）模式、条带成像（Stripmap，SM）模式和宽扫成像（ScanSAR，SC）模式，可以采用单极化、双极化、全极化等不同的极化方式成像。

　　SAR 基本成像模式参数如表 5-13 所示。

表 5-13　TerraSAR-X 卫星 SAR 基本成像模式参数

成像模式	聚束（SL）	条带（SM）	宽扫（SC）
覆盖范围（方位向×距离向）	（5～10 km）×10 km	50 km×30 km	150 km×100 km
单极化成像分辨率 （方位向×距离向）	1 m，2 m×1 m	3 m×3 m	16 m×16 m
数据采集范围 全效率范围	15°～60° 20°～55°	15°～60° 20°～45°	20°～60° 20°～45°

第五节　DEM 数据

DEM 数据常由 SRTM 获得。SRTM（Shuttle Radar Topography Mission），即航天飞机雷达地形测图任务，是由美国太空总署（NASA）和国防部国家测绘局（NIMA）以及德国与意大利航天机构共同合作完成的联合测量，由美国发射的"奋进"号航天飞机上搭载的 SRTM 系统完成。SRTM 数据时覆盖地球北纬 60°至南纬 56°总面积超过 1.19 亿 km² 的雷达影像数据，覆盖面积为地球 80%以上的陆地表面，并经过 2 年多的处理，制成了数字地形高程模型，该测量数据覆盖我国全境。

SRTM 数据每经纬度方格提供 1 个文件，精度有 1 arc-second 和 3 arc-seconds 2 种，称作 SRTM1 和 SRTM3，或者称作 30M 和 90M 数据，SRTM1 的文件里面包含 3 601×3 601 个采样点的高度数据，SRTM3 的文件里面包含 1 201×1 201 个采样点的高度数据。目前能够免费获取中国境内的 SRTM3 文件，是 90 m 的数据，每个 90 m 的数据点是由 9 个 30 m 的数据点算术平均得来的。

第六章 差分雷达干涉技术原理与方法

第一节 差分雷达干涉技术原理

一、星载 SAR 成像原理

合成孔径雷达（Synthetic Aperture Radar，SAR）是 20 世纪 50 年代末成功研制的一种主动微波传感器，通过向地面不断地发射脉冲信号并接收它们从地面反射回的信号来生成 SAR 影像。与光学遥感不同，SAR 是一种主动式传感器，因此能够不受天气和时间的限制全天时、全天候地获取图像。合成孔径雷达常用的电磁波波段和频率范围为 K—P 波段，如表 6-1 所示，其中 K 波段的波长接近于雨滴的大小，极易受天气情况影响；P 波段的波长较长，易受到电离层影响；因此目前大多数的星载 SAR 系统都发射 X—L 波段的信号。[61] 雷达信号可以穿透低电导率的干性材料，如干沙、雪和稀疏的植被。一般来说，长波能够穿透地表渗透到地表更深一些的位置。例如，在地表稀疏植被覆盖区域，长波长信号能穿透植被甚至一定深度的土壤。

表 6-1 雷达成像常用的波谱和频率

波段	波长范围/cm	频率范围/GHz
K	1.1～1.7	18.5～26.5
X	2.4～3.8	12.5～8
C	3.8～7.5	8～4
S	7.5～15	4～2
L	15～30	2～1
P	30～100	1～0.3

星载 SAR 大多都是侧视雷达，如图 6-1 所示，SAR 卫星运动方向称为方位向（Azimuth direction），与方位向垂直的方向称为距离向（Range direction）。SAR 成像过程中，地物目标在方位向上按飞行的时序记录成像，在距离向上按地物目标返回信号的先后顺序记录成像。在 SAR 图像的每个分像素中同时含有后向散射强度信息（幅度信息）和相位信息，像素信息以复数形式记录，实部为幅度信息，虚部为相位信息。

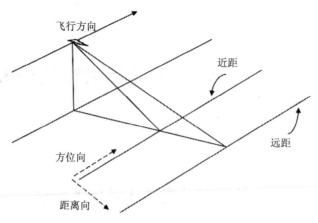

图 6-1　SAR 侧视成像示意图[62]

二、InSAR 高程测量的原理

InSAR 的测量原理是 D-InSAR 技术的理论基础，它是从 SAR 复数影像的相位信息中获取三维地形的技术，即通过量测地面某点与 2 个雷达天线距离差导致的 SAR 像对中的相位差，再加上成像时的几何关系，可以精确地测量出图像上每一个像素的三维位置。星载雷达干涉测量模式有 3 种：交叉轨道干涉测量（Cross-Track Interferometry，XTI）、顺轨干涉测量（Along-Track Interferometry，ATI）和重复轨道干涉测量（Repeat-TrackInterferometry，RTI）。D-InSAR 技术基于重复轨道模式，下面以重复轨道干涉测量模式为例说明干涉测量的模型与原理。

重复轨道干涉测量用单天线雷达在不同时间、不同位置上获取的覆盖同一地区的影像对来形成干涉并测量地形。雷达卫星轨道与地面目标的几何关系如图 6-2 所示。其中，A_1 是雷达第一次获取图像时所在的位置，A_2 是雷达获取第二幅图像所处的位置，H 是雷达在 A_1 位置时的高度，θ 是雷达对地面 P 点成像时的倾角。两天线间的距离为干涉基线 B，它与水平方向的夹角为 α。地面 P 点的高度为 z，P 点到天线 A_1 和天线 A_2 的斜距分别为 ρ_1 和 ρ_2。基线 B 在斜距方向的投影为平行基线 $B_{\parallel}$，在垂直于斜距方向的投影为垂直基线 $B_{\perp}$。

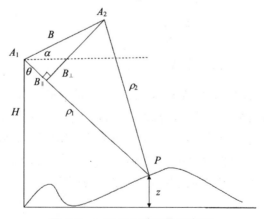

图 6-2　InSAR 干涉测量示意图

如图 6-2 所示，P 点的高程可以表示为：

$$z = H - \rho_1 \cos\theta \qquad (6.1)$$

其中，ρ_1 为第一次成像时天线到地面点 P 的斜距，雷达图像距离向任意一点的斜距可以通过下面的公式计算[63]：

$$\rho(i) = \rho_0 + i \cdot \frac{c}{2f_p} \qquad (6.2)$$

式中：c——光速；

$\quad f_p$——距离向复采样频率；

$\quad i$——SAR 图像某像素的距离向坐标；

$\quad \rho_0$——初始斜距。

因此计算 P 点高程 z 只需计算未知量 θ 即可。

假设地面上 P 点成像以后，它在单视复数影像（Single Look Complex，SLC）中的分辨单元中表现为一个独立散射体（像素），由于 SAR 系统获取反射信号的相位与微波传播的路径长度和地物的后向散射特性有关[64]，它的回波信号的相位 ϕ 可以表示为：

$$\phi = \phi_r + \phi_{scat} \qquad (6.3)$$

式中：ϕ_r——由微波传播路径决定的距离相位；

$\quad \phi_{scat}$——由分辨单元内散射体的散射特性及其分布决定的散射相位。

距离相位与地面点到雷达天线间距离的关系为：

$$\phi_r = -\frac{4\pi}{\lambda} \cdot \rho \qquad (6.4)$$

式中：λ 为成像雷达的波长，4π 是因为雷达波发射到地面再从地面反射回雷达的距离是天线与地面点间距离的 2 倍。

同一地物目标在两幅 SAR 影像中的相位差，即可形成干涉相位 ϕ_{if}。

$$\phi_{if} = \phi_2 - \phi_1 = -\frac{4\pi}{\lambda} \cdot (\rho_2 - \rho_1) + (\phi_{scat2} - \phi_{scat1})$$

$$= -\frac{4\pi}{\lambda} \cdot \Delta\rho + \Delta\phi_{scat} \qquad (6.5)$$

其中与微波传播路径差有关的相位差 $\Delta\rho = \rho_2 - \rho_1$，包含目标的高程信息与地表移动信息；另一相位分量 $\Delta\phi_{scat}$ 由像素内散射体的散射特性变化决定。获取干涉影像对时，2 天线视角的差异会引起散射特性的变化，在重复轨道单天线模式下，一个像素内散射体的散射特征也会随时间的变化而产生差异。假设 $\Delta\phi_{scat} = 0$，可得：

$$\phi_{if} = -\frac{4\pi}{\lambda} \cdot \Delta\rho \qquad (6.6)$$

由图 6-1 中三角形 A_1A_2P 可以得出：

$$\rho_1^2 + B^2 - \rho_2^2 = 2\rho_1 B \cos(90° - \theta + \alpha) \qquad (6.7)$$

从式（6.7）可得：

$$(\rho_1 + \Delta\rho)^2 - \rho_1^2 - B^2 = 2\rho_1 B \sin(\alpha - \theta) \tag{6.8}$$

即：

$$\sin(\alpha - \theta) = \frac{(\rho_1 + \Delta\rho)^2 - \rho_1^2 - B^2}{2\rho_1 B} \tag{6.9}$$

式 6.9 忽略右边的 $(\Delta\rho)^2$ 项，可得

$$\Delta\rho \approx B \sin(\alpha - \theta) + \frac{B^2}{2\rho_1} \tag{6.10}$$

因为 $B \ll \rho_1$，式 6.10 右边第二项可忽略不计，所以式 6.9 可以进一步简化为：

$$\Delta\rho \approx B \sin(\alpha - \theta) \tag{6.11}$$

将式 6.11 代入式 6.6 中可得：

$$\phi_{\text{if}} = -\frac{4\pi}{\lambda} B \sin(\alpha - \theta) = \frac{4\pi}{\lambda} B \sin(\theta - \alpha) = \frac{4\pi}{\lambda} B_{\parallel} \tag{6.12}$$

从而可以得出未知值 θ：

$$\theta = \arcsin\left(\frac{\lambda\phi_{\text{if}}}{4\pi B}\right) + \alpha \tag{6.13}$$

将式 6.13 代入式 6.1 中可得：

$$z = H - \rho_1 \cos\left[\arcsin\left(\frac{\lambda\phi_{\text{if}}}{4\pi B}\right) + \alpha\right] \tag{6.14}$$

另一方面，干涉图的干涉相位可以由两幅影像配准后同一坐标的两个像素进行共轭相乘得到。雷达在 A_1 和 A_2 处分别接收到的地物反射信号 s_1 和 s_2 分别为：

$$s_1(\rho_1) = u_{\text{scar1}}(\rho_1) \exp[i\phi(\rho_1)] \tag{6.15}$$

$$s_2(\rho_2) = u_{\text{scat2}}(\rho_2) \exp[i\phi(\rho_2)] \tag{6.16}$$

接收到的信号的相位为：

$$\phi_1 = -\frac{4\pi}{\lambda} \rho_1 + \phi_{\text{scat1}} \tag{6.17}$$

$$\phi_2 = -\frac{4\pi}{\lambda} \rho_2 + \phi_{\text{scat2}} \tag{6.18}$$

由于已经假设 $\Delta\phi_{\text{scat}} = 0$，所以将 2 幅影像配准后进行复共轭相乘，得到：

$$s_1(\rho_1) s_2^*(\rho_2) = \left| s_1 s_2^* \right| \exp i(\phi_1 - \phi_2) = \left| s_1 s_2^* \right| \exp\left(-i\frac{4\pi}{\lambda}\Delta\rho\right) \tag{6.19}$$

于是可得到干涉图的干涉相位：

$$\phi_{\text{if}} = -\frac{4\pi}{\lambda}\Delta\rho + 2\pi N \qquad N = 0, \pm 1, \pm 2, \cdots \tag{6.20}$$

将上式代入式 6.14，即可计算得到 P 点的高程 z。

由式 6.20 也可以看出，相位具有周期性，在实际处理中只能得到相位主值，需要经过相位解缠才能确定 N 值，进而得到真实相位。

从以上推导过程可以看出，只要计算出每个像素的干涉相位，再加上一些卫星的轨道信息，就可以计算出干涉像对中每个像素的高程。

由式 6.1 和式 6.12 分别对 θ 求偏导数可得：

$$\frac{\mathrm{d}z}{\mathrm{d}\theta} = \rho_1 \sin\theta \tag{6.21}$$

$$\frac{\mathrm{d}\phi_{\text{if}}}{\mathrm{d}\theta} = \frac{4\pi}{\lambda} B\cos(\theta - \alpha) \tag{6.22}$$

即：

$$\frac{\mathrm{d}\phi_{\text{if}}}{\mathrm{d}z} = \frac{4\pi B\cos(\theta - \alpha)}{\lambda \rho_1 \sin\theta} = \frac{4\pi B_\perp}{\lambda \rho_1 \sin\theta} \tag{6.23}$$

式 6.23 计算的是干涉测量的高度灵敏度，即干涉相位一个周期（2π）的相位差对应的高度变化。以 ERS-1/2 卫星数据为例，当入射角 $\theta = 23°$，波长 $\lambda = 5.7\text{cm}$，卫星高度 $\rho_1 = 785\text{km}$，垂直基线 $B_\perp = 200\text{m}$ 时，计算可得一个 2π 的相位变化对应的是 43.7m 的高程差。

三、D-InSAR 形变监测原理

在重复轨道干涉测量中，如果地面点在雷达获取 2 幅图像之间的时间内发生了位移，那么干涉相位中就同时包含地形信息和地表形变信息，研究如何从干涉图中探测地表形变的技术称为差分雷达干涉技术，即 D-InSAR 技术。

实际上，InSAR 干涉测量的相位不仅包括地形信息和地表形变信息，而且包括另外四部分相位信息，可以用下面的公式[64]表示：

$$\phi_{\text{if}} = \phi_{\text{flat}} + \phi_{\text{top}} + \phi_{\text{def}} + \phi_{\text{orb}} + \phi_{\text{atm}} + \phi_{\text{noi}} \tag{6.24}$$

式中：ϕ_{flat}——地球曲面引起的参考等势面相位（平地效应相位），可通过成像几何关系消除平地效应；

ϕ_{top}——地形引起的相位；

ϕ_{orb}——轨道误差引起的相位，采用精密轨道数据可减少误差；

ϕ_{atm}——对流层及电离层延迟引起的相位，天气晴朗的情况下可以忽略；

ϕ_{noi}——噪声引起的相位，包括热噪声、采样误差、配准误差等，可以用高斯窗口来平滑去噪；

ϕ_{def}——由地表形变引起的相位。

D-InSAR 就是通过一系列的处理[65]方法，将式 6.24 右边的 ϕ_{flat}、ϕ_{top}、ϕ_{orb}、ϕ_{atm}、ϕ_{noi} 等消除，只剩下由地表形变引起的相位 ϕ_{def}。根据地形相位 ϕ_{top} 的消除方式，差分干涉分为两轨法、三轨法和四轨法。现以三轨法为例说明 D-InSAR 技术的基本原理。

如图 6-3 所示，A_1、A_2、A_3 分别表示卫星对同一地区数次成像的位置（SAR 系统天线的位置）。假设 A_1 成像发生在地表形变事件前，A_2 成像发生在形变事件后；A_3 表示另一幅发生在形变事件前的成像。

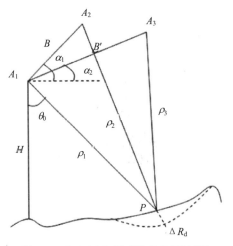

图 6-3 D-InSAR 的成像几何示意图

在 A_1 和 A_2 处获取的两幅 SAR 影像形成的干涉图既包含地形信息，又包含观测期间的地表形变信息。

结合式 6.12 和式 6.20，用 ϕ_1 表示它们的干涉相位，可得：

$$\phi_1 \approx -\frac{4\pi}{\lambda} B \sin(\alpha_1 - \theta_1) - \frac{4\pi}{\lambda} \Delta R_d \qquad (6.25)$$

在 A_1 和 A_3 处获取的 2 幅 SAR 影像均发生在地表发生形变之前，因此，两者形成的干涉图的干涉相位只包含地形信息。同样，用 ϕ_2 表示它们的干涉相位，可得：

$$\phi_2 \approx -\frac{4\pi}{\lambda} B' \sin(\alpha_2 - \theta_2) \qquad (6.26)$$

结合式 6.25 和式 6.26，由视线向形变量 ΔR_d 所引起的相位为：

$$\Delta\phi_d = \phi_1 - \frac{B_{\parallel}}{B'_{\parallel}}\phi_2 = -\frac{4\pi}{\lambda}\Delta R_d \qquad (6.27)$$

其中，

$$\frac{B_{\parallel}}{B'_{\parallel}} = \frac{B \sin(\theta_1 - \alpha_1)}{B' \sin(\theta_2 - \alpha_2)} \qquad (6.28)$$

式 6.27 中左边的各量可根据轨道参数和干涉纹图的相位计算得到，结合式 6.13，可计算得到每个点视线向形变量[63] ΔR_d。

式 6.28 是视角 θ 的函数，它由各点的地形和成像参数决定，为了利用式 6.28 来求解式 6.27，必须获取高程信息，而视角 θ 由视角增量 $\Delta\theta_z$ 和初始参考视角 θ_0 两部分构成。

这里须先介绍一下"平地效应"。

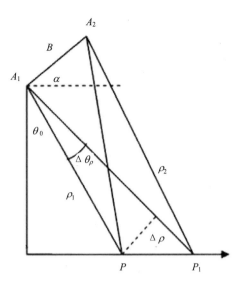

图 6-4　平地效应示意图

从图 6-4 可知，地面点 P 和 P_1 的高度相同而斜距不同，在干涉条纹图上这两点的相位差为

$$\Delta\phi_\rho = \phi' - \phi = -\frac{4\pi}{\lambda}B\sin(\alpha - \theta_0 - \Delta\theta_\rho) + \frac{4\pi}{\lambda}B\sin(\alpha - \theta_0)$$

$$\approx \frac{4\pi}{\lambda}B\cos(\alpha - \theta_0)\Delta\theta_\rho$$

$$\approx \frac{4\pi}{\lambda}\cdot\frac{B\cos(\alpha - \theta_0)\Delta\rho}{\rho_1\tan\theta_0} = \frac{4\pi B_\perp\Delta\rho}{\lambda\rho_1\tan\theta_0} \tag{6.29}$$

上式在计算过程中，由于 $\Delta\theta_\rho$ 很小，因此取 $\cos\Delta\theta_\rho \approx 0$，$\sin\Delta\theta_\rho \approx \Delta\theta_\rho$。

由式 6.28 可知，在高程没有发生变化的平面上，也会产生干涉条纹，这种条纹在无干扰的情况下是等距规则排布的，被称为"平地效应"。

为方便计算，通常首先从干涉条纹图中去除因"平地效应"而引起的相位变化，从而得到新的相位值。考虑"平地效应"，两次获得的干涉相位分别为：

$$\phi_{f_1} = -\frac{4\pi}{\lambda}B[\sin(\alpha_1 - \theta_{0_1} - \Delta\theta_{z_1}) - \sin(\alpha_1 - \theta_{0_1})] + \frac{4\pi}{\lambda}\Delta R_{\mathrm{d}}$$

$$= \frac{4\pi}{\lambda}B\cos(\alpha_1 - \theta_{0_1})\Delta\theta_{z_1} + \frac{4\pi}{\lambda}\Delta R_{\mathrm{d}} \tag{6.30}$$

$$\phi_{f_2} = -\frac{4\pi}{\lambda}B'[\sin(\alpha_2 - \theta_{0_2} - \Delta\theta_{z_2}) - \sin(\alpha_2 - \theta_{0_2})]$$

$$= \frac{4\pi}{\lambda}B'\cos(\alpha_2 - \theta_{0_2})\Delta\theta_{z_2} \tag{6.31}$$

假设 $\Delta\theta_{z_1} \approx \Delta\theta_{z_2}$，用经过"去平"处理后的干涉相位重新表示式 6.27。

$$\Delta\phi_{\mathrm{d}} = \phi_{f_1} - \frac{B_\perp}{B'_\perp}\phi_{f_2} = -\frac{4\pi}{\lambda}\Delta R_{\mathrm{d}} \tag{6.32}$$

其中，

$$\frac{B_\perp}{B'_\perp} = \frac{B\cos(\theta_{0_1} - \alpha_1)}{B'\cos(\theta_{0_2} - \alpha_2)} \tag{6.33}$$

由式 6.32 和式 6.33，在没有精确的地形信息和 θ 值的情况下，可以求得视线向形变量 ΔR_{d}：

$$\Delta R_{\mathrm{d}} = -\frac{\lambda}{4\pi}\left(\phi_{f_1} - \frac{B_\perp}{B'_\perp}\phi_{f_2}\right) \tag{6.34}$$

两轨法差分干涉时，只需要 A_1、A_2 两幅 SAR 影像，另外加上该地区的 DEM。通过 DEM 的地面高程信息 h 来模拟地形相位。

由于式 6.12 中的干涉相位 ϕ_{if} 同时受斜距和高程两种因素的影响，平地效应即是斜距的影响，下面分析高程对干涉相位产生的影响。

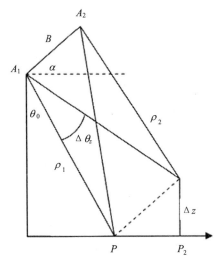

图 6-5　高程对干涉相位的影响示意图

如图 6-5 所示，地面点 P 和 P_2 的斜距相等而高度不同，在干涉条纹图上这两点的相位差为

$$\begin{aligned}
\Delta\phi_z &= \phi' - \phi = -\frac{4\pi}{\lambda}B\sin(\alpha - \theta_0 - \Delta\theta_z) + \frac{4\pi}{\lambda}B\sin(\alpha - \theta_0) \\
&\approx \frac{4\pi}{\lambda}B\cos(\alpha - \theta_0)\Delta\theta_z \\
&\approx \frac{4\pi}{\lambda}\cdot\frac{B\cos(\alpha - \theta_0)\Delta z}{\rho_1\sin\theta_0} = \frac{4\pi B_\perp\Delta z}{\lambda\rho_1\sin\theta_0}
\end{aligned} \tag{6.35}$$

通过式 6.35 可得使用 DEM 数据模拟的地形相位：

$$\phi_{\mathrm{top}} = \frac{4\pi}{\lambda}\cdot\frac{B_\perp}{\rho\sin\theta_0}h \tag{6.36}$$

由式 6.36 可得 DEM 精度和差分形变相位的误差关系[66]：

$$\frac{\mathrm{d}\phi}{\mathrm{d}h} = \frac{4\pi B_\perp}{\rho\lambda\sin\theta} \tag{6.37}$$

由上面两式可以得出外部 DEM 的精度对地形变量有一定的影响，且垂直基线越长，影响越严重，因此在采用两轨法做差分干涉测量时，应尽量选取垂直基线较小的影像对，可以控制或者减弱地形的影响。

由于垂直基线 $B_\perp$ 长一般都在几百米以内，而雷达传感器到达地面点距离 ρ 为数百千米，则雷达相位 ϕ 和地形高程 h 的比值相应地就很小，因此两轨差分干涉中外部 DEM 误差对差分干涉相位的影响不大[67]。

第二节　差分雷达干涉数据处理流程

D-InSAR 地面形变监测处理流程包括以下几个关键的步骤：

①单视复影像的配准

由于 SAR 影像对的成像轨道和视角存在偏差，导致 2 幅影像间存在一定的位移和扭曲，使得干涉影像对上具有相同影像坐标的点并不对应于地面上的同一散射点，为保证生成的干涉图具有较高的信噪比，必须对两景单视复影像进行精确配准，使 2 幅影像中同一位置的像元能够对应地面上的同一散射点。

②单视复影像预滤波

由于 InSAR 影像对在距离向和方位向均存在着谱位移，会在干涉图中引入相位噪声，因此，为提高干涉图的质量，在生成干涉图之前，需要在距离向和方位向上进行预滤波处理。方位向滤波是指为保留相同的多普勒频谱而在方位向对主从影像进行的滤波处理。距离向预滤波是指从局部干涉图中消除主从影像间的局部频谱位移，然后利用带通滤波器滤除谱内噪声的过程。预滤波只是 InSAR 处理中的可选步骤，可根据频谱偏移量的大小来决定是否进行该处理。

③干涉图生成

将从影像配准到主影像坐标系中后，对主、从影像或只对从影像进行重采样，之后再将主、从影像对应像元进行共轭相乘，从而得到干涉图。共轭相乘后的结果是复数形式，其模值称为干涉强度图，相位值称为干涉条纹图或干涉图。这里的相位值是缠绕的，其绝对值都不大于 π。

④基线估计

基线是反演地面点位高程、获取地表形变的必要参数，其精度对两者的影响很大，可以认为是 InSAR 处理过程中的一个重要环节。基线估计参数主要有垂直基线、平行基线、基线倾角和视角等。当前主要有基于轨道参数、基于干涉条纹和基于地面控制点的基线估计方法。

⑤去平地效应

平地效应是由基准面引起的相位分量。只有将平地效应从干涉纹图中去除，干涉图才能真实反映出相位同地形高度之间的关系，此时的干涉条纹较为稀疏，有利于相位解缠的顺利进行。

⑥干涉图滤波

由于配准误差、系统热噪声、时空基线去相关、地形起伏等因素的影响，干涉图中往往存在着较多的相位噪声，使得干涉条纹不够清晰，周期性不够明显，连续性不强，增加了相位解缠的难度。为减少干涉图中的相位噪声，降低解缠难度，减少误差传递，需要对干涉相位进行滤波处理。

⑦质量图生成

在得到干涉条纹图后，需要对相位数据的质量和一致性进行分析，以便为相位解缠或其他需要提供策略，这就需要计算相干图、伪相干图等干涉质量图。

⑧相位差分

相位差分主要是在干涉相位中去除地形相位，从而得到形变相位的一个过程。根据去除地形相位采用的数据和处理方法，将差分干涉测量方法分为二轨法（或两通差分干涉测量）、三轨法（或三通差分干涉测量）、四轨法（或四通差分干涉测量）。

⑨相位解缠

相位解缠是将干涉相位主值恢复到真实相位值的过程，是雷达干涉中的重点和难点，直接决定数字高程模型的精度。相位解缠涉及的模型、算法很多，主要可分成以下几类：路径跟踪法、最小范数法、基于网络规划的最小费用流法和基于人工智能思想的遗传、贪婪、蚁群等。路径跟踪法利用相干性图或相位梯度信息来隔绝噪声区域、选择最优解缠路径，沿该路径对相位图进行积分，以得到整幅影像的真实相位，此类算法计算速度快，效率高，但在低相干区域容易形成解缠孤岛，其典型代表算法有：Goldstein 枝切线法、掩膜割线法、最小生成树法及区域生长法等。最小范数法利用数学上的最小范数问题，以缠绕相位梯度和解缠相位梯度之差最小为原则，求得全局最优解缠相位值，此类算法相对稳定、解缠结果连续，但其结果是基于全局最优的拟合值，即将局部区域误差平均至整幅影像，因此所有像素的解缠结果精度都不高，这类算法主要有：最小二乘法、最小 LP 范数法、多级网络法及共轭梯度法等。基于网络规划的最小费用流法将相位解缠非线性最小化问题转化为线性最小化问题，在提高解缠效率的同时也能将解缠误差限制在一定范围防止误差传递，在一定程度上能兼顾路径跟踪法和最小范数法的不足，但是其难点在于加权矩阵的取值。基于人工智能思想的解缠算法计算较为复杂，离大量应用于实践尚需进一步研究与优化。

⑩地理编码

在获取高程或形变量之后，这些量值仍然在雷达的坐标中。由于各幅 SAR 影像的几何特征不同，并且与任何测量参照系都无关，要得到可比的高程或形变图，就必须对数据进行地理编码。地理编码实际上就是雷达坐标系与地理坐标系之间的相互转换。

⑪获得垂直方向形变量

将结果投影到地理坐标系统中，并且可以用入射角参数将形变值分解成水平分量和垂直分量。

第三节　差分雷达干涉处理方法

D-InSAR 差分技术基于重复轨道干涉测量模式，它通过在不同时间段对同一地区进行重复轨道成像，使 1～2 个干涉像对的相位中包含不同的地面信息，从而对干涉相位进行差分以实现对成像期间地表形变测量的目的。按照所用 SAR 影像数量的不同，主要分为"两轨"法、"三轨"法和"四轨"法。

一、"两轨"法 D-InSAR 技术原理

"两轨"法利用两景 SAR 影像组成影像对，外加一幅研究区的数字地面高程模型（DEM）。它首先利用研究区地表变化前后的两幅 SAR 图像生成干涉条纹图，再利用事先获取的研究区 DEM 数据模拟地形相位的条纹图，从干涉条纹图中去除地形信息的影响从而得到地表的形变信息。

两轨法的优点是在目前 DEM 资源较丰富的情况下（如 SRTMDEM），DEM 和满足干涉条纹的两幅 SAR 图像比较容易获得，另外其算法也比较简单。因此，二轨法是最简单易行也是使用较多的 D-InSAR 处理方法。它的缺点是 DEM 和 InSAR 干涉图的配准存在很大的不确定性和困难，而且 DEM 的精度会对结果产生一定的影响。

两轨法的数据处理流程如图 6-6 所示：

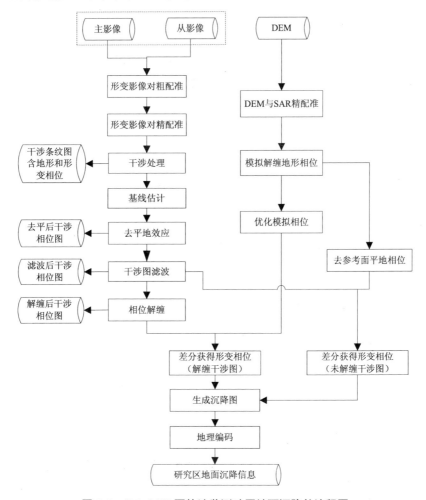

图 6-6　D-InSAR 两轨法监测矿区地面沉降的流程图

二、"三轨"法 D-InSAR 技术原理

"三轨"法利用三景 SAR 影像，先选取形变前的一幅影像作为主影像，再用形变前后的两幅影像分别和其做干涉运算，组成两个干涉影像对，得到两幅干涉图，其中一幅只包含地形信息，另一幅则同时包含地形信息和形变信息的影响，将这两幅干涉图做减运算，即差分处理，从而可获得地表的形变信息。

三轨法对于影像对的要求较高，其中生成 DEM 的影像对必须要同时满足合适的时间、较好的空间基线和高相干性但对于一些地表形变事件，能够找到三幅理想的 SAR 图像进行差分干涉处理并不是一件容易的事。

三轨法的数据处理流程如图 6-7 所示：

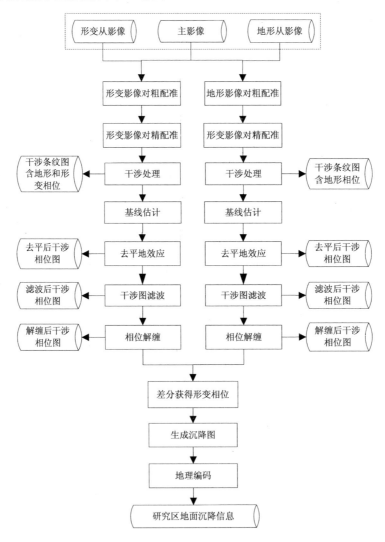

图 6-7　D-InSAR 三轨法监测矿区地面沉陷的流程图

三、"四轨"法 D-InSAR 技术原理

"四轨"法与"三轨"法原理相同,它使用四景 SAR 影像:形变前三幅影像和形变后的一幅影像。与"三轨"法相似,它利用两幅形变前的图像组成一对干涉对获得地形信息,另一幅形变前的图像与形变后的图像组成另一对干涉对,该干涉对既包含地形信息,又包含形变信息。将这两幅干涉图进行差分运算,得到形变相位。但和"三轨"法不同的是,这两幅干涉图没有使用共同的 SAR 影像作为主影像,从而在进行差分之前要进行配准。由于"四轨"法中使用的是两对互相独立的像对,所以在数据选择上降低了一些困难。但由于 2 个相对各有一个主影像,所以像对之间的配准非常难。

第四节　差分雷达干涉技术局限性

虽然 D-InSAR 探测地表形变的理论精度很高,但是有很多因素能影响、限制其在实际应用中的效果。一是数据处理过程中选择的算法和方法能对最终结果的精度产生影响,这类因素的影响随着时间的增长、各个步骤相关研究的逐渐深入、软件的完善会逐渐地被抑制到最小;二是 SAR 数据质量的问题,其中主要包括引起干涉失相关的各个因素、卫星轨道误差以及大气效应问题。

一、影像失相关

(一)时间失相干

在两次观测时间内由地表覆盖、土壤成分等变化导致的地表散射特征发生改变,导致干涉像对相干性降低。

时间去相干引起的相位差是造成差分干涉测量精度不高的主要因素。时间去相干主要是由于获取的两幅影像在间隔时间内地表散射发生了较大变化,使两幅影像不相干,从而无法进行干涉测量。这些环境影响因素主要包括植被季节变化、田地耕种、积雪覆盖、水体侵蚀等。

一般地,植被覆盖和 SAR 系统的波长对时间去相干有较大影响。一方面,植被稀少,则时间去相干影响小,反之时间去相干影响就大。另一方面,采用较长波段的雷达系统,时间去相干影响小,反之时间去相干影响就大。比如时间失相干对在 L 波段获取的 SAR 数据影响小,10 cm 的随机地表变化可以使之完全失相干,而对 C 波段获取的数据影响较大,3 cm 的随机地表变化就可以使之完全失相干[68]。

(二)空间失相干

时间去相干的分析是建立在 SAR 系统空间位置不变,而地面散射体位置发生变化的情况得出的。如果地物位置不变,而卫星位置发生变化,这种情况下导致的影像去相干现

象称为空间去相干，其主要分为空间基线去相干和多普勒质心去相干[63]。

（三）其他失相干

主要包括热噪声失相干和体散射失相干[69]。雷达热噪声是一种加性噪声，由雷达系统自身引起，它在雷达影像中表现并不明显，但是，经过一对复影像复合处理后，这种噪声便成为影响干涉图质量的主要噪声之一。雷达热噪声的存在影响了 SAR 数据的相干性。体散射失相干主要是由雷达波的穿透引起。

二、卫星轨道误差

由于卫星的轨道推算与测定总存在一定的误差，因此对干涉相位会产生一定的误差。相关研究证明，雷达差分干涉测量中轨道误差对相位贡献灵敏度要远远高于参考 DEM 误差对相位贡献灵敏度[67]。因此在雷达差分干涉测量中，采用精密轨道数据，减少基线误差带来的相位影响是非常必要的。

三、大气效应

大气效应是由于雷达信号在经过中性大气（距地表 70～100 km 的大气层）和电离层（从地面 70 km 以上直到大气顶端约 1 000 km 的大气层）会引起时间的延迟[70]，这种延迟最终表现为相位信息的偏移。如果两次成像期间的大气变化一致，则干涉图中大气延迟的影响会相互抵消，反之影响会叠加[71]。如果单次成像期间的大气变化是均匀的，只在垂直方向产生影响，那么干涉图中会产生一个整体性的偏移，在干涉处理过程中较容易去除这种大气偏移。但是，在实际条件下，大气变化是非均匀的，因此大气的影响无法直接消除[72]。

第七章　InSAR 新技术形变监测方法

第一节　永久散射体干涉技术

针对时间和空间失相关对传统 InSAR 和 D-InSAR 技术的限制和影响，意大利科学家 A.Ferretti 等于 20 世纪末至 21 世纪初提出了 PS 技术，与传统方法相比，该技术在更大程度上避免失相关对干涉的影响的同时能获取高精度毫米级的地表形变速率。

PS-InSAR 与 D-InSAR 的思想和原理不同，对 SAR 图像数量、干涉像对参数、外部 DEM 的要求也有所不同，如表 7-1 所示。

表 7-1　D-InSAR 与 PS-InSAR 比较

比较参数	D-InSAR	PS-InSAR
时间基线	<2 a	无限制
空间基线	<2 000 m	无限制
大气效应	无抑制	强烈抑制
相干系数	相邻像元>0.3	单个像元>0.7
DEM 精度	与空间基线相关	100 m
SAR 影像数量	≥2 幅	>30 幅

一、PS-InSAR 原理

SAR 影像中像素相关性取决于该像素对应地表分辨率单元的散射特性，它与分辨率单元中所有单个散射体散射信息有关。每个像素反射波束中的信息是其对应地面分辨率单元中所有离散散射体反射波束的相干总和。如果在分辨率单元中没有主散射体、所有散射体的特性都是相似的，则每一部分散射体散射特性的变化都能对该像素的相干性产生很大的影响。反之如果分辨率单元中有"主散射体"，该主散射体的散射信息在整个像素的散射信息中占绝对主导地位，即该像素内其他散射体散射特性的变化就难以导致该像素的失相关，那么这个主散射体被称为永久散射体，永久散射体所在的像素称为永久散射点（相干点）。这些永久散射体可能性比较高的有：人工建筑物、桥梁、裸露的岩石、人工布设的角反射器等。这些点目标的反射信号很强，几何尺寸可以远小于 SAR 影像中单个像素的尺寸，经过很长的时间间隔仍然保持稳定的散射特性。

PS 技术的基本原理是利用多幅覆盖同一区域的 SAR 影像，通过统计分析方法，搜索在时间序列影像中不受时间、空间基线去相关和大气效应影响的相干像素。利用这些相干点对应的形变信息，在失相关相对严重的干涉图中利用这些相干点的相位信息拟合出干涉条纹；相干点的相位信息还可以用来移除公式 6.24（$\phi_{tf}=\phi_{top}+\phi_{def}+\phi_{atm}+\phi_{noi}$）中差分干涉结果含的 DEM 误差、大气效应误差等多项误差，从而得到高精度的地表形变结果。

二、PS-InSAR 数据处理流程

PS-InSAR 数据处理流程如图 7-1 所示，主要包含以下处理步骤：

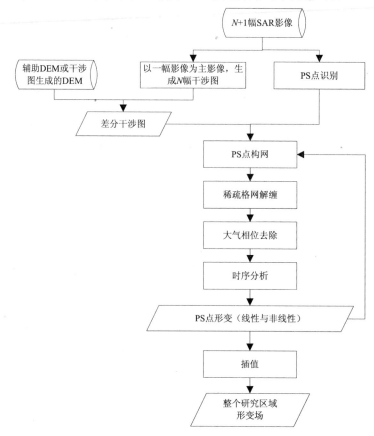

图 7-1　PS-InSAR 数据处理流程

①将 $N+1$ 幅 SAR 复数影像进行配准、辐射定标。对于 SAR 图像上的每一个像素，在一次 SAR 成像时幅度会随着入射角、轨道位置、大气条件等变化，因此不能将时序 SAR 影像中的幅度信息直接做比较分析，需要进行影像的配准和辐射校正（辐射定标），将序列 SAR 影像的像素位置和辐射强度统一化。

②干涉及差分干涉处理，得到 N 幅干涉和差分干涉图。

③从 $N+1$ 幅定标配准的 SAR 影像中用相干系数阈值法、相位离差阈值法、振幅离差阈值法等算法甄别研究区域内的永久散射体（PS）。

④稀疏网格解缠。从 N 幅差分干涉图中可以得到所有 PS 点的差分干涉相位：

$$\phi_{\text{diff}} = \phi_{\text{defor}} + \phi_{\text{DEM-error}} + \phi_{\text{atmos}} + \phi_{\text{noise}}$$

$$= \frac{4\pi}{\lambda} vT + \frac{4\pi}{\lambda} D_{\text{non-linear}} + \frac{4\pi}{\lambda\rho} \cdot \frac{B_{\perp} \cdot \Delta h}{\sin\alpha} + \phi_{\text{atmos}} + \phi_{\text{noise}} \qquad （7.1）$$

$$= vT + \frac{4\pi}{\lambda} D_{\text{non-linear}} + \frac{4\pi}{\lambda\rho} \cdot \frac{B_{\perp} \cdot \Delta h}{\sin\alpha} + \varepsilon$$

从每个差分干涉图中，都可以提取出由 PS 点差分干涉相位组成的数据集。由于缺乏先验条件，无法对单个干涉图中的 PS 点干涉相位进行解缠，必须先估计相邻点的缠绕相位梯度，然后对相位梯度进行积分。假设相邻两点的相位残余满足：

$$|\Delta\varepsilon| < \pi \qquad （7.2）$$

那么就可以进行空间上的相位解缠，解算出每个 PS 点的高程误差 $\phi_{\text{DEM-error}}$、线性形变速率 v，然后可以进一步估算差分干涉相位 ϕ_{diff} 中的线性相位残差 ε，并将之用于下一步的非线性形变和大气相位分析。

⑤在计算出每一个 PS 点的线性形变和 DEM 误差后，从初始的差分干涉图上将它们减去就可以得到残余相位 ε，它主要由非线性形变相位、大气相位和噪声组成。在残余相位中，大气相位和非线性形变相位在时间域和空间域的频率特征是不同的。因为大气在空间上的相关长度大约为 1 km，干涉图中的大气扰动在空间域上为低频信号[72]，但对一个像元来说，在不同的雷达成像时间，大气状况可以被看作一个随机过程，大气相位在时间上是一个白噪声。而非线性形变在空间上相关长度较小、在时间域具有低频特征。因此通过时间域和空间域滤波就可以分离非线性形变和大气相位。当计算出每一幅差分干涉图中所有永久散射体候选点的大气相位后，就可以用克里金插值来拟合该干涉图中每一个像元的大气相位，即大气相位屏（APS）。

⑥从差分干涉图中去除 APS 后，就可以进行时序分析。重新计算时序影像上每个点的整体相干性，并确定最终的 PS 点。

⑦用最终确定的 PS 点再进行一次稀疏网格解缠，估计各 PS 点精确形变值。

⑧采用克里金插值法进行规则格网插值，得到整个研究区域形变场。

第二节　基于 PS 自适应估计的改进 PS-InSAR 技术

一、改进 PS-InSAR 技术的原理

这是一种基于 PS 自适应估计的改进的 PS-InSAR 监测地表沉降的方法，该方法主要是对传统的 PS 点构网方法进行改进，引进相对低可靠性的 PS 点，在保证 PS-InSAR 结果精度的前提下，最大化整个区域内的 PS 点密度，从而提高 PS-InSAR 结果的精度[75]。该方法以 Ferretti 和 Kampes 的理论为基础，与传统的 PS-InSAR 方法相比在以下方面进行了改进：

①更有效去除轨道误差和大气效应的影响；

②更可靠的 PS 点估计方法；

③通过改进 PS 构网方法最大化了 PS 点的密度，从而提高 PS-InSAR 结果的精度。

二、改进 PS-InSAR 技术数据处理流程

该方法的数据处理流程与传统的 PS-InSAR 方法大致相同，如图 7-2 所示，主要包括干涉图生成、PS 点选取与构网、模型参数估算、空间分析、轨道误差和大气效应估算与移除和形变图生成 6 个步骤。这里重点讲述基于 PS 点自适应估计的 PS 构网新方法。

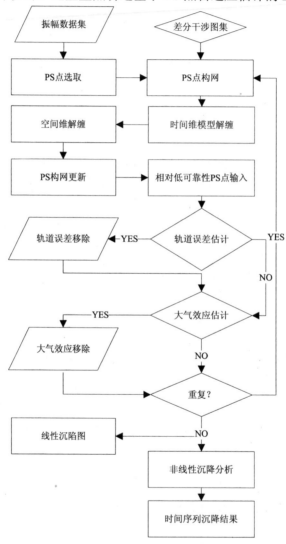

图 7-2 改进的 PS-InSAR 数据处理流程图

（一）干涉图计算与生成

确定主影像后，剩下的所有影像都与主影像进行配准，每个像对的干涉图生成过程都与传统 D-InSAR 方法一样，只是不需要在方位向和距离向进行滤波。在生成干涉图并去除

参考椭球面引起的相位变化后，使用外部 DEM 模拟干涉图，然后生成差分干涉图。此时的差分干涉图相位由地表形变、DEM 误差、大气效应和残余轨道误差组成。下面将对它们进行估算并将除地表形变以外的误差对应的相位去除。

（二）PS 点的选取与构网

PS 点的选取方法主要有振幅离差法和相干系数法，通过对这 2 种方法进行比较发现，对于 PS 点的选取，振幅离差法相对适用于有大量人工建筑物的城市地区；而相干系数法适用于建筑物相对较少的郊区和 SAR 数量较少的情况。

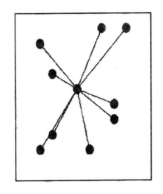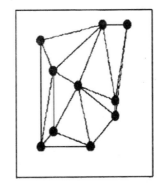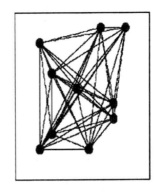

（a）星形网　　　（b）基于 Delaunary 三角形的不规则三角网（TIN）　　　（c）自由网（FCN）

图 7-3　PS 点构网方法

最简单的 PS 构网方法是星形网，如图 7-3（a）所示，所有 PS 点的干涉相位差都是相对于一个基准点的。但星形构网法有两大缺陷：①无法识别错误估计的 PS 点；②如果覆盖区域较大，则星形网的边长可能很长，由于大气效应和轨道误差空间相关而与时间无关，因此大气效应和轨道误差在这种情况下的影响很大。

图 7-3（b）和图 7-3（c）为 2 种利用相邻 PS 点的构网方法，这样可以减小大气效应和轨道误差的影响。图 7-3（b）所示的基于限定最大边长 Delaunary 三角形的不规则三角形（TIN）已经被证明是一种能有效抑制大气效应和轨道误差的构网方法。图 7-3（c）显示的自由构网法（FCN）通过限制构网的边长将所有相邻的 PS 点连接起来，边长的阈值根据大气效应和轨道误差来决定，一般取 1.5 km[73]。从图中可以看出，FCN 比 TIN 的边要多得多，根据 Liu 等的计算，一般情况下，FCN 中边的数量是 TIN 的 30 倍。

星形网中解缠相位都是相对于单个参考像素，而 TIN 网和 FCN 网中解缠后的相位是相邻像素两两相对的，因此可以用来消除大气效应和轨道误差。除此之外，TIN 网和 FCN 网中由于有大量的边，因此可以用来检测被错误估算的点。

为了获取精确的地表形变场，使用的 PS 点越多越好。但是，如果某个相干性很差的像素因其相位或振幅正好符合 PS 选取原则而被错误地认成 PS 点，其误差会传播给其他所有的 PS 点。因此，选取用来构建参考 PS 网的 PS 点时，准确性尤为重要。相对低可靠性的 PS 点在后续步骤还可以用到，但是在构建参考 PS 网时，一定要选取高可靠性的 PS 点。

改进的 PS-InSAR 方法在构建参考 PS 网时选取高可靠性的 PS 点，在构网时为了节省计算机的计算资源，选择使用 TIN 网。但是 FCN 构网方法在涉及相对低可靠性的 PS 点时非常有效，后面的章节中将具体讨论 FCN 构网。

（三）干涉模型参数估计与解缠

PS 技术利用干涉相位进行分析前需要将缠绕相位进行解缠。最简单的方法就是在空间维上对每幅差分干涉图中识别出的 PS 点用 Costantini 和 Rosen 提出的算法进行稀疏解缠。假设相邻相干点的相位差小于π，则稀疏网格解缠可以很顺利的完成。如果所有差分干涉图都被正确解缠，则可以生成时间序列的地表移动场。但是在大多数情况下，尤其在长时间基线和长空间基线的干涉图中，相邻相干点解缠后的相位差大于π。因此，仅仅在空间维直接进行相位解缠是不够的，为此，PS 点之间的相位差在时间域上的分布信息也需要被用来指导相位解缠。需要注意的是，此时，PS 点之间的相位差是指在空间维与时间维上的二次差值。

（四）基于 PS 点自适应估计的离散低可靠性 PS 点使用与构网

1. 离散 PS 网与 PS 参考网的融合

在高度城市化区域，对干涉模型参数进行空间维解缠时，一般只选取一个大的 PS 参考网，其他 PS 点再构成一些小的离散 PS 网。但是，当一幅 SAR 影像中存在多个由植被覆盖分隔开的城镇时，会出现多个离散 PS 网。如果在 PS-InSAR 分析中，不考虑这些离散 PS 网，那么整幅图像中 PS 点的密度会减小，可能严重影像 PS-InSAR 精度。因此研究如何将这些离散的 PS 网与 PS 参考网结合起来，提高整幅影像的 PS 点密度，改善 PS-InSAR 精度，非常必要。

在对干涉模型参数进行解缠后，处于 PS 参考网外部像素上的大气效应估算精度较低。而将 PS 参考网与离散 PS 网融合起来，能够明显增加 PS 网在整幅影像中的覆盖率，当离散 PS 网并不包含在 PS 参考网中的情况下，效果尤为明显。

对于每个离散 PS 网，假设其参考 PS 点 P'_{ref} 上的干涉模型参数值为 0，那么根据该参考 PS 点与 PS 参考网的关系，就可以计算该离散 PS 网中所有其他像素 P'_x 的干涉模型参数。因此，如果要将离散 PS 网与 PS 参考网进行融合，首先需要计算离散 PS 网中参考 PS 点 P'_{ref} 的干涉模型参数绝对值，它们可以利用 PS 参考网中离该 P'_{ref} 点最近的 10 个 PS 点进行计算。一旦离散 PS 网中参考点 P'_{ref} 的干涉模型参数解算成功，则该离散 PS 网中其他 PS 点的干涉模型参数值可以用以下公式计算：

$$\begin{aligned}
v_x &= v'_x + v'_{ref} \\
h_x &= h'_x + h'_{ref} \\
az_x &= az'_x + az'_{ref}
\end{aligned} \tag{7.3}$$

其中，v'_{ref}，h'_{ref} 和 az'_{ref} 是该离散 PS 网的参考点 P'_{ref} 干涉模型参数绝对值，v'_{ref}，h'_{ref} 和 az'_{ref} 是该离散 PS 网中其他 PS 点与参考点之间干涉模型参数的差值，v_x，h_x 和 az_x 为该离散 PS 网中所有 PS 点像对与 PS 参考网的干涉模型参数绝对值。

2. 离散 PS 点的使用

当 PS 参考网与离散 PS 网融合后，就得到了新的覆盖范围更大的 PS 参考网，此时离散的 PS 点的干涉模型参数可以根据新的 PS 参考网进行估算。需要注意的是，这些离散的 PS 点可靠性没有 PS 参考网中 PS 点的可靠性高。

该方法中，所有离散 PS 点的干涉模型参数都是相互独立解算的，每个离散 PS 点通过给定的搜索窗口来寻找附近的所有 PS 点进行自由构网（FCN），由于根据 FCN 方法构网的边比较多，因此可以提高估算这些低可靠性离散 PS 点干涉模型参数的精度。

由于每个离散 PS 点与 PS 参考网之间的距离不等，因此用一个固定大小的搜索窗口显然无法有效搜索所有离散 PS 点进行并构建 FCN 网。如果给定的窗口太小，离 PS 参考网比较远的离散 PS 点可能无法搜索到足够的 PS 点进行构网；如果给定的搜索窗口较大，则离 PS 参考网比较近的离散 PS 点在构网时消耗的计算资源会急剧增加。除此之外，如果离散 PS 点与 PS 参考网之间距离太长，在时间维上的干涉模型参数解缠可能会出错，尤其在沉降速率比较高的区域。

下面用一个自适应估计的方法来解决搜索窗口大小的估算问题。

首先，计算某个离散 PS 点与初始搜索窗口中 PS 参考网中 PS 点的距离，初始搜索窗口的大小为最小搜索窗口的大小加上一个定义的步长。最小搜索窗口的大小为离散 PS 点到 PS 参考网中最近的那个 PS 点的距离。如果该离散 PS 点的干涉模型参数无法解算，那么就定义新的搜索窗口，这个过程需要反复进行直至该离散 PS 点的干涉模型参数被解算出来或者窗口大小已经达到了最大值。向 PS 参考网中引入一个离散 PS 点的过程如彩图 4 所示，图中蓝点的为离散 PS 点，红点为 PS 参考网中的 PS 点，虚线框为搜索窗口大小。

高密度的 PS 点不仅可以用来提取更精确的地表形变信息，还能够提高大气效应估算的精度。为了提高整幅干涉图中的 PS 点密度，可将所有离散的 PS 点按照自适应估计法逐个进行计算，将所有可行的离散 PS 点引入 PS 参考网中。在实际应用过程中，首先将所有的离散 PS 点按照优先级进行分组，第一步将离散 PS 点根据其可靠性进行分组，再根据它们与 PS 参考网之间的距离进行二次分组，然后对每组离散 PS 点按照优先级从高到低进行自适应估计。

离散 PS 点自适应估计需要注意几点：①首先将相对高可靠性的离散 PS 点引入 PS 参考网中；②每个离散 PS 点都独立地与参考 PS 网进行计算（如已经引入了一个离散 PS 点到 PS 参考网中，在计算第二个离散 PS 点时，此时的 PS 参考网中不包含之前引入的离散 PS 点；③部分离 PS 参考网距离特别远的离散 PS 点可能最终无法引入 PS 参考网中。因为大气效应、轨道误差、失相关等因素，这些相对低可靠性的离散 PS 点自适应估计结果与距离呈线性关系。因此，用多个离散 PS 点和参考网中 PS 点之间组成多个观测量可以进行误差剔除。

按照优先级从高到低的原则，将不同分组的离散 PS 点按照自适应估计法引入 PS 参考网中，在将高优先级的离散 PS 点引入 PS 参考网中以后，立即对 PS 参考网进行更新，然后再计算低优先级的离散 PS 点，同一优先级的离散 PS 点引入时，并不更新 PS 参考网。如彩图 5 所示，其中红色的点为 PS 参考网中的 PS 点，其他颜色的点为按照优先级分组的离散 PS 点。第一步将最高优先级的蓝色离散 PS 点引入 PS 参考网中；在对 PS 参考网进行更新后，第二步将次优先级的绿色离散 PS 点引入 PS 参考网中；对 PS 参考网再次更新后，第三步将所有的离散 PS 点引入 PS 参考网中并进行 FCN 自由构网。

随着所有离散 PS 点逐步引入进 PS 参考网中，PS 参考网覆盖的范围也越来越大，在 PS 参考网外的像素也相应地随之减少，PS-InSAR 的结果精度随之得到提高。

（五）轨道误差与大气效应剔除

在对 PS 网进行时间维和空间维解缠后，即可得到每个 PS 点的干涉模型参数值，基于这些参数就能计算所有差分干涉图中的解缠相位。用差分干涉图中的差分干涉相位 $\Delta\varphi^n$ 减去对应的解缠模型相位 φ^n_{Model}，就能得到残余相位 $\Delta\varphi^n_{\text{residue}}$：

$$\Delta\varphi^n_{\text{residue},x,y} = W\left\{\Delta\varphi^n_{x,y} - \Delta\varphi^n_{\text{Model},x,y}\right\}$$
$$= W\left\{\varphi^n_{\text{Nonlinear},x,y} + \Delta\varphi^n_{\text{Atmos},x,y} + \varphi^n_{\text{Orbit},x,y} + \varphi^n_{\text{Noise},x,y}\right\} \tag{7.4}$$

两个像素间的残余相位主要由 4 个部分组成：非线性形变相位 $\varphi^n_{\text{Nonlinear}}$，大气效应相位 $\Delta\varphi^n_{\text{Atmos}}$，轨道误差相位 φ^n_{Orbit}，噪声误差 φ^n_{Noise}。理论上来说，只要像素间距离选择合适，就能够在很大程度上剔除轨道误差相位和大气效应相位，但无法完全消除，其误差一直在 PS 参考网中传播。因此，为了解算出高精度的地表形变场，必须要先估算出残余的大气效应相位和轨道误差相位。在此之前，要先对这些残余相位进行解缠。在每幅差分干涉图中，由于在相位中占主导地位部分（如线性形变等）已经剔除了，因此相邻 PS 点之间残余相位的差应该不会大于 π。这里，可以直接用稀疏最小费用流算法进行解缠[107]。

1. 轨道误差估计

在 PS-InSAR 数据处理中，主影像的选取方法有单主影像和多个主影像 2 种，其中轨道误差对单主影像 PS-InSAR 结果的影像尤为严重。想直接从失相关相对严重的差分干涉图（长时间基线或长垂直基线距）中剔除轨道误差是非常困难的。但是轨道误差可以通过 PS 参考网来传递并最终造成相位偏移。Ketelaar 研究发现部分轨道误差分量是与时间相关的。如果不能剔除轨道误差，它会导致 PS-InSAR 结果的线性形变速率在空间维的偏移。因此，可以假设貌似 DEM 误差导致的相位偏移一部分是由轨道误差引起的。对于每个参数都可以用最小二乘拟合来计算与雷达坐标相关的线性偏移。如果相位线性偏移的梯度大于给定的阈值，则可以将该参数对应的线性偏移剔除。

2. 大气效应估计

去除轨道误差后的残余相位包括非线性形变相位、大气效应相位和噪声相位：

$$\Delta\varphi^{n'}_{\text{residue},x,y} = \varphi^n_{\text{Nonlinear}} + \varphi^n_{\text{Atmos}} + \varphi^n_{\text{Noise}} \tag{7.5}$$

大气效应的估算基于以下假设：大气效应相位在空间维相关，而在时间维不相关。

相对来说，噪声相位在时间维与空间维上都不相关；而非线性形变相位在时间维和空间维上呈低通效应。因此根据残余相位中各组成部分在时间维和空间维上的分布特点，在时间维和空间维上同时进行滤波就可以将大气效应相位从残余相位中分离出来，具体过程如下：

①在时间维上计算并剔除轨道误差后残余相位的平均值 $\overline{\varphi}'_{\text{residue},x,y}$；

②在每个 PS 点上用剔除轨道误差后的残余相位减去残余相位在时间维上的平均值，如公式 7.6 所示；

$$\psi^n_{x,y} = \Delta\varphi^{n'}_{\text{residue},x,y} - \overline{\varphi}'_{\text{residue},x,y} \tag{7.6}$$

③对每一个 PS 点，在给定的三角形窗口内在时间维（300 d）上进行高通滤波，就可以剔除时间维相关的相位（如非线性形变相位）；

$$\psi^n_{\text{HP\_temporal},x,y} = HP\_temporal\left\{\psi^n_{x,y}\right\} \qquad (7.7)$$

④在给定的二维窗口（1 km×1 km）内在空间维上对第一步和第三步的结果进行低通滤波，就可以剔除空间维上不相关的相位（如噪声相位）。第一步结果进行空间维低通滤波后的结果看成主影像上的大气效应；

$$\psi^n_{\text{HP\_temporal,LP\_spatial},x,y} = LP\_spatial\left\{\psi^n_{\text{HP\_temporal},x,y}\right\} \qquad (7.8)$$

⑤大气效应相位可以用如下公式计算：

$$\varphi^n_{\text{Atmos},x,y} = \psi^n_{\text{HP\_temporal,LP\_spatial},x,y} + \overline{\varphi}'_{\text{residue,LP\_spatial},x,y} \qquad (7.9)$$

当 PS 网上的大气效应相位估算出来以后，差分干涉图中 PS 网内的像素上的大气效应相位可以用 TIN 插值或者克里金插值进行计算，两者的精度差不多，但是 TIN 插值法的计算效率更高；而 PS 网外像素上的大气效应相位采用克里金插值进行计算效果较好。

大气效应相位估算结果的精度主要取决于以下几个方面：

①差分干涉图集中大气效应相位的大小及其变化程度；

②可用的 SAR 影像数量，影像越多，大气效应估算结果精度越高；

③PS 点的密度，根据 Colesanti 的测算[108]，每平方千米范围内至少需要 3～4 个 PS 点才能准确估算大气效应相位。

如前文所述，用自适应估计法增加差分干涉图中的 PS 点密度，可以明显提高大气效应的估算精度。

（六）线性模型回归分析

在轨道误差和大气效应误差剔除后，从差分干涉图中就能估算精确的形变信息。如图 7-2 所示，本节的 PS-InSAR 方法的形变相位、大气效应相位和轨道误差相位的循环估算流程为：

①在首次 PS 构网并在空间维和时间维上解缠后，进行第一次大气效应相位和轨道误差相位估计，并从差分干涉图中减去大气效应相位和轨道误差相位；

$$\Delta\varphi^n_{\text{refine}} = W\left\{\Delta\varphi^n - \varphi^n_{\text{Atmos}} - \varphi^n_{\text{Orbit}}\right\} \qquad (7.10)$$

②进行线性模型估计并计算新的相位模型

$$\Delta\varphi^{n'}_{\text{residue}} = W\left\{\Delta\varphi^n_{\text{refine}} - \Delta\varphi^n_{\text{Model}}\right\} = W\left\{\varphi^n_{\text{Nonlinear}} + \varphi^{n'}_{\text{Atmos}} + \varphi^{n'}_{\text{Orbit}} + \varphi^n_{\text{Noise}}\right\} \qquad (7.11)$$

其中，$\varphi^{n'}_{\text{Atmos}}$ 和 $\varphi^{n'}_{\text{Orbit}}$ 为残余大气效应相位和轨道误差相位。

③估算残余大气效应相位和残余轨道误差相位，并重新计算差分干涉图。

④对新加入的离散 PS 点和形变相位进行判断，直至它们基本稳定时才停止前 3 步的循环重复。

（七）非线性形变分析

当线性形变、大气效应和轨道误差都估算完以后，就能从差分干涉图中提取非线性形变信息。此时，残余相位主要由非线性形变相位和噪声相位组成：

$$W\left\{\Delta\varphi^n - \Delta\varphi^n_{\text{Model}} - \varphi^n_{\text{Atmos}} - \varphi^n_{\text{Orbit}}\right\} = W\left\{\varphi^n_{\text{Nonlinear}} + \varphi^n_{\text{Noise}}\right\} \tag{7.12}$$

为了将残余相位中的非线性形变相位与噪声相位分开，首先需要对残余相位用最小费用流算法进行稀疏解缠。如果已知非线性形变在时间维和空间维的规律和特点，就可以从解缠后的残余相位中提取非线性形变信息。在大多数情况下，可以假设非线性形变相位在空间维和时间维上都是相关的，此时就能在时间维和空间维上通过低通滤波计算非线性形变相位。需要注意的是，非线性形变相位也有可能在时间维和空间维上不相关，如地震导致的非线性形变在时间维和空间维上呈高通分布特征。因此，在实际应用中，如果已知非线性形变在时间维和空间维上的特点，则需要根据实际情况选择滤波方法。当非线性形变相位也解算出来后，每个 PS 点的时间序列形变信息就可以计算出来。

第三节　其他 InSAR 新技术

近些年来，InSAR 技术的发展比较迅速，研究范围也比较广，除了前面所述几种 InSAR 技术，还有许多新的方法，如 GPS-InSAR 融合技术、CR-PSInSAR 联合测量技术、小基线集算法（SBAS）、基于相干点目标的多基线 D-InSAR 技术、CPT 技术、PS 多平台雷达数据技术、相干目标分析（CTA）等。

一、GPS-InSAR 融合技术

InSAR 对于大气传播误差、卫星轨道误差、空间基线去相关等误差非常敏感，当这些误差出现时，会严重影响 InSAR 的精度甚至会引起错误解译。GPS 与 InSAR 技术具有很好的互补性，两者进行融合既可以改正 InSAR 数据本身难以消除的误差，又可以实现 GPS 技术高时间分辨率和高平面位置精度与 InSAR 技术高空间分辨率和高程形变精度的有效统一。

GPS 和 InSAR 数据融合的方法[44]为：

①由 CGPS 网导出大气误差改正，并利用 GPS 定位结果作为约束条件对 InSAR 轨道误差进行修正。

②用 GPS 改正后的 InSAR 数据作为地面沉降形变的空间分布模型，并在空间域内以网格为主要方式加密 GPS 结果，形成多个跨越一个或几个 SAR 卫星重复周期的准 GPS 形变结果。

③通过高时间频率的 GPS 数据（其所采集的型变量和地面沉降量），在时间域内对上述已加密的格网再进行内插和加密，从而将准 GPS 结果在时间域内加密成准 GPS 时间序列。以上两步实际上是在空间域和时间域内的双内插过程。

④在上面双内插的基础上，利用卡尔曼滤波（或其他方法）对所有格网点的 GPS 时间序列进行估计，最终得到全面的地面动态形变信息（地面水平形变和地面垂直形变）。

二、CR-PSInSAR 联合测量技术

PS-InSAR 技术通过选取高相干的 PS 点，克服了传统 D-InSAR 时空去相干和大气误差的影响，并放宽了对 SAR 图像基线的要求，大大提高了 SAR 图像的利用率，可用于进行地表缓慢变形的观测。但由于 PS 点通常分布于市区等人工建筑较多的地方或无植被覆盖的山峰、山脊等有裸露巨石的地方，对于研究建筑物稀少的人迹罕至或植被繁茂地区的地表形变受到了很大的限制。

为此，引进人工角反射器（CR）来改变这一状况。CR 不仅可以很好地解决这一问题，而且可以用于 PS 点的加密。引进 CR 的技术优势在于：①确保了研究区高相干性散射体（包括 CR、PS）的数量；②由于 CR 点形状尺寸严格，后向散射特性统一，便于后期处理，并且 CR 点尺寸小，后期解算精度高；③加入 CR 点后，在监测区域的选择上更加灵活。

数据处理流程核心主要有 7 个部分[76]，即：InSAR 处理、D-InSAR 处理、时间相干性估算、CR 与 PS 点识别、大气校正（迭代）、CR、PS 点位相位解缠及形变信息提取。数据处理流程见图 7-4。

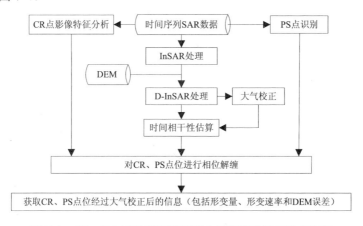

图 7-4　CR、PS 干涉形变测量联合解算算法数据处理流程

三、小基线集算法（SBAS）

在 PS-InSAR 处理过程中，因采用共用主影像的干涉对组合方式而导致影像间的空间基线很大，甚至大于临界基线，使得干涉图的相关性大大降低，能被选取的有效 PS 数量减少，则影像上永久散射体的密度随之降低，致使后期恢复面域形变不准确。针对此不足，小基线算法[77]（small baseline subsets，SBAS）采用限制空间基线的方式自由组合干涉对，即将所有获得的 SAR 数据组合成若干个集合，原则是：集合内 SAR 图像基线距小，集合间的 SAR 图像基线距大。采用 LS 法得到每个小集合的地表形变时间序列，采用奇异值分解（SVD）方法将多个小基线集联合起来求解模型，并用稀疏矩阵解缠从而获得形变时间

序列。这种方法由于限制了干涉对的时间基线和空间基线，在有效提取区域地表形变的同时，能够更好地抑制失相关的影响。但噪声严重时，不能实现稀疏矩阵相位的解缠。且由于 SBAS 方法在处理数据时做了多视处理，因此它只能得到低分辨率（约 100 m×100 m）的地表形变序列。

四、基于相干点目标的多基线 D-InSAR 技术

失相关与大气波动是影响 D-InSAR 进行地表形变信息提取的主要因素。相干性降低使得干涉纹图在空间上表现为不连续，难以完成相位解缠。重复观测时大气波动引起的相位延迟在空间域上的不均一分布则降低了 D-InSAR 提取形变信息，特别是空间范围覆盖较大的形变场的精度。基于相干目标的多基线 D-InSAR 数据处理算法根据少量 SAR 数据构成多基线干涉纹图集，分别利用点目标检测算法和相干系数均值作为相干目标提取的测度；利用相位回归分析模型对干涉相位进行时间域迭代处理，从干涉相位中提取线性形变速率和 DEM 误差改正，通过迭代处理补偿高程误差，解算线性地表形变速率。该算法提高了 D-InSAR 形变监测的时间采样率，能准确获取每个观测时刻的形变累积量。

五、CPT 技术

由于时间基线高度离散性和 DEM 精度的限制，影像的相干性会大大降低，给图像配准带来困难，甚至难以寻找出相位稳定点。于是对稳定像元的选取和干涉图的生成发展了新的思想：CPT（Coherent Pixel Technique）技术。同时 Mora 等也利用较少影像提取出的相位稳定点，生成 Delaunay 三角网，利用大气相位项的空间强相关性，分析相邻像元的相位差，对大气项进行去除，得出地表形变的线性和非线性变化量。该技术的主要特点是：

①采用相关性阈值选取稳定点。但该方法会受到所考察的像元的相邻像元的影响，因此在相干性低的地区会漏掉一些稳定点。

②干涉图的生成并不限于唯一的主图像，采用短基线像对组合生成干涉图集合，因此假设有 $K+1$ 幅影像，可以获得的差分干涉图数 M，则：

$$\frac{K+1}{2} \leqslant M \leqslant K\left[\frac{K+1}{2}\right] \qquad (7.13)$$

因此该方法在较少数量的影像序列（7 幅以上）即可得出地表形变，但非线性形变由于受时间采样率的影响，仍然是影像数量越多结果越好，且影像需较高的相关性。

六、PS 多平台雷达数据技术

由于 PS-InSAR 技术需要大量的（一般需要 30 幅以上）雷达影像数据，因此在一定时间段同一平台的数据优势难以满足数量要求。

针对单一平台数据量不能很好保证的问题，Colesantic 等于 2003 年提出尝试使用多平台数据用于 PS 分析，特别是 ERS 和 ENVISAT，可以解决由于卫星的更替引起的数据不连续问题。经研究发现，ERS-1/2 中提取的 PS 点在 ENVISAT 中仍然有 60%～70%保持着 PS

点的特征，因此足够的 PS 点是可以保证的。但是在实施过程中还有许多问题需要解决，如 ERS SAR 与 ENVISAT ASAR 载波中心频率有 31 MHz 的偏移，需考虑该偏移带来的额外相位等。

七、相干目标分析（CTA）

相干目标分析（CTA）方法是在形变场的提取中，根据已知的形变模型利用多景干涉纹图的相位值构成联立方程迭代求解形变速率，并分离不同相位误差项（如大气效应相位贡献值、噪声和 DEM 误差相位），得到最优的形变提取结果。在每次迭代运算中，不断更新相干目标点，保证相干目标点的分布密度，使得该方法在一些失相关区也能得到形变结果。同时只要相干点目标的密度足够，满足保证大气效应的空间拟合足够准确，就可以达到获取准毫米级地表形变值的目的。总之，CTA 是在 D-InSAR 基础上，以保证所获沉降场精度为前提，损失一定的空间分辨率，从面状观测转为点状观测，换取高时间分辨率的一种此消彼长的方法。

第八章　矿区沉陷形变的 InSAR 监测实例

前面几章介绍了 InSAR 技术的发展和应用现状，重点讲述了 InSAR 新技术的理论知识，并对 InSAR 技术所用数据进行了详细的介绍。本章将前面所述 InSAR 新技术应用于实际，分别介绍 D-InSAR 技术在东部皖北和淮南矿区、大同煤矿区以及澳大利亚东部新南威尔士某煤矿沉陷监测应用。

第一节　皖北钱营孜矿及淮南矿区沉陷形变监测

一、皖北矿区

（一）皖北矿区（钱营孜煤矿）概况

皖北矿区的钱营孜煤矿，位于安徽省宿州市西南，是一座年产 180 万 t 的矿井，于 2010 年正式投产。其中心位置距宿州市约 15 km，行政区划隶属于宿州市和淮北市濉溪县，地理坐标为东经 116°51′～117°00′和北纬 33°27′～33°31′，地理位置如图 8-1 所示。面积为 74.15 km²，矿区位于淮北平原的北部，为黄河、淮河水系形成的冲积平原，采区内地形平坦，地面标高在 19.68～24.72 m，农田与树木密集，地势总体上由西北向东南微微倾斜。

图 8-1　钱营孜矿区地理位置

钱营孜煤矿位于淮北煤田的南部，含煤岩系沉积环境稳定，地层厚度、煤层间距、煤层厚度都具有一定的稳定性。煤层直接顶、底板以泥岩为主，特别是顶、底板为炭质泥岩、含炭泥岩，厚度小，多属软岩，稳定性差。上覆粉砂岩和砂泥岩互层属中等坚硬岩类，细砂岩、中砂岩胶结良好，岩石坚硬致密，抗压强度高，稳定性好，工程地质条件良好。采区浅部基岩风化带岩芯不完整，断层带岩石破碎，均属软弱结构面。

矿区内最大的地面径流——浍河从本矿区中部流过，自西北流向东南。浍河是淮河的支流，河床蜿蜒曲折，河宽 50～150 m，水深 3～5 m，两岸有人工河堤，浍河及其支流和人工沟渠组成了纵横交错的地表水系。

在煤矿开采区范围内有钱营孜、胡庄、朱庄、王二庄、杨大庄、张牌坊、张圩子、牛沟村、胡圩子、黄桥头、许寨等多个村庄，并且河流流经其上，影响范围内有进矿铁路。现阶段钱营孜煤矿处于开采中的仅有 3212 工作面，研究时间段内开采区分布在该工作面的北半部，如图 8-2 所示。

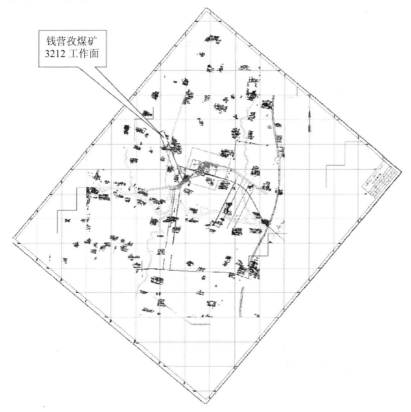

图 8-2　钱营孜煤矿分布示意图

（二）钱营孜煤矿沉陷监测流程

依据钱营孜煤矿的地理环境、开采状况以及收集到的一些矿区资料，采用两轨法差分干涉测量技术对钱营孜矿区进行开采沉陷监测。这种方法需要沉陷发生前后获取的 2 幅 SAR 影像和该地区的 DEM 数据。

在完成 D-InSAR 地面沉陷监测后，制作钱营孜煤矿的沉陷等值线图，获得钱营孜煤矿由于开采沉陷引起的地面沉陷信息，并从钱营孜地面沉降观测数据中获得矿区的实际沉降量，将两者对比分析，验证 D-InSAR 方法的可靠性，最终技术流程[78, 79]如图 8-3 所示。

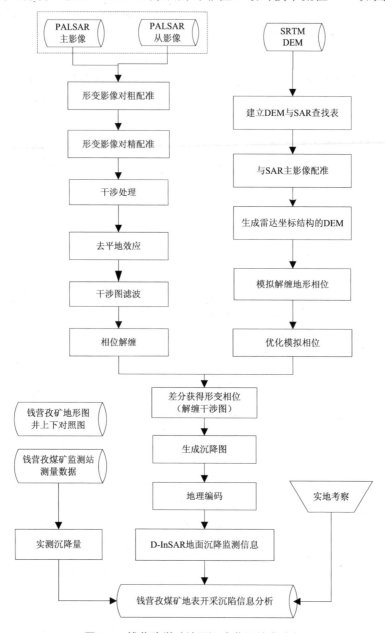

图 8-3　钱营孜煤矿地面沉陷监测技术流程

考虑到 L 波段的 SAR 数据更适宜于研究平原地区的地面沉降，而钱营孜煤矿是位于平原地带的新开采煤矿，因此 SAR 数据选择了近期的两景 L 波段的覆盖矿区范围的 ALOS PALSAR 的数据，影像的分辨率为 10 m，见图 8-4。这两景影像的获取时间均在冬季，可以较好地消除由于植被变化带来的失相关影响。所用 SAR 数据的影像信息见表 8-1。

表 8-1　SAR 影像信息

SAR 系统	时间	中心经纬度	水平基线距/m	垂直基线距/m	时间基线/d
ALOS PALSAR	2010-01-13	33.670°/116.939°	0	0	0
ALOS PALSAR	2010-02-28	33.667°/116.948°	449.5	606.2	46

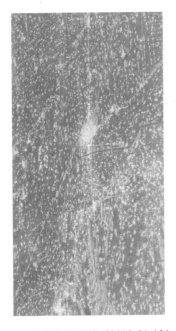 

ALPSRP211590660（2010-01-13）　　　　ALPSRP218300660（2010-02-28）

图 8-4　钱营孜 SAR 原始影像图（ALOS PALSAR CEOS Level 1.1）

　　DEM 数据采用 SRTM-3 数据，该数据在我国境内的分辨率为 90 m，平原地区绝对高程精度优于 5 m，可以满足两轨法差分干涉测量的 DEM 要求。由于 SAR 影像覆盖面积为东经 33.36°～34°，北纬 116.5°～117.38°，故收集了 N33E116.hgt，N33E117.hgt 两景 SRTM-3 DEM 数据作为外部 DEM，覆盖了从北纬 33°～34°，东经 116°～118°的范围。

　　图 8-5 显示了 2 幅 SRTM-3 DEM 数据。

 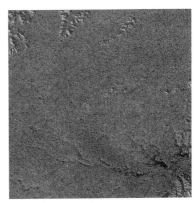

N33E116　　　　　　　　　　　　　　N33E117

图 8-5　DEM 原始影像图（钱营孜）

处理软件采用瑞士 GAMMA 干涉雷达影像处理软件，采用"二轨法"进行差分干涉处理，两轨法差分干涉测量技术使用 DEM 模拟的地形相位和 InSAR 形变影像对的干涉条纹图，将两者进行差分处理后获得地面沉陷信息，如彩图 5 所示就是这种方法的数据处理流程。

（三）二轨差分干涉数据处理过程

将 2010 年 1 月 13 日的 ALPSRP211590660 影像和 2010 年 2 月 28 日的 ALPSRP218300660 组成形变影像对，监测钱营孜煤矿 46 天内的地面沉陷信息。

1. 影像配准

（1）SAR 影像配准

影像配准的关键是计算两幅 SAR 影像的偏移量。一般可以分为粗配准和精配准 2 个步骤，对应的是初始偏移量估计和偏移量多项式的精确估计。一旦偏移量方程确定，SLC 图像就可以进行配准了。

（2）初始偏移量估计

配准的偏移量可以认为是在方位向和距离向上的双线性方程，可以通过强度图的交叉相关得到，也可以通过条纹可见度的优化得到。

文中采用基于图像强度交叉相关的方法，通过自动估计得到初始偏移量。

（3）偏移量多项式的精确估计

有 2 种方法精确估计距离向和方位向的偏移量多项式，使配准精度达到子像元级别。一种是基于 SAR 影像的幅度（强度）信息方法，具有较高的计算效率，在处理中设定窗口为 64*64，方位向和距离向采样样本数均为 32；另一种是基于复数数据相干性最大化的方法，试验中设定窗口为 16*16，方位向和距离向采样样本数均为 16。

最终获得配准多项式的参数如表 8-2 所示。

表 8-2　配准偏移量多项式参数列表

距离向	−88.3	−0.000 84	−0.000 053	0	0	0
方位向	197.35	0.002 95	−0.000 014	0	0	0

配准精度在方位向为 0.1 337 个像元，距离向为 0.1 223 个像元，达到了优于 0.2 个像元的要求。配准后影像对的效果图如图 8-6 所示。

2. 生成干涉图

配准完成后可以直接计算干涉图和配准后的强度图。

①在距离向和方位向分别进行带通滤波。

②两幅图像复共轭相乘，生成干涉图，如图 8-7 所示。

干涉图计算的时候，距离向和方位向进行了多视处理，多视处理可以降低后续相位解缠处理中的计算机硬件要求，同时距离向的多视可以提高形变监测的灵敏度，这里采用距离向 2 视，方位向 3 视进行多视处理。

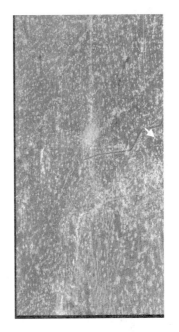

2010-01-13　　　　　　　　　　　　2010-02-28

图 8-6　配准后 SAR 影像对照图（钱营孜）

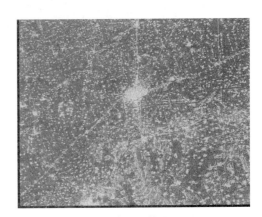

图 8-7　干涉图（左图是相位图，右图是联合后向散射强度的相位图）

3. 干涉图优化

（1）干涉基线估计

本书首先根据 2 幅 SAR 影像的轨道参数信息计算基线量，SLC 影像参数文件中给出了 PALSAR 的轨道参数；作为纠正，使用 FFT 方法从归一化干涉图的条纹频率中估计精密基线量。

（2）去除平地相位

采用估计的精密基线垂直和平行分量通过去平地效应，将参考面（平地）相位从干涉相位中减去，去除平地相位后影像中规则排布的平行相位将消失。

（3）相干系数的估计

从去平地效应后的干涉图中计算相干系数。本书中采用 5*5 窗口，高斯权重函数。此相干图将应用于干涉图的相位解缠，也用来评价干涉图滤波效果。

（4）干涉相位滤波

根据前文中对干涉图滤波方法的分析，此处采用基于条纹频谱的 Goldstein 自适应滤波器对干涉相位图进行噪声抑制，减少噪声相位对形变监测结果的影响。同时生成滤波后干涉图的相干系数，以此判断滤波效果的好坏。

彩图 7 和彩图 8 分别给出了去平地效应后和滤波后的干涉条纹图的效果。

4．相位解缠

以相干系数为权，采用基于 TIN 的最小费用流（MCF）方法结合自适应插值对干涉相位进行相位解缠。

（1）低相干区掩膜

通过对由噪声造成的低相干区进行掩膜生成有效相位解缠的掩膜文件。使用前面生成的相干系数图作为掩膜指标文件，把相干值小于 0.25 的像元在输出的栅格文件中设置成不参与相位解缠。

（2）自适应有效相位解缠掩膜的样本缩减

根据影像中不同区域的相位噪声的变化情况，自适应地减少有效相位解缠掩膜的像元样本点。在相位变化较低的区域进行稀疏采样，从而增加相位解缠算法的计算效率。

这 2 步均是可选项，一般只有在相位噪声非常高的情况下才使用。

（3）使用最小费用流（MCF）和 TIN 在高质量区域进行相位解缠

在相位解缠时，为降低处理平台的计算强度和加快解缠速度，可以采用分块的方式进行相位解缠，本书将影像分成 4 块进行解缠。

（4）使用自适应权重插值生成解缠相位模型

由于低质量区的存在，经过初步相位解缠后的相位图存在着大量的断裂，可以采用自适应大小的窗口对这些断裂区进行插值运算进行填充，这些插值的相位近似于实际解缠后的相位，可以用来当做解缠低质量区缠绕相位的模板。

（5）使用解缠相位模型进行相位解缠

彩图 9 是经过相位解缠后干涉图，除了影像中下方的山区内部（设置掩膜文件时未将其纳入解缠范围），大部分地区的相位成功解缠，未成功解缠的山区部分远离研究目标区，故不构成影响。

5．两轨法相位差分

（1）DEM 数据的处理

包括 DEM 基准、椭球和地图投影的定义，DEM 缺失数据的改正，2 幅 DEM 数据的拼接，研究区域的裁剪等工作。图 8-8 是裁剪后的钱营孜矿区 DEM。

（2）模拟地形相位

为了模拟地形相位，需要将 DEM 数据在 SAR 坐标结构表示出来，这需要建立两者间的查找表，完成 DEM 与 SAR 影像的精确配准，将 DEM 重采样为缠绕的模拟地形相位。彩图 10 是由 DEM 模拟得到的地形相位示意图。

（3）模拟相位的解缠与优化

利用基线模型和 SAR 主影像的参数信息模拟解缠地形相位，并采用最小二乘拟合方法优化模拟的解缠地形相位和真实的解缠相位的缩放因子。

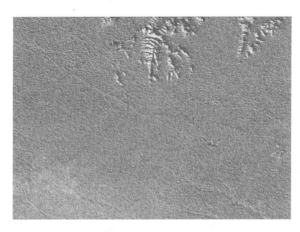

图 8-8　裁剪后钱营孜矿区 DEM 影像图

（4）相位差分

解缠后的模拟地形相位和前面生成的 InSAR 干涉相位差分生成仅包含形变信息的差分相位图。由于实验区位于平原地带，地形起伏很小，研究中由 DEM 误差引入的相位误差可被忽略。彩图 11 是联合强度图的差分相位的示意图。

（5）生成沉降图

为了从差分相位图中获得沉降图，需要将其转换到垂直方向的位移量图。在彩图 12 中给出了沉降图及其联合后向散射图后的示意图。

6．地理编码

（1）首先得到初始的地理编码查找表（地图坐标系到距离－多普勒坐标系），以及基于 DEM 和 SAR 成像几何关系、模拟地图坐标系下的 SAR 强度图。

（2）将模拟的 SAR 强度图从地图坐标重采样到距离－多普勒 SAR 坐标系下，以便进行基于初始地理编码查找表的前向转换。

（3）模拟的强度图和实际的 SAR 图像强度图之间的精确配准，获得的偏移量配准多项式将用于改进地理编码查找表。

最终改进的查找表用于 SAR 坐标系到地图坐标系之间的后向地理编码和地图坐标系到 SAR 坐标系之间的前向地理编码。

彩图 13 给出了地理编码后的沉降图及其联合后向散射图后的示意图。

（四）钱营孜煤矿沉陷监测结果分析

根据钱营孜矿区的地理位置裁剪得到矿区范围内沉降图。

从彩图 14 的矿区沉降图可以清楚地发现，在 2010 年 1 月 13 日到 2 月 28 日这一监测时间段内，钱营孜矿区的某一区域有着明显的地面沉陷（图中亮黄色椭圆形区域）。

彩图 15 是联合雷达后向散射图并与钱营孜矿区图进行过配准叠加后的矿区地面沉陷信息图，从中可知彩图 14 中的沉陷范围区位于矿区开采中的工作面的北半部分正上方。

将沉降量绘制成沉陷等值线图，并与矿区地形图进行匹配，图 8-9 是叠加钱营孜开采工作面后的下沉等值线图，D-InSAR 监测到的 2010 年 1 月 13 日到 2 月 28 日这段时间的沉降范围为开采工作面北部及其影响到的区域，核心沉陷区位于 3212 工作面开采区的正上方，沉降中心位于小杨家南部（时间段内的开采区域），最大沉降量值达到 496.9 mm，超过 220 mm 的沉陷场位于小杨家和大岳家之间，20 mm 沉降范围涵盖小杨庄、大岳家、小吴家、范家、小岳家等多个村庄的区域。

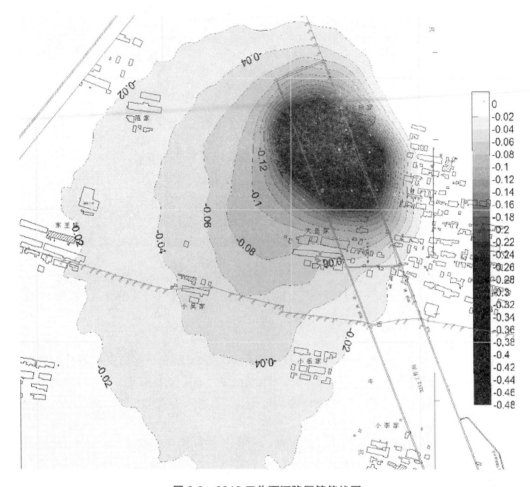

图 8-9　3212 工作面沉降区等值线图

钱营孜矿区在开采工作面（3212 工作面）的上方建有地表移动观测站，图 8-10 是钱营孜煤矿在 3212 工作面上方布设的形变监测观测站的平面分布图。观测站坐标均为 2 次独立测量的平均值。其中平面坐标采用 2 套 RTK 观测的均值；高程采用三等水准测量，路线高差闭合差为 4.0 mm（允许值为 =±15 mm），每公里高差中误差为±1.7 mm，符合规程和设计要求。

将地面监测到的 3212 工作面上方的沉降量与通过 InSAR 方法监测所得到的沉降量进行对比，表 8-3 是地面实测沉降量与 D-InSAR 监测结果的对比分析表，同时计算出了两者的误差值。

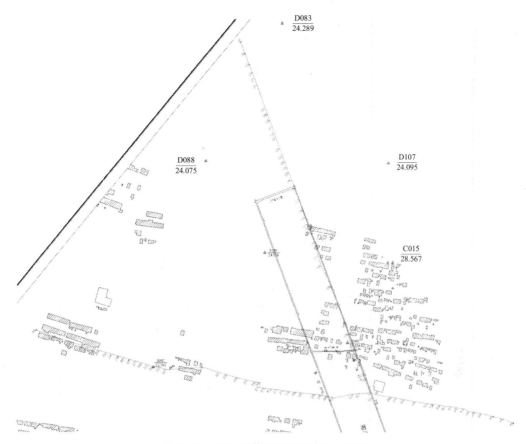

图 8-10　3212 工作面观测站布设平面图

表 8-3　地面常规监测沉降量与 InSAR 监测结果对比列表

点号	地面监测沉降量/m	InSAR 监测沉降量/m	误差/m
Z	−0.005	−0.001	0.004
102	−0.008	−0.005	0.003
103	−0.011	−0.015	0.004
104	−0.025	−0.020	0.005
105	−0.034	−0.032	0.002
106	−0.067	−0.060	0.007
107	−0.107	−0.105	0.002
108	−0.293	−0.314	0.021
109	−0.425	−0.401	0.024
110	−0.490	−0.466	0.024
111	−0.482	−0.455	0.027
112	−0.411	−0.391	0.020
113	−0.340	−0.324	0.016
114	−0.248	−0.238	0.010
115	−0.188	−0.179	0.009
116	−0.142	−0.137	0.005

点号	地面监测沉降量/m	InSAR 监测沉降量/m	误差/m
117	−0.093	−0.089	0.004
118	−0.061	−0.065	0.004
119	−0.043	−0.042	0.001
120	−0.035	−0.035	0.000
121	−0.030	−0.026	0.004
122	−0.024	−0.022	0.002
123	−0.020	−0.017	0.003
124	−0.018	−0.019	0.001
125	−0.015	−0.016	0.001
126	−0.014	−0.013	0.001
127	−0.005	−0.009	0.004
128	−0.005	−0.006	0.001
129	−0.003	−0.006	0.003
130	−0.003	−0.004	0.001
131	−0.004	−0.008	0.004
132	−0.001	−0.005	0.004
133	0.001	−0.005	0.006
K3	−0.001	−0.004	0.003
K2	0	−0.006	0.006
K1	0.002	−0.002	0.004

将试验中获取的地表沉陷量与相同时期地面监测站监测到的形变量进行对比分析，对比结果如图 8-11 所示。将实地测量数据作为沉陷真值，则 D-InSAR 监测结果的最小误差为 1 mm，最大误差为 27 mm，并且绝大部分点误差保持在 10 mm 以内。两者的平均误差为 7 mm，中误差为 10 mm。

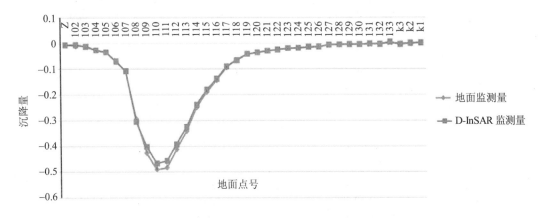

图 8-11 地面站监测数据与 D-InSAR 监测数据比较

在完成实验研究后，在钱营孜煤矿进行了实地考察。

D-InSAR 方法监测到沉陷信息与矿区观测到的沉降量相符合，表明该方法在钱营孜矿区进行沉降监测可行。

同时，在能够保证准确度的情况下，D-InSAR 还具有以下优势：常规监测方法监测到的是点位的沉降信息，而 D-InSAR 沉降监测方法可以得到整个面上的沉陷量，具备空间上的优势；无须布设控制点，使用 D-InSAR 监测方法与常规方法相比具备时间上的优势；另外，D-InSAR 技术节省了大量的人力资源并且更为经济。

二、淮南矿区

（一）淮南矿区概况

淮南矿区地处东经 116°21′～117°12′，北纬 32°32′～33°01′，位于安徽省中北部，横跨淮南和阜阳两市，以淮南市为主体，东西长约 100 km²，南北宽度 20～30 km²，面积 2 500 km²。淮南矿区地理位置图如图 8-12 所示。

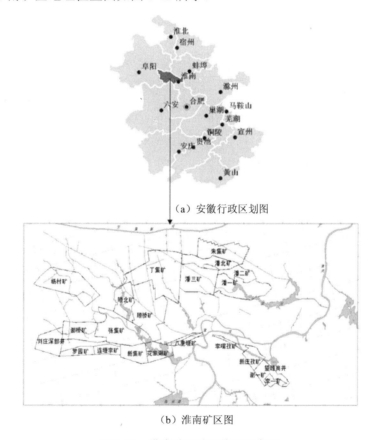

（a）安徽行政区划图

（b）淮南矿区图

图 8-12　淮南矿区地理位置示意图

淮南矿业集团各矿分别分布在淮河南北，淮河以南主要包括：新庄孜矿、谢一矿、李一矿、李嘴孜矿；淮河以北，从东到西，依次分布着潘一矿、潘二矿、潘北矿、潘三矿、朱集矿、丁集矿、顾桥矿、顾北矿、花园湖矿、张集矿、新集矿、谢桥矿和杨村矿等煤矿，另外，在潘一矿以东为后备资源区。本节主要将淮河以北从潘一矿到谢桥矿的煤矿区作为沉陷监测研究的范围。

淮南矿区地处淮河流域，主要水域有淮河、东淝河、泥河、架河、窑河、茨淮新河、石涧湖、胡大涧以及采煤塌陷区积水而成的湖泊等。境内河流水源主要靠上游补给，其次是自然降水提供。境内地下水资源丰富，降水量适中，无霜期长，适宜于多种粮食作物的种植和植被生长，植被覆盖较为密集。

矿区内地形以平原为主，间杂有丘陵分布。淮河由西而东贯穿矿区，在淮河两侧分布有河谷平原，地势低平，海拔 16～20 m。淮河以北为地势平坦的淮北平原，地势由西北向东南微微倾斜，海拔 2～24 m。平原坡度在 2°以下。淮河以南为丘陵，属江淮丘陵组成部分，分别为上窑山、舜耕山和八公山，海拔一般在 100 m 以上，环绕着丘陵的斜坡坡度在 10°左右，淮南矿区经过多年开采，地表出现了不同程度的沉降。

（二）淮南矿区开采沉陷 D-InSAR 监测

本小节采用 ALOS PALSAR 数据，利用两轨法差分干涉测量的方法对淮南矿区特定时间段内的地面沉降信息进行了监测。

1．数据选择

收集了淮南矿区的三景 ALOS PALSAR Level 1.0 CEOS 格式的 SAR 影像数据，表 8-4 是它们的主要参数信息。

表 8-4　淮南矿区 SAR 数据信息列表

景号	时间	格式	级别	模式	中心经纬度	轨道号
ALPSRP053030640	2007/01/22	CEOS	Level 1.0	FBS	32.687/116.590	5303
ALPSRP100000640	2007/12/10	CEOS	Level 1.0	FBS	32.673/116.627	10000
ALPSRP106710640	2008/01/25	CEOS	Level 1.0	FBS	32.692/116.628	10671

由于收集到的淮南矿区 SAR 影像覆盖东经 116°15′～117°11′，北纬 32°24′～33°5′的范围，故收集了 N32E116.hgt、N32E117.hgt、N33E116.hgt、N33E117.hgt 4 景 SRTM-3 DEM 数据，能够覆盖北纬 32°～34°，东经 116°～118°。图 8-13 是这 4 幅 SRTM-3 DEM 数据的示意图。

N33E116

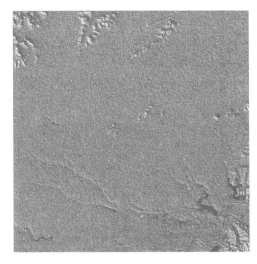

N33E117

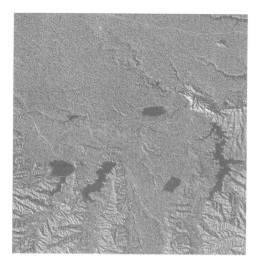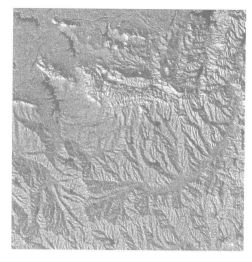

N32E116　　　　　　　　　　　　　　　　N32E117

图 8-13　淮南 DEM 原始影像图（SRTM-3）

2．PALSAR 数据预处理

PALSAR RAW 数据是原始 SAR 信号数据，不能直接使用它进行干涉处理，需要首先生成单视复影像。从 RAW 格式的源数据中可以生成单视复影像（SLC）和后向散射强度图（MLI），前者包含相位信息，可以应用于 D-InSAR，后者可以进行地物目标的识别与提取。

图 8-14、图 8-15 是生成的单视复影像（SLC）和多视后向散射强度图（MLI），表 8-5 给出了 SAR 影像对应的地理坐标信息。图 8-16 是地理编码后的淮南矿区 SAR 影像。

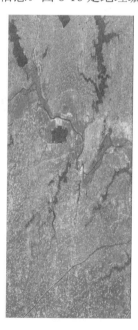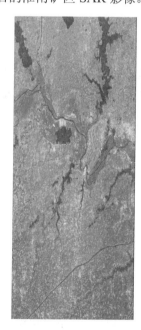

ALPSRP053030640　　　　　ALPSRP100000640　　　　　ALPSRP106710640

图 8-14　淮南 SAR 单视复影像图（SLC）

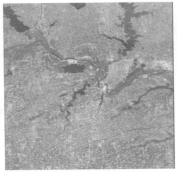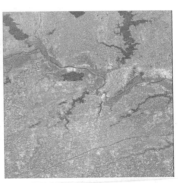

ALPSRP053030640　　　　　ALPSRP100000640　　　　　ALPSRP106710640

图 8-15　SAR 后向散射强度影像图（MLI：距离向单视，方位向 3 视）

表 8-5　淮南 SAR 影像覆盖地理位置

	2007-01-22		2007-12-10		2008-01-25	
	纬度	经度	纬度	经度	纬度	经度
左上角	33.02°	116.15°	33.01°	116.18°	33.05°	116.18°
右上角	33.13°	116.91°	33.13°	116.94°	33.13°	116.95°
左下角	32.24°	116.32°	32.24°	116.35°	32.24°	116.35°
右下角	32.36°	117.07°	32.36°	117.10°	32.36°	117.11°

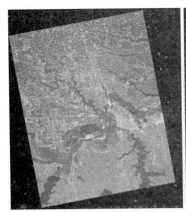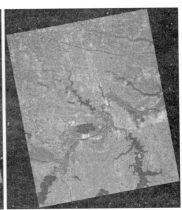

ALPSRP053030640　　　　　ALPSRP100000640　　　　　ALPSRP106710640

图 8-16　地理编码后的淮南矿区 SAR 影像

　　对于收集到的淮南矿区三景 SAR 影像，采用两轨差分理论上将有 3 种组合方式，但这要考虑影像对的垂直基线，在理论上使用三景重轨影像可以进行三轨法差分，但要看短时相影像的时间基线和相干性。故分析三景影像的时间和空间基线，主要是垂直基线。表 8-6 列出了 SAR 影像对的基线信息。

表 8-6　SAR 影像对的基线信息列表

	2007 年 1 月 22 日 ALPSRP053030640	2007 年 12 月 10 日 ALPSRP100000640	2008 年 1 月 25 日 ALPSRP106710640
2007 年 1 月 22 日 ALPSRP053030640	—	水平基线：61 垂直基线：3 296	水平基线：158 垂直基线：3 838
2007 年 12 月 10 日 ALPSRP100000640		—	水平基线：107 垂直基线：523

　　由于 2007 年 1 月 22 日的 ALPSRP053030640 影像与后两景影像的垂直基线过长，均大于 3 000，故选择 2007 年 12 月 10 日的 ALPSRP100000640 和 2008 年 1 月 25 日的 ALPSRP106710640 进行两轨差分干涉处理。

　　3. 差分干涉处理

　　将淮南矿区 2007 年 12 月 10 日的 ALPSRP100000640 作为主影像，将 2008 年 1 月 25 日的 ALPSRP106710640 作为从影像，利用两轨法差分干涉测量技术对淮南矿区间隔 46 天的地面沉陷信息进行监测。

　　差分干涉测量的具体处理过程如下。

　　步骤一：生成干涉相位图。

　　以 2007 年 12 月 10 日的影像为主影像，2008 年 1 月 25 日的影像为从影像，进行干涉处理。两景 SLC 影像经过粗配准、精配准和干涉处理，得到干涉相位图。图 8-17 是 2 幅影像配准后的示意图，图 8-18 是干涉处理后的结果。

　　步骤二：对干涉图去平、滤波、相位解缠。

　　采用精密轨道数据和估计基线通过去平地效应处理，去除参考面相位；采用基于条纹频谱的 Goldstein 自适应滤波器对干涉相位图进行噪声抑制，减少噪声相位对形变监测结果的影响；采用基于 TIN 的最小费用流方法，以相干系数为权，对干涉相位进行相位解缠。部分处理结果如彩图 16、彩图 17、彩图 18 所示。

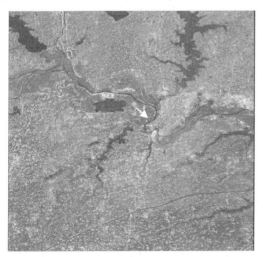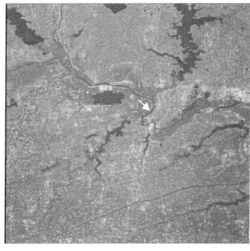

图 8-17　淮南矿区 2007-12-10、2008-01-25 影像对配准效果图

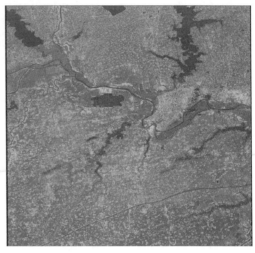

图 8-18　干涉图（左图是相位图，右图是联合后向散射强度的相位图）（淮南）

步骤三：两轨法差分，获得沉降图。

采用两轨法消除干涉相位中地形相位的影响。首先利用 SRTM3 DEM 数据模拟解缠后的地形相位，然后将之与经过相位解缠后的干涉相位图进行相位差分，获得形变信息，并将其转化为垂直地面方法的沉降图，对该沉降图进行地理编码后就完成了两轨法差分干涉测量监测地面沉降的数据处理工作。

彩图 19 是沉降图及其联合后向散射图后的示意图。在彩图 20 中给出了地理编码后的沉降图及其联合后向散射图后的示意图。

（三）淮南矿区沉陷监测结果分析

将提取的地面沉降信息图与淮南矿区的各矿的井田边界相叠加，如彩图 21 所示，彩图 22 显示了根据这些煤矿区的井田边界裁剪出的地面沉降图的示意图。从中可以判断出在 2007 年 12 月 10 日到 2008 年 1 月 25 日这段时间内淮南矿区的各矿均存在不同程度的地面沉陷，其中潘一矿、潘二矿、潘三矿、顾桥矿北部、顾北矿东部、张集矿、新集矿、花园湖矿、谢桥矿的地面沉陷比较明显，局部地区达到了 40 多 cm 甚至 50 cm，彩图 23 是淮河以北各主要矿区地面沉降值的分析结果。下面将主要对这几个矿的地面沉陷信息进行分析。

彩图 23（b）是利用 D-InSAR 技术监测获取的沉降图生成的下沉量等值线图，图像中青绿色或者蓝色的区域（斑点），清晰地标示了发生地面沉陷的区域和下沉程度，其中绿色区域沉降量在 10 cm 左右，青色区域沉降量在 20 cm 以上，蓝色区域沉降量在 30～40 cm，深绿色区域则在 40 cm 以上。监测到的淮南矿区最大地面沉降量值为 508.6 mm，发生在潘二和潘三、潘一矿区的结合部，另外在顾桥矿区，最大的沉降值也达到了 505.6 mm。

1. 谢桥矿

如彩图 24 所示，监测到在 2007 年 12 月 10 日至 2008 年 1 月 25 日，在谢桥矿范围内共有 5 处不同程度与大小的地面沉陷区域，在分析了谢桥矿井上下对照图后得知 5 处沉降均发生在开采工作面对应的区域。

分析彩图 24（b）可知分布在该矿西部地区的 3 处沉陷相比东部的 2 处沉陷，沉降量较大，从彩图 24（a）可知这 3 处沉陷均发生在椭圆或圆形的水体附近，且沉陷值较大，在 20cm 以上，边缘部分小于 10cm，中心的沉陷量均达到了 40cm；该矿东部的 2 处沉陷区域沉降量都不大，在 20cm 以下。监测到的谢桥矿的最大地面沉降值为 422mm，位于自西往东排布的第二个沉陷区的中心地区。

2. 张集矿

如彩图 25（a）所示，监测到在 2007 年 12 月 10 日至 2008 年 1 月 25 日，张集矿范围内有 5 处面积和沉降值均比较大的地面沉陷区。分析彩图 25（b）可知张集矿内的沉陷区均分布在类似椭圆或圆形的塌陷积水区附近，大部分沉降区域的下沉量小于 20cm，但也有下沉值超过 40cm 的区域，如图片最右端的沉陷区，张集矿最大地面沉降值为 400.9mm，位于该矿东部的沉陷区。

3. 顾桥矿和顾北矿

彩图 26（a）是顾桥矿和顾北矿部分相邻区域内的地面沉陷图及其下沉等值线图，东半部区域属于顾北矿，西半部区域属于顾桥矿。在彩图 26（a）中一共有 3 处沉陷区，这是在这 2 个矿范围内监测到的仅有的沉陷区域（2007 年 12 月 10 日至 2008 年 1 月 25 日）。

彩图 26（b）中左侧的沉陷区在顾北矿范围内，位于该矿的东北部，大部分沉降值在 10～30cm。彩图 26（b）中右侧的 2 处面积较小但沉降值较大的沉陷区位于顾桥矿西北角，其中上部的沉陷区濒临塌陷积水区，与顾北矿的沉陷区东西相对，沉降值在 10～35cm；下部的呈规则圆形分布的沉陷区，其中心区域的下沉值在 40 厘米以上，最大沉降值为 505.6mm。

4. 新集矿、花园湖矿

彩图 27（a）是新集矿和花园湖矿两者相邻区域内的地面沉陷图。

监测到在 2007 年 12 月 10 日至 2008 年 1 月 25 日，新集矿仅有一处沉陷区域，位于该矿的东南部，即彩图 27（b）下沉等值线图中左侧的那个沉陷区，其近似一个长轴为南北向的椭圆形，有南北 2 个沉陷中心，紧密相连，该沉陷区的下沉值在 20cm 以上，最大沉降值为 311.2mm，监测到的花园湖矿的沉陷区域较广，但沉降值绝大部分都小于 10cm。

5. 潘集矿（潘三、潘二、潘一矿）

如彩图 28（a）所示，监测到在 2007 年 12 月 10 日至 2008 年 1 月 25 日，在潘集矿范围内有多处不同程度与大小的地面沉陷区，其中轮廓清晰的多达 9 处。

从左往右排布，彩图 28（b）所示的下沉等值线图中左侧的 3 处沉陷区处于潘三矿范围内，沉降量在 10～30cm；中部的两处沉降很大的沉陷区处于潘二矿范围内，分别与潘三和潘一矿相邻，这 2 处的沉陷范围并不大，但中心沉陷区的下沉量均大于 40cm，彩图 28（b）最下方的那个沉陷区处于潘二矿范围内；剩下的图像右侧的 3 个沉陷区，上方的沉陷区处在潘北矿，余下的 2 个位于潘一矿，这 3 个沉陷区的下沉值都不大。

结合彩图 28（a）可知这些沉陷区均发生在原地面塌陷积水区附近。监测到的潘一、潘二、潘三矿的最大地面沉降值为 508.6mm，位于彩图 28（b）中间区域潘一、潘二交界的沉陷区的中心地区。

第二节 大同云岗矿沉陷形变监测

一、实验区

云岗井田位于山西省大同市西 18 km，云岗镇西。井田地理坐标为东经 113°3′14″～113°7′43″，北纬 40°4′18″～40°12′1″，井田南北长 13.11 km，东西宽 5.75 km，井田面积 59.000 3 km²，井田东与晋华宫井田、吴官屯井田及云岗石窟保护煤柱相邻，南与煤峪口井田、忻州窑井田相邻，西与姜家湾井田及大同市社队小窑区相邻，北与大同市北郊区小煤窑区相邻。

云岗井田交通方便，旧高山至大同的铁路支线及左云至大同的公路沿十里河通过本井田，在大同，北可接京包线，南可连北同蒲线，东去大秦线可通往全国各地，且井田内各村庄之间均有简易公路相通。

（一）地形地貌特征

云岗井田位于大同煤田北部，为低山丘陵区，井田内大部为黄土覆盖，植被稀少，十里河从井田中部通过，支沟呈羽状分布。十里河以北分水岭位于甘庄一带，其南部支沟流向十里河，以北支沟汇入淤泥河。十里河南部分水岭位于荣华皂一带，以北支沟汇入十里河，以南沟谷汇入忻州窑沟。井田内最高点位于北部为甘庄三角点，标高 1 339.10 m，最低点位于十里河下游 1 140.10 m，相对高差 199 m。

（二）水文

云岗地区属海河流域，永定河水系，桑干河支系，井田内最大的河流为十里河，由西向东横穿井田中部，十里河发源于井田西部左云县常凹村一带，经左云出小站进入大同平原，汇入御河，注入桑干河，河流全长 75.9 km，流域面积 1 185 km²，上游河床宽约 50 m，中游宽约 200 m，下游宽达 500～600 m，坡度 1‰～2‰，一般流量 0.5～2.0 m³/s，近 50 年最大洪峰 745 m³/s（1959 年 7 日 30 日），近几年，河流时有干枯。

（三）气候

云岗地区属高原地带，干旱大陆性气候，冬季严寒，夏季炎热，气候干燥，风沙严重。年降雨量分配极不均匀，暴雨强度大，多集中在 7 月、8 月、9 月 3 个月，约占年降水量的 60%～75%，年最大降水量为 628.3 mm，年最小降水量为 259.3 mm，最大日降水量为 79.90 mm。冻土月份为 11 月至第二年 4 月，最大冻土深度 1 610 mm。

二、实验数据

实验选用了从 2008 年 12 月 28 日至 2009 年 12 月 23 日的 11 景 ENVISAT ASAR 影像，

将 2009 年获取的 10 景影像全部配准到 2008 年 12 月 28 日的影像,目的是进行沉降图叠加时各个沉降值对应相同的点,按照二轨法将获取时间间隔 1 个月的影像两两差分共得到 10 幅干涉图,时间基线均为 35 天(ENVISAT ASAR 的一个重复访问周期),如表 8-7 所示。

表 8-7　ENVISAT ASAR 数据序列

序号	主影像	轨道号	副影像	轨道号	时间基线/d	垂直基线距/m
1	2008-12-28	35700	2009-02-01	36201	35	−283
2	2009-02-01	36201	2009-03-08	36702	35	663
3	2009-03-08	36702	2009-04-12	37203	35	−516
4	2009-04-12	37203	2009-05-17	37704	35	183
5	2009-05-17	37704	2009-06-21	38205	35	310
6	2009-06-21	38205	2009-07-26	38706	35	−374
7	2009-07-26	38706	2009-08-30	39207	35	369
8	2009-08-30	39207	2009-10-04	39708	35	−517
9	2009-10-04	39708	2009-11-08	40209	35	523
10	2009-11-08	40209	2009-12-13	40710	35	−820

DEM 选用美国宇航局喷气推进实验室提供的(JPL/NASA)SRTM 数据,该数据点的空间间隔为 90 m,高程相对精度优于 10 m,可以用于去除大部分地形相位。SRTM 数据每个文件覆盖一个经度和纬度的范围,每个影像块是 1 201 个像元宽和 1 201 个像元长,所有数据都是等角投影,短整型,大字节格式。

根据试验区范围选取 N39E112.dem、N39E113.dem、N40E112.dem、N40E113.dem 4 个 DEM,通过镶嵌后得到云岗区范围的 DEM,如图 8-19 所示。

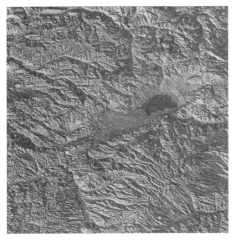

N39E112.dem

N39E113.dem

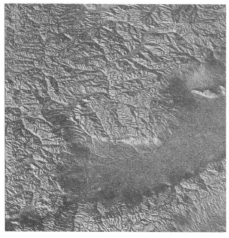
N40E112.dem

N40E113.dem

图 8-19　镶嵌后 DEM

三、云岗煤矿区地表沉降时空演化规律

基于 D-InSAR 二轨法监测方法，分别对云冈煤矿区 2008 年 12 月—2009 年 12 月共 11 景 InSAR 数据处理后得到 10 对沉降结果[80]，如彩图 29 所示。

试验结果表明 2008 年 12 月到 2009 年 12 月，沉降明显的有 A、B 2 个区域。

假设 A 区域有一煤矿开采工作面，为了监测地下采煤对地表的破坏需在工作面上方布设地表移动观测站（图 8-20），斜状矩形框为工作面，①②所示为工作面走向和倾向方向分别布置的 2 条观测线，观测点间距一般 25 m 左右。常规地表沉陷观测是通过水准测量的方法定期监测观测的高程变化，这种方法往往费时费力，得到的是点的沉降特性。本次试验选取彩图 29j 中 A 区域均匀分布的 47 个参考点，提取参考点 2008 年 12 月—2009 年 12 月 350 天间隔的形变值，基于时间和形变值两个参数建立参考点的形变非线性回归模型（公式 8.1）。

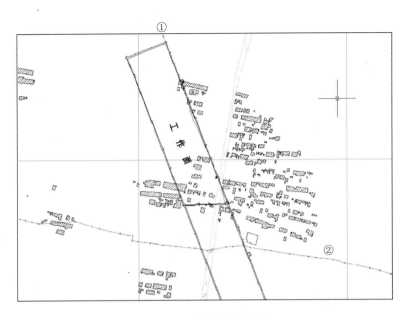

图 8-20 地表移动观测站

$$Y_t = a_0 + a_1 X_t + a_2 X_t^2 + a_3 X_t^3 + \mu_t \tag{8.1}$$

式中：Y_t——时间 t 间隔内的形变值，m；

X_t——时间，d；

a_0、a_1、a_2、a_3 和 μ_t——系数。

以时间为 X 轴，沉降形变值为 Y 轴，根据 A 区域部分参考点从 2008 年 12 月—2009 年 12 月的沉降非线性回归模型可以得到各点的沉降拟合曲线，进而通过各点的非线性回归模型可以反演任意时刻内该区域的下沉值，为分析整个区域的地面沉降场时空演化规律提供依据。彩图 30 是 A 区域自 2008 年 12 月到 2009 年 12 月 35 天、210 天和 350 天时间范围内的三维沉降图，为分析整个区域的地面沉降场时空演化规律提供依据。

第三节 澳大利亚 Westcliff 和 Appin 矿沉陷形变监测[75]

传统 DInSAR 技术容易受到各种误差源和失相关因素的影响，用高相干性的时间序列差分干涉图是较理想的非线性地表形变动态连续监测方法。

为了保证相干性，选择像对是一般选择短时间基线像对，因此 2 幅 SAR 图像获取期间沉陷范围相对较小，对于单个差分干涉图来说，可以假设干涉相位中不含大气效应误差。但是对于连续的 N 个差分干涉图来说，大气效应是一个必须考虑的误差源；此外，差分干涉图中还含有 DEM 误差。

因此，以提高传统 DInSAR 结果精度为目标，本节结合澳大利亚 Westcliff 和 Appin 矿沉陷形变监测，介绍一个基于时间序列差分干涉图的大气效应和 DEM 误差剔除方法，数据处理流程如图 8-21 所示。

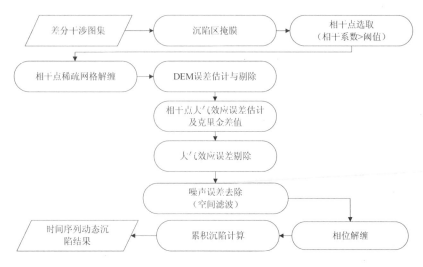

图 8-21　时间序列差分干涉图的误差剔除方法与数据处理流程

一、实验区与实验数据

如图 8-22 所示，所选实验区域位于澳大利亚东部新南威尔士州悉尼的 Gunnadah 盆地，其中坐落有 7 个煤矿：Tahmoor 煤矿、Appin 煤矿、Westcliff 煤矿、Metropolitan 煤矿、Berrima 煤矿、Dendrobium 煤矿以及 Gtjarat NRE No1 煤矿，本实验所选 ALOS PALSAR 影像覆盖其中的 Westcliff 煤矿和 Appin 煤矿。

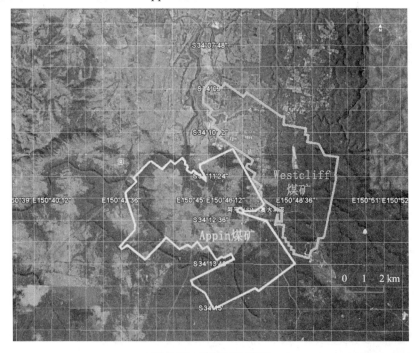

图 8-22　实验区示意图

如表 8-8 所示，验证实验共选用了从 2007 年 7 月 29 日至 2008 年 10 月 1 日的 10 景 ALOS PALSAR 影像，在 FBD 模式下获取的图像在距离向进行 2 倍的重采样来与 FBS 模式下获取的图像保持分辨率一致，总共生成了 9 幅干涉图，前 8 幅的时间基线都为 46 天 （ALOS PALSAR 的一个重复访问周期），最后一个干涉图的时间基线为 92 天。该实验中所用 DEM 为澳大利亚新南威尔士州土地部门提供的分辨率 25 m 的 DEM。

表 8-8 实验所用数据

	主影像 获取时间	模式	副影像 获取时间	模式	B_T/d	$B_\perp$/m
1	2007-06-29	FBD	2007-08-14	FBD	46	45
2	2007-08-14	FBD	2007-09-29	FBD	46	−501
3	2007-09-29	FBD	2007-11-14	FBS	46	−110
4	2007-11-14	FBS	2007-12-30	FBS	46	−735
5	2007-12-30	FBS	2008-02-14	FBS	46	24
6	2008-02-14	FBS	2008-03-31	FBS	46	629
7	2008-03-31	FBS	2008-05-16	FBD	46	39
8	2008-05-16	FBD	2008-07-01	FBS	46	2851
9	2008-07-01	FBS	2008-10-01	FBD	92	1788

二、数据处理与结果

从差分干涉图中去除轨道误差相位后，由于噪声误差在最后进行剔除，此时考虑如何去除差分干涉相位中的 DEM 误差相位和大气效应误差相位，本节中 DEM 误差相位和大气效应误差相位用类似 PSInSAR 的思想和方法来剔除，但是过程不同，具体如下[81]：

①沉陷区域掩膜。在 PSInSAR 中，首先从差分干涉相位中去除 DEM 误差和地表移动相位，然后用残余相位来估算大气效应误差。但是由于煤炭开采沉陷过程是非线性的，因此地表移动相位难以准确估计，如果用简单的线性模型来估算地表移动相位，会影响 DEM 误差的估算精度。为了解决这个问题，我们从不受开采沉陷影响的区域中选择相干点。具体方法是将工作面图投影到雷达坐标系中，然后根据干涉像对的获取时间和工作面的开采计划，选定主影像获取之前 1 年内开采过的工作面范围，在选取相干点时不在这些范围内识别相干点。在圈定相干点选取范围后，选取阈值，将剩余的像素中相干系数低于阈值的像素去除，剩下的像素的相位信息就可以用来剔除 DEM 误差和大气效应误差，详见彩图 31。

②差分干涉图中被选定的像素的相位假设基本是由 DEM 误差相位和大气效应误差相位组成，因此可以假设任意两点之间的相位差应该小于π，此时可以用最小费用流算法进行稀疏网格解缠。

在解缠后，每个像素的相位值都是与参考像素相位的差（如第四章中介绍的星形网），那么离参考像素越远的像素，其相位中所含的大气效应误差越大，不利于解算 DEM 误差。因此，按照 Delaunary 三角形构建不规则三角网，DEM 误差就可以从时间序列差分干涉图中最小二乘估计计算出来：

$$\begin{bmatrix} -\dfrac{4\pi}{\lambda}\dfrac{B^{1}_{\perp x_{1,2},y_{1,2}}}{R\sin\theta} \\ \vdots \\ -\dfrac{4\pi}{\lambda}\dfrac{B^{K}_{\perp x_{1,2},y_{1,2}}}{R\sin\theta} \end{bmatrix} \begin{bmatrix} \Delta h_{x_{1,2},y_{1,2}} \end{bmatrix} = \begin{bmatrix} \Delta\phi^{1}_{x_1,y_1}-\Delta\phi^{1}_{x_2,y_2} \\ \vdots \\ \Delta\phi^{K}_{x_1,y_1}-\Delta\phi^{K}_{x_2,y_2} \end{bmatrix} \tag{8.2}$$

式中：K——第 K 幅干涉图；

(x_1,y_1) 和 (x_2,y_2) ——像素雷达坐标（方位向和距离向）；

$\Delta h_{x_{1,2},y_{1,2}}$ ——两个像素间的 DEM 误差之差。

③在计算出 DEM 误差后，大气效应误差可以用如下公式计算：

$$\begin{bmatrix} \Delta\phi_{\mathrm{residual}\,x,y}^{1} \\ \vdots \\ \Delta\phi_{\mathrm{residual}\,x,y}^{K} \end{bmatrix} = \begin{bmatrix} 1 & -1 & & \\ & \ddots & \ddots & \\ & & 1 & -1 \end{bmatrix} \begin{bmatrix} \phi_{\mathrm{atm}\,x,y}^{t_0} \\ \vdots \\ \phi_{\mathrm{atm}\,x,y}^{t_K} \end{bmatrix} \tag{8.3}$$

式中：$\Delta\phi_{\mathrm{residual}\,x,y}^{k}$ ——第 K 幅差分干涉图中像素 (x,y) 的残余相位。

从公式（8.3）可以看出，此公式由于缺少已知量无法求解，此时可以选择一个受大气效应影响最小的差分干涉图作为参考来估算其他差分干涉图中的大气效应。因此，在用公式（8.3）计算之前，先对所有的差分干涉图进行相减，寻找出满足条件 $E\{\phi_{\mathrm{atm}}^{t_{k-1}}\}=E\{\phi_{\mathrm{atm}}^{t_k}\}=0$ 的第 K 差分干涉图。然后用公式（8.3）就可以计算出每幅差分干涉图中选定像素的大气效应误差，整幅差分干涉图中每个像素的大气效应可以用利用公式（8.3）计算的结果进行克里金插值来计算。

此时，差分干涉图中的 DEM 误差和大气效应误差全部被剔除，DEM 误差与大气效应误差剔除前后比较如彩图 32 和彩图 33。

在剔除了 DEM 误差和大气效应误差的干涉图中进行自适应滤波，就能剔除干涉相位中的噪声误差。

按照图 8-21 所述步骤对表 8-8 中的数据进行处理，在生成的所有差分干涉图中进行开采沉陷区域掩膜后，选取相干系数大于 0.5 的像素为相干点。从所有干涉图中去除 DEM 误差后，根据表 8-9 中的结果，第 8 幅差分干涉图的相位残余在 DEM 误差去除后被选为大气效应剔除时的参考干涉图。

表 8-9　相干点解缠相位 DEM 误差剔除前后比较

序号	DEM 误差剔除前	DEM 误差剔除后	变化比/%	垂直基线/m
1	1.47	1.45	1.0	45
2	0.69	0.61	12.7	−501
3	1.38	1.38	-0.1	−110
4	0.95	0.91	5.1	−735
5	2.16	2.15	0.6	24
6	3.02	2.61	15.7	629
7	1.25	1.25	0.1	39
8	2.83	0.52	439.3	2 851
9	2.12	1.59	33.1	1 788

三、结果分析与解译

如图 8-23 所示，其中①和②分别为 Westcliff 和 Appin 煤矿，⑤和④为对应的数据覆盖范围，③对应的表 8-9 中 SAR 影像的覆盖范围，从图中可以看出，这些 SAR 影像覆盖了 Westcliff 煤矿的左半部和大部分的 Appin 煤矿。

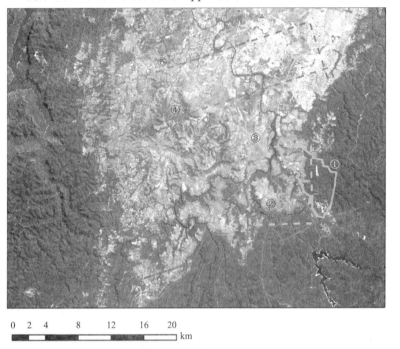

0　2　4　　8　　12　　16　　20
━━━━━━━━━━ km

图 8-23　SAR 影像覆盖范围与 Westcliff 及 Appin 煤矿位置关系

将结果与 Westcliff 煤矿和 Appin 煤矿开采工作面图叠加，即可得 Westcliff 煤矿和 Appin 煤矿在表 8-9 中图像获取时间内的沉陷动态发展情况，如彩图 34 所示。

由彩图 34 中可以看出，在此期间内，Westcliff 煤矿和 Appin 煤矿总共有 3 处明显的沉降区域，其中沉陷较严重的 1 个区域位于 Westcliff 煤矿，另外 2 个沉陷区域都位于 Appin 煤矿。Westcliff 煤矿沉陷区域对应的工作面为 LW32，如表 8-10 和图 8-24 所示。

表 8-10　Westcliff 煤矿 LW32 工作面相关参数

煤层倾角/（°）	开采方向	采深/m	煤厚/m	工作面宽度/m	工作面长度/m
2	W	470~540	2.2~2.8	305	3 222

从图 8-24 以及煤矿开采记录中可以看出，Westcliff 煤矿工作面 LW32 从 2007 年 2 月 17 日开始回采，但先期开采速度比较慢，直到 2007 年 4 月，工作面仅仅推进了 200 多 m。随后工作面开采速度加快到每周约 32~45 m。2007 年 10 月、11 月和 12 月工作面开采距离分别为 253 m、167 m 和 153 m，2008 年 1 月推进进度为 223 m，到 2008 年 2 月中旬，离工作面 LW32 停采线还剩 700 m，并于 2008 年 6 月全部开采完毕。

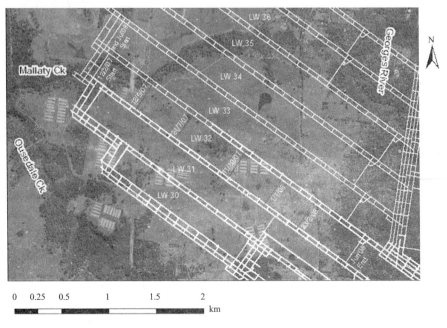

图 8-24　工作面 LW32 开采进度

　　将工作面推进进度与图 8-23 的结果相比较可以发现，地表沉陷与地下开采位置和进度是基本吻合的，为了进一步量化分析工作面 LW32 开采导致的地表沉陷情况，按照彩图 35 所示的沿煤层走向和倾向选取的观测线 L-L′ 和 T-T′ 分析彩图 36 和彩图 37 中地表动态沉陷规律。

　　观测线 L-L′ 和 T-T′ 上的像素在时间序列上的动态沉陷过程如彩图 35 和彩图 36 所示，从剖面图上可以直接量取超前影响角和超前影响距。

　　从彩图 36 可以看到，沿倾向的地表移动并不完全对称，而是偏向 T 点一侧，出现这样现象可能的原因有 2 个：①该区域的沉陷受到偏 T 点一侧已开采结束的工作面 LW30 和 LW3 的影响；②此处假设视线方向的移动量等同于地表在垂直方向的沉降，现实情况中地表雷达视线方向移动的值还受到地表沿水平方向移动的影响。

　　从彩图 37 可以看出，2007 年 8 月 14 日至 12 月 30 日的 3 个雷达观测周期内的地表沉降速度很快，每 46 天内最大下沉点的下沉值分别大约为 0.29 m、0.2 m 和 0.1 m。从 2007 年底开始，最大下沉值没有太大变化，但是沉降范围一直随着工作面的推进而扩大，在所有 SAR 影像获取间隔 1 年零 1 个半月的时间内，开采沉陷的走向影响范围研究达到约 3.3 km。

　　比较分析可以发现，2007 年 8 月 14 日至 9 月 29 日在走向和倾向上的沉降量相差很大，这主要是因为沿倾向的观测线布置在工作面的中间，在此时间段倾向观测线对应地表位置刚受到开采沉陷的影响，处于沉陷区域的边缘。

四、GPS 监测数据验证 DInSAR 结果

　　为了验证评估实验结果的精度，将 DInSAR 结果与 GPS 监测结果进行比较。GPS 观测点分布如彩图 38 所示，沿工作面走向方向有 21 个观测点，沿倾向方向有 15 个观测点，

GPS 观测时间与雷达影像获取时间相比较，选择将 GPS 数据与 2007 年 6 月 29 日至 2008 年 2 月 14 日的 DInSAR 结果进行比较。

由于 DInSAR 结果是沿视线方向的形变量，在比较之前，将 GPS 观测结果按照入射角和飞行方位角投影到视线方向：

$$\begin{bmatrix} \cos(\theta) & -\sin(\theta)\cos(\alpha) & \sin(\theta)\sin(\alpha) \end{bmatrix} \begin{bmatrix} D_V \\ D_E \\ D_N \end{bmatrix} = \Delta R \tag{8.4}$$

式中：D_V、D_E、D_N——GPS 观测点分别在垂直、东西、南北方向的移动量，其中水平方向移动值以东和北为正方向；

　　　　θ——入射角；

　　　　α——雷达飞行方向方位角。

图 8-25 为点 LO01、LO10、LO21 和 LA06 的 GPS 结果与 DInSAR 结果比较，从图中可以看出，GPS 监测结果与 DInSAR 结果大致是吻合的，两者之间的误差最大值为 45 mm，两者之间的平均误差为 12 mm，标准差为 8 mm，由于 GPS 测量形变的精度比 DInSAR 高，因此两者之间存在标准差为 8 mm 的误差是合理的，说明 DInSAR 结果基本是准确的，但是其精度只能保证厘米级，比 GPS 结果的毫米级精度低。

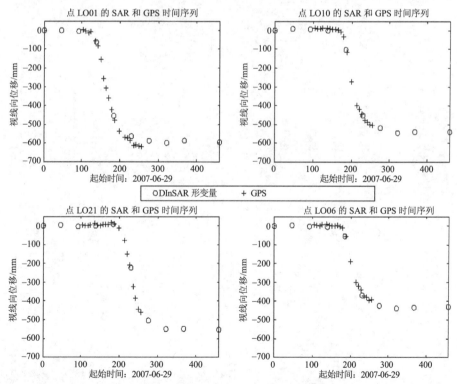

图 8-25　点 LO01，LO10，LO21 和 LA06 的 GPS 观测值与 DInSAR 结果比较

注：圆圈为 DInSAR 结果，加号为 GPS 结果。

第三部分
广适应开采沉陷预测模型

第九章　相似材料模型原理及模型设计

第一节　相似材料模型原理[9]

　　由于矿山岩体是一种属性极其复杂的复合介质，因此开采引起的岩层和地表移动也是一个极其复杂的力学过程。在采动影响下，岩体中的不同部位、不同时刻可能发生着不同性质的变形现象，而这些现象形成的过程又具有不可见、不可接触性，为理论研究和实际观测带来了很大的困难。同时，在矿山真实条件下研究，不仅历时长，而且费用高、工作量大，有时对开采参数、工艺、开采顺序的改变很有限，测试手段和观测方法也常常受到限制。因此，通过在实验室采用相似材料模拟实验手段来再现矿山开采的过程，成为人们研究其内在规律的一种重要手段。在相似材料模拟实验研究中，可以针对研究的目的，突出主要参数的影响作用，能够在较短时间内从一定程度上全面地了解采矿工程中的力学过程和变形形态，为解决实际工程问题提供依据，并可以结合理论与实测参数得到原型的普遍规律和变形机理。由此可见，相似材料模拟实验具有适应性强、直观和灵活等特点，是研究人员经常采用的研究手段[82]。

　　开采沉陷的模拟研究方法，是把岩体抽象、简化成某种理论的或物理的模型，对模型中的煤层模拟实际情况进行"开采"，通过计算（理论模型）或观测（物理模型）模型中岩体由于开采引起的移动和变形，来研究开采沉陷规律或解决与开采沉陷有关的实际工程问题的一种方法。

　　相似材料模拟实验属于物理模拟实验，该实验用于模拟岩层移动最早开始于原苏联，20 世纪 50 年代引入我国。该实验根据相似性原理把岩层原型按照一定比例缩小利用相似材料做成模型。对模型中的煤层按照时间比例开采，通过变形监测手段获取模型上目标点的位移量，然后将其换算为实际值，通过分析该值的变化规律来分析地表和岩层移动机理。

　　要使模型系统和原型系统相似，主要体现在以下 3 类相似：

　　①几何相似

　　几何相似要求模型与原型的几何形状相似，即要求二者的长、宽、高保持一定比例，即：

$$a_1 = l / L \tag{9.1}$$

式中：a_1——模型比例尺；

　　　l——模型的长度；

　　　L——原型的长度。

　　作为开采沉陷的相似材料模拟，a_1 一般取 $1/200 \sim 1/100$。

②运动学相似

运动学相似要求模型与原型中各个对应点运动相似，运动时间保持一定比例，即：

$$a_t = t / T \qquad (9.2)$$

式中：a_t—— 时间比例；

　　　t—— 模型中各个对应点完成相似运动所需的时间；

　　　T—— 原型中各点完成相似运动所需的时间。

时间比例尺和几何比例尺的近似关系如下：

$$a_t = \sqrt{a_l} \qquad (9.3)$$

③动力学相似

动力学相似要求模型与原型间所有作用力都保持相似，即满足如下条件：

$$R_M = \frac{l_M}{l_H} \cdot \frac{r_M}{r_H} \cdot R_H \qquad (9.4)$$

式中：R_M——相似材料模型的力学性质；

　　　R_H——原型的力学性质；

　　　r_M——相似材料模型的重度；

　　　r_H——原型的重度；

　　　l_M——相似材料模型的几何因子；

　　　l_H——原型的几何因子。

第二节　模型设计

在煤炭井工开采的地表沉陷监测预计及生态环境损害累积效应研究项目中，需要建立一系列的相似材料模型，研究不同条件下（考虑地形变化、煤层倾角变化及煤层厚度变化等）地面沉陷规律和特点，从而建立沉陷预测预报一体化模型。试验共涉及 12 台相似材料模型，其中，基于煤层倾角变化的系列模型其煤层倾角范围为 0°～80°，每 10° 做 1 台模型，涉及 9 台相似材料模型；基于地形变化模型地面坡体倾角考虑三种情况：15°、30°和 45°，涉及 3 台相似材料模型。

对于这 12 台模型，根据目前我国常见的岩石类型并借鉴山东某矿区的地质条件来设计岩层及材料配比等。

一、制作模型的设备

制作模型的设备由模型架、倾斜护板、倾斜底板和角度调节器 3 部分组成。用于铺设煤层倾角变化的相似材料模型设备的各个部件由钢板或是槽钢焊接而成，组装时部件之间用螺栓连接。煤层倾角为 70° 的模型组装完成后的成品见图 9-1。

图 9-1 煤层倾角为 70° 的模型制作装置成品图

二、岩层设计

我国煤系地层主要以沉积岩为主，常见的岩石及其性质见表 9-1[82,83]。

表 9-1 我国煤矿区常见岩石及其抗压强度

岩石种类		单轴抗压强度 R_c/MPa
砂岩类	细砂岩	103.9～143
	中砂岩	85.7～133.3
	粗砂岩	56.8～123.5
	粉砂岩	36.3～54.9
砾岩类	砂砾岩	6.9～121.5
	砾岩	80.4～94
页岩类	砂质页岩	39.2～90.2
	页岩	18.6～39.2
灰岩类	石灰岩	52.9～157.8
煤	煤	4.9～49

根据目前我国常见的岩石类型并借鉴山东某矿区的地质条件，得到本次相似材料模型的岩层设计，见表 9-2。

表 9-2 相似材料模拟实验原型及设计

研究区域某矿实际围岩情况	厚度/m	试验设计围岩	厚度/m
表土	115.1	表土	20
泥质中砂岩（软弱）	86.1	砂泥岩（软弱）	50
细粉砂岩互层（中硬）	13.56	泥岩（软弱）	30
泥质粉砂岩（软弱）	4.14	砂质页岩（中硬）	14
细粉砂岩互层（中硬）	21.89	灰岩（坚硬）	4
砾岩（坚硬）	9.85	页岩（软弱）	22
粉砂岩（中硬）	11.54	砂砾岩（中硬）	10
细粉砂岩互层（中硬）	14.09	粉砂岩（中硬）	26
煤（软弱）	5.78	煤（软弱）	4

在设计过程中由于考虑到需要设计不同煤层倾角的模型，如果表土太厚，在煤层倾角变大的时候势必增加模型高度，这样将增加模型的制作难度和降低模型的稳定性，故将表土厚度降低；同时考虑到我国常见的岩石类型，将岩层的分布也做了适当调整。

三、材料配比

目前都是选用一种混合物作为制作模型的相似材料。相似材料混合物必须满足下列要求[9]：

①材料的某些力学性质与岩石相似；

②在模拟过程中材料的力学性能比较稳定；

③改变材料配比可使材料的力学性质变动范围较大；

④便于制作模型，凝固时间短；

⑤原料来源广泛，成本低廉。

相似材料混合物包括 2 方面的原料：填料（或称骨料）和胶结物，骨料是相似材料模型的主要成分，一般占材料总含量的 80% 左右，胶结物将骨料粘合在一起，方便成型。本实验中所使用的骨料为：干和沙（小于 200 目）、云母粉（100 目），为了提高模型的重度，在骨料中加入重晶石粉；本实验中所使用的胶结物为石膏和轻质碳酸钙。用水作为各种材料的混合剂，水的使用量占整个模型质量的 10%。考虑到模型制作需要一定的时间，为了减缓混合物中石膏的凝固时间，在水中加入硼砂作为缓凝剂。为了体现煤系地层的分层沉积效果，采用云母碎作为分层介质；为了体现表土层的松软，在表土层骨料中加入适量锯末；为了降低煤层的硬度方便模拟开采，在煤层的骨料中也加入适量锯末。

模型用料配比的计算要遵守相似模拟定理中的几何相似、运动学相似和动力学相似三大相似原理。在本实验中几何相似系数取 1：200；根据各种岩石实际的抗压强度便可以计算出模型材料的强度，然后将模型材料的强度和相似材料配比表[83]对照，查表求出各种材料的用料比例，相似材料模型材料配比结果见表 9-3。

表 9-3　相似材料模型材料配比

岩石类型	抗压强度		密度/（kg/m³）		查表所得：$R_{压}$/（N/cm²）	材料			胶结物	
	实际/MPa	模型/（N/cm²）	实际	模型		砂	云母粉	胶结物	石膏	碳酸钙
泥岩	12.7	3.74	2 550	1 500	3.67	80	17	3	3	7
砂泥岩	27.7	7.71	2 693	1 500	7.41	80	17	3	7	3
砂质页岩	37.2	10.61	2 630	1 500	10.12	71	23	6	3	7
页岩	20	5.66	2 650	1 500	5.20	80	18	2	7	3
灰岩	87.8	20.98	3 139	1 500	21.00	70	12	18	3	7
砂砾岩	54.7	15.84	2 590	1 500	15.53	71	23	6	5	5
粉砂岩	76.2	21.45	2 664	1 500	21.52	70	22	8	5	5
粗砂岩	91.2	26.82	2 550	1 500	26.06	74	16	10	5	5
砾岩	90.8	23.89	2 850	1 500	21.73	71	23	6	7	3

根据各个岩层的用料比例便可以计算出各种材料的实际用量。模型各个岩层由 1 cm 厚的相似材料叠加而成，每层之间撒上适当云母碎隔开。计算某层中各种类型材料的实际用量见公式 9.5：

$$M = 1.1\rho\,VC\,/100 \tag{9.5}$$

式中：M——某种材料的质量；

　　　ρ——模型的密度；

　　　V——某层相似材料的体积；

　　　C——该种材料所占的比例（见表 9-2）；

　　　1.1——材料的损失率。

注：当胶结物总质量计算完成之后，需要将其按照胶结物的成分比分成 2 部分，进一步计算出石膏、碳酸钙的含量。

公式 9.5 中 V 是未知量，需要提前计算得出。第 i 个层位的体积 V_i 的计算见公式 9.6[84]：

$$V_i = LT_{\mathrm{m}}\,T\,l \tag{9.6}$$

式中，T_{m} 表示模型的厚度，本实验为 30 cm，Tl 表示每层材料的厚度，本实验取 1 cm。

四、模型铺设

结合相似原理及试验原型区域特点，选择模拟模型和原型之间的相似系数为 1∶200。模型架长度设计为 3 m。模型架高 2 m，厚度为 0.3 m。根据设计覆岩情况以及模型比例，设计模型的层厚见表 9-4。

表 9-4　相似材料模拟实验设计岩层厚度

试验设计围岩	厚度/m	模型围岩	厚度/m
表土	20	表土	0.1
砂泥岩（软弱）	50	砂泥岩（软弱）	0.25
泥岩（软弱）	30	泥岩（软弱）	0.15
砂质页岩（中硬）	14	砂质页岩（中硬）	0.07
灰岩（坚硬）	4	灰岩（坚硬）	0.02
页岩（软弱）	22	页岩（软弱）	0.11
砂砾岩（中硬）	10	砂砾岩（中硬）	0.05
粉砂岩（中硬）	26	粉砂岩（中硬）	0.13
煤	4	煤	0.02

基于煤层倾角变化实验的目的在于排除岩石性质等其他条件的影响，得出不同煤层倾角对地表下沉的影响规律，根据该要求得出基于煤层倾角变化的系列模型的设计原则如下：

①煤层倾角范围取 0°、10°、20°、30°、40°、50°、60°、70°、80°，共设计 9 台

模型。

②每个模型采空区上方的岩石性质基本保持一致。

③各个模型的平均开采深度要保持一致。

根据该原则设计一系列相似材料模型，其中，水平煤层相似材料模型设计如图 9-2 所示，煤层倾角为 30°的模型设计如图 9-3 所示。

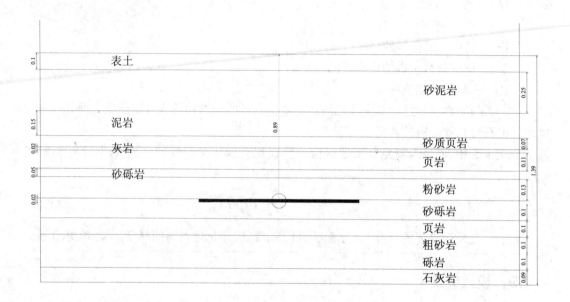

图 9-2　水平煤层相似材料模型设计

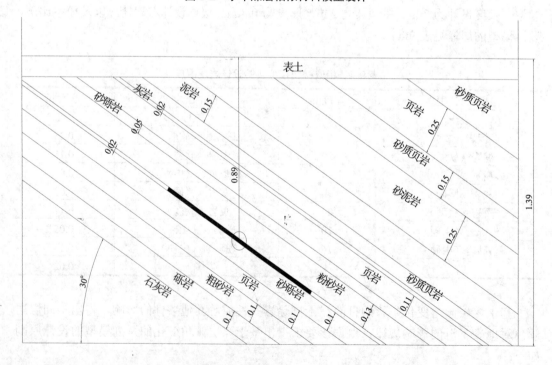

图 9-3　30°煤层相似材料模型设计

煤层倾角为 30º 的模型实际铺设如图 9-4 所示。

图 9-4 30º 煤层相似材料模型实际铺设

第十章　相似材料模型监测系统

第一节　相似材料模型观测手段

相似材料模型是实际矿山开采的岩层移动是缩微。模型上的形变是细微的形变，常规的测量仪器不能满足其高精度的测量需求。模型发生形变的时间间隔较短，观测周期短。模型形变和实地的岩层移动具有相似性，模型上点位移的距离和所用时间与实地的岩层移动成比例。相似材料模型形变观测和实地的观测站作用相同，都是通过测得变形值来研究岩层地表移动规律。相似材料模型变形观测是开展相似材料模型实验非常重要的环节，准确高精度变形数据的获取是实验成功的关键。

位移测量和裂缝形态变化是相似材料模型试验的主要观测内容，是进一步研究模型力学行为的基础[85]。

一、常规相似材料模型观测方法介绍

相似模拟方法由于它的特点和优点，而被广泛应用到煤矿开采沉陷相关问题的研究中，相似材料模型实验方法也在应用的推动下不断发展，由早期的平面应力模型发展到平面应变模型，进而发展到三维立体模型，由早期的仅可以进行定性实验逐渐发展到能在一定基础上进行定量研究[86]。根据实验目的的不同相似材料模拟的观测内容也各有所侧重，主要是对模型上某些点的位移进行测定，如岩层和地表的下沉、水平移动、巷道围岩的移动量、支架的压缩量等；必要时需要对模型的内力进行监测，如支撑压力、岩体松动区的应力等[87]。

应力、应变测试方法是将尺寸很小的电阻应变片贴、埋在模型表面或关心区域的内部，此外也可以将测定应力或应变的传感器埋设在模型内部或底部[87]，通过开采过程中对应力应变的监测来确定模型的变形情况。我国从 20 世纪 80 年代初就开始进行应力测试研究，此后，进行了平面模型中应力分布随深度变化的模拟研究[88]，在此基础上分析了影响随深度变化应力的主要因素[89]，侧面摩擦对平面模型的影响分析[90]，并研制出相似材料平面应变矿压模拟装置。近年来，郝迎吉[91]、柴敬[92]等进行了相似材料模型试验中围岩垂直应力测试的实验研究，使模型应力测试在一定条件下达到定量化分析，推进了模型试验的发展。

由于进行相似材料模拟时常采用脆性相似材料，线弹性变形阶段较短，而开采空间一定范围内的岩层的应力常超过其极限强度而出现塑性变形、发生碎裂以致垮落，因此在模型中测定其应力分布的难度较大，而位移及破坏形态的量测就更为重要[87]。对

模拟岩层的变形和位移，目前常用的位移和变形测量方法有百分表法、透镜法、摄影测量法等。

百分表法[86, 93]是相似模拟实验中最传统的一种方法，其测定精度可达±0.01 mm，可以满足目前所开展的各种比例试验测试的要求。一个百分表只能测定一个点在单个方向的位移，模型上不能布置较多测点，对模型侧面的位移监测困难，并且测点难以固定，量程受百分表行程的限制，难以自动检测，常被用作对特殊点的监测。

透镜法[9,84,87,93]可采用放大倍数为 20～80 倍的凸透镜进行直接观测，是目前岩移模型观测方法中采用最多且理论基础较系统的方法[94,95]。该方法所用设备简单，观测精度一般为±0.07 mm，一般条件下可满足实验要求。但该方法需手工量测记录，观测工作量大，当测点较多，特别是测点密度大时，透镜安置和测量困难，观测精度难以保证，观测数据不便于进行解析处理。此法也不能实现瞬时测量，不同测点的同一次观测位移值存在较大的时间差异，影响实测的准确性，不能适应动态移动变形观测。

摄影测量法[96]就是在实验过程中对模型上的测标进行系统拍照，通过摄影测量的理论方法，求解出测标的三维坐标，通过多次测量数据的比较，确定测标的移动变形情况。柴敬[93]把三维近景摄影测量技术应用到立体模型地表位移三维量测中，得出平面模型试验测量精度±0.025 mm，立体模型高程测量精度只能达到±0.1 mm 左右的结论；其优点是摄影相片是一种直观可靠的资料，可在任何时候进行检核；近景摄影可记录摄影瞬间所有监测点的移动情况，可满足动态测量的要求。杨化超[97]等利用高分辨率数字相机获取平面模型不同时刻的数字立体影像对，通过模型上布设的像控点和测点，利用直接线性变换提供的概略初值，由自检校光束法平差完成高精度的平差计算及相似材料模型的变形测量，测量精度达到了设计要求。大量的研究表明，利用非量测数码相机进行相似材料模型变形监测，测定精度可以满足矿山岩层和地表移动相似材料模型观测要求[98,134]。

除以上方法外，经纬仪观测法[99,100]、全站仪观测法[101]、图像自动测量[102,104]及三维激光扫描技术[105,106]也是可以采用的模型量测技术。

三维激光扫描技术是一种先进的全自动、非接触、高精度立体扫描技术，其突出特点是能采集观测目标海量的三维点云数据，通过建模和测量实现观测物体三维坐标的测量。该方法可以快速进行高密度空间三维数据的采集，还能建立详尽准确的三维立体影像，为后期数据处理提供准确的定量分析。杨帆等[85]首次将三维激光扫描技术应用到急倾斜煤层开采相似材料模拟实验中。何金[105,106]利用 TrimbleGX3D 三维激光扫描仪对开采沉陷相似材料模型进行分站整体扫描，分析比较了测点的拟合与建模两种三维坐标数据，得出精度较高的模型测点的变形规律。但三维激光扫描技术的测定精度仅为±1～2 mm。

传统的模型观测方法通常是物理测量或机械测量方法，存在观测装置或传感器安装麻烦、工作量大、采样点有限等缺点[85]。随着社会的发展，科技的进步和研究问题的深入，对模型试验数据采集的简单化、高效性及全面性要求越来越高。一种全面快速观测方法的引入显得尤为重要。

二、三维光学测量观测方法

三维光学测量技术[107,111]是一种通过光学手段获取物体三维空间信息（主要是物体表面三维形状信息）的方法和技术，已经成为人们认识客观世界的重要手段。三维光学测量分为接触式和非接触式两种，近年来，非接触测量方法因其不需要到达测量目标位置，应用范围广而成为研究的热点，目前主要的非接触三维光学测量方法有激光扫描法、结构光法、摄影测量法、光学传感器法、工业 CT 法[112]等。

激光扫描法[113,116]的显著特点是测量速度快，但扫描的精度往往要受到物体材料以及表面特性的影响，对于反光性较强的物体无法获得满意的测量效果。而且激光扫描系统的价格比较昂贵，不是一般用户可以承受的。

结构光法[116,121] 利用光学投射器向被测物表面投射一幅或多幅光模式，这些光模式具有特定的编码信息，当其经过被测物体轮廓时，物体高度信息的调制而使栅线发生畸变，畸变的栅线与基准栅线干涉得到云纹图，通过对云纹图的处理就可获得物体的三维信息。这类方法的优点是测量分辨率高、速度快，能够实现全场测量。

摄影测量法[121,125]就是利用对物体进行摄影所获得的相片来求解待测物体的空间坐标的方法。摄影测量法对被测物体上的采样点的测量精度很高，通用性高，是光学图像处理的最重要和最普遍的应用之一。目前，数字摄影测量技术（或称工业视觉测量技术）等由于其非接触的测量方法而受到格外重视。数字近景工业摄影测量是通过在不同的位置和方向对同一物体摄取 2 幅以上的 1 组数字图像，通过对图像的捆绑调整、图像处理匹配等处理及相关数学计算后得到待测点精确的三维坐标，其测量原理是三角形交会法，与经纬仪测量相同。其测量系统结构简单、操作性强，数据采集快速、成本较低、工作效率高，具有在线、实时三维测量的能力，适用于精密测量。

光学传感器法[121,126]是采用专门的光学传感器来对物体的表面进行测量。其测量原理是利用光学测头直接测量被测点与测头之间的距离，由传感器的位置和测量得到的距离信息得到其他两个方向上的坐标。此方法国内采用的较少，其关键技术在于光学探头的制造。

工业 CT 法[121,127]是无损探测领域的重要技术手段之一，最早于 20 世纪 70 年代出现。可用于对被测物体内外表面、内部特征等的测量和包含物体内外部信息三维数字模型的建立，测量精度与摄影测量精度相当，其突出特点是可实现对物体内部结构的探测。

一套完整的三维光学测量系统采用的是数字近景摄影测量加结构光栅空间编码测量的合成测量方法，该系统同时具有摄影测量的高效率和光栅测量的良好精度的优点。目前，国内外使用的三维光学测量系统主要有 2 类[111]：一是采用简单的单幅光栅相移技术，以加拿大 Inspeck 公司的单相机测量技术为代表，主要用于人像雕刻和人体测量，测量精度无法满足工业的测量精度；二是采用格雷码加相移的三维测量技术，首先用多幅格雷码光栅对测量区域进行分级标识，再用单幅光栅相移完成测量工作，该技术国外在 20 世纪 90 年代初已经成熟，比较典型的是德国 GOM 公司的 ATOS6.0 版本和 TRITOP 6.0 版本，采用的就是该技术。ATOS 测量系统[128,137]将近景工业摄影测量技术引入面扫描系统，解决了大幅面标定等面扫描技术难题。国内方面，西安交通大学从 2006 年正式推出了工业摄影测量和面扫描技术，实现了两种技术融合，将中国的三维光学测量技术向前推动了 10 年，整体技术水平达到了国际最新水平。

目前，报道的结合摄影测量和光栅测量方法的三维光学测量技术主要应用于逆向工程中。苏发[138]等介绍了 ATOS 系统的结构组成、测量原理和特点，结合实例详细说明了该系统在快速设计和制造中的测量和应用。张德海[139]等将 XJTUOM 型三维光学测量系统应用于三维数字化尺寸检测中，实现了逆向工程的三维重建。朱敏[140]等将三维光学测量技术引入医学领域，尝试将德国 ATOS 快速三维光学测量仪应用于面部软组织的三维重建，取得了不错的效果。

摄影测量和光栅测量方法相结合的三维光学测量技术由于其非接触式测量的特点，能够准确、快速地获取数据，在反向工程中发挥着重要的作用[141]。结合了数字近景摄影测量技术以及结构光栅空间编码测量技术的三维光学测量系统，它将同时具有摄影测量的高效率和光栅测量的良好精度的优点，由此可以推测，三维光学测量技术在开采沉陷相似材料模型观测中将有很好的应用前景。

第二节　三维光学测量系统简介[142]

随着测量学的飞速发展与人类生产生活需求的相互作用，三维测量技术越来越受到人们的重视。三维测量是对物体形貌进行三维重建的前提和基础，通过采用光学或机械方法来获取被测物体表面的点云数据。决定模型重构可行性与精确性的两个关键因素及数据采集的速度与质量。其中，光学测量方法在三维测量领域中占据重要地位。以三角法为代表的光学三维测量技术在测量时可实现传感器无须与被测物体直接接触，从而避免了对物体表面（尤其是贵重文物）造成损伤，对于非刚性物体的测量非常重要；并能实现快速测量和高精度观测等需求[143]。

基于工业近景摄影测量理论的西安交通大学数字近景工业摄影测量系统（Xi'an Jiaotong University，digital close range industrial photogrammetry，XJTUDP）用于获取被测物体表面的关键点坐标，也可以作为后续大幅面扫描点云拼接的全局标志点；基于外差式多频相移技术和计算机双目立体视觉技术的西安交通大学三维光学密集点云测量系统（Xi'an Jiaotong University，3D dense point cloud optical measure，XJTUOM）可以快速获取物体表面轮廓形状信息，把 XJTUDP 软件获取的被测物体全局标志点导入 XJTUOM，被测物体表面的点云可以自动拼接，从而重现物体表面的三维特征信息。

三维光学测量技术完整的测量总流程[144]如图 10-1 所示。

一、系统组成

三维光学测量系统由以下两部分组成：XJTUDP 三维光学摄影测量部分（以下简称摄影测量系统）和 XJTUOM 三维光学面扫描部分（以下简称 XJTUOM 面扫描系统）。

其中，XJTUDP 摄影测量系统可单独使用，也可以和 XJTUOM 面扫描系统配合使用。

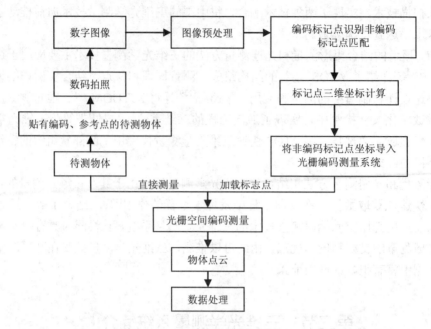

图 10-1 三维光学测量技术测量总流程

（一）XJTUDP 摄影测量系统

XJTUDP 摄影测量系统是工业非接触式的光学三坐标测量系统，也称为数字工业近景摄影测量系统，可以精确地获得离散的目标点三维坐标，这是一种便携式、移动式的三坐标光学测量系统，可以用于静态工件的质量控制和静态变形分析实时测量。系统组成如图 10-2 所示，各部分名称及作用如下：

图 10-2 XJTUDP 摄影测量系统组成

①系统测量软件：XJTUDP 系统测量软件安装在高性能的台式机或笔记本电脑上。用于解算被测物体的关键点坐标。

②计算机及显示器：用于安装系统软件。

③专业数码相机（校正后的数字相机和镜头）：固定焦距可互换镜头的高分辨率数码相机。用于对放置好参考点、编码点、参考标尺的物体拍照，获得不同角度的照片。

本研究所用相机为 NikonD80 数码相机，相机具有固定的 24 mm 的焦距，拍摄图像分辨率为 3 872×2 592，像素大小为 6.1 μm。

④高精度标尺：高精度标尺作为测量结果计算的基准，具有极精确的已经测量的编码参考点来确定它们的长度。

试验涉及 8—9 和 10—11 两把高精度标尺。8—9 标尺由 8 和 9 两个编码参考点组成，长度为 925.572 mm（注册温度：20℃；膨胀系数：22.400）；10—11 标尺由 10 和 11 两个编码参考点组成，长度为 927.144 mm（注册温度：20℃；膨胀系数：22.400）。

⑤参考点：分为编码参考点和非编码参考点 2 种。

编码参考点由一个中心点和周围的环状编码组成。每个点有自己固定的 ID 号，拍摄一个图片，能自动在 XJTUDP 中自动识别和计算[66]。编码参考点如图 10-3 所示，为 6 cm×6 cm 黑底白点的正方形标志点。为了适合多种观测物体表面材质，部分编码参考点本身由带有磁性的材料做成，这类编码参考点厚度较大，适于做控制点，普通编码参考点厚度较小，重量较轻，适于固定在易被破坏的物体表面。编码参考点均可重复使用。

图 10-3　编码参考点

非编码参考点见图 10-4，可作为每次光栅测量得到的点云拼合的参照；也可用于确定物体表面关键点的三维坐标。依半径不同分为 3 种规格：5 mm、8 mm 和 10 mm。非编码参考点为黑底白点的圆形标志点，不宜重复使用。

图 10-4　非编码参考点

（二）XJTUOM 面扫描系统

XJTUOM 面扫描系统是一个三维实体数字化系统，采用国际最先进的外差式多频相移三维光学测量技术，由光栅投影装置投影多幅多频光栅到待测物体上，成一定夹角的两个摄像头同步采集相应图像，然后对图像进行解码和相位计算，并利用立体匹配技术、三角形测量原理，从而解算出两个摄像机公共视区内像素点的三维坐标。XJTUOM 面扫描系统依附于 XJTUDP 摄影测量系统，除了 XJTUDP 摄影测量系统的软硬件外，XJTUOM 面扫描系统组成如图 10-5 所示，各部分名称及作用如下：

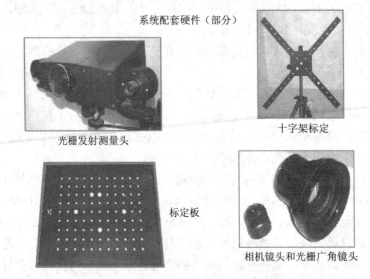

系统配套硬件（部分）

光栅发射测量头

十字架标定

标定板

相机镜头和光栅广角镜头

图 10-5　XJTUOM 面扫描系统组成

①系统测量软件：XJTUOM 面扫描系统软件安装在高性能的台式机或笔记本电脑上。用于获取被测物体表面的点云信息。

②白光扫描仪：由主光源、光栅器件组和 2 个 130 万像素相机镜头组成，用于定焦和发射扫描光栅，从而获取物体表面点云数据。这也是 XJTUOM 面扫描系统的关键组成部分。

③标定板：用于获取每次观测中系统的参数。针对 400 mm×300 mm 和 1 200 mm×900 mm 两种不同的扫描幅面，分别对应合适的标定板和标定十字架。

④支架：用于支撑光学器件，有便携三脚架和重型升降架两种，适于各种扫描观测。

⑤通信电缆：用于数据信号传输。

二、工作原理

XJTUDP 摄影测量系统的工作原理（见图 10-6）[145]：利用工业近景摄影测量技术，以被测物体为圆心，每间隔 45°位置作为一个摄站，共设置 8 个摄站，形成一个圆环状，在每个摄站处将相机分别旋转 0°和 90°拍摄 2 张照片；另外，以被测物体正上方作为单独的一个摄站，以摄站为圆心相机自身每旋转 90°拍摄 1 张照片，共采集 4 张照片。按照上述摄站原则，对每个被测物体共采集 20 张照片，采集数据要求获得所有编码参考点和非编码参考点信息。将采集的照片导入 XJTUDP 摄影测量系统解算软件中，设置相机参数、编码参考点参数以及标尺参数，软件将自动解算出所有非编码参考点和编码点的三维空间坐标。

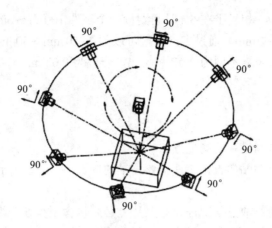

图 10-6　相机摄站布设

XJTUOM 面扫描系统工作原理（见图 10-7）[145]：首先假设投影光栅呈正弦分布通过光学透镜，然后被投影至被测物体表面，投影光栅被物体表面调制而产生畸变，这些畸变的光栅带有了物体表面的形状信息。此外，由 2 个 CCD 摄像头组成的成像系统可获取这些带有物体表面形状信息的畸变光栅。借助 CCD 靶面上点、物面以及参考面的几何关系，可实现重构物体的三维表面形状。整个测量的自动化过程就是通过处理像面上"点"的位置来反映光学图像的相位。

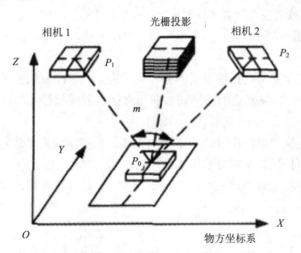

图 10-7　光栅投影原理

三、主要技术指标

XJTUDP 摄影测量系统标称单点点位精度为 0.03～0.1 mm。可以测量 0.1～20 m 的柔性物体，精度达到 1/150 000～1/70 000，相当于 1 m 长度的工件测量精度为 0.01 mm。

XJTUOM 面扫描系统采用主动光面扫描技术，一次扫描工件一个面的三维坐标。单次测量幅面 400 mm×300 mm～1 200 mm×900 mm，可实现单次测量点云数量为 100 万～600

万，单次扫描时间为 5 s。相当于在 5 s 时间测量一个工件 100 万～600 万个点的三维坐标，每个点的间隔为 0.08～1 mm。通过多次拼接可以测量 10 mm～30 m 的工件，测量精度根据单次幅面大小和相机像素不同为 0.01～1 mm，一般为 0.03 mm。

四、测量方法

（1）XJTUDP 摄影测量系统测量方法：

①将非编码标志点粘贴放置在工件上要测量的位置，确保它们至少在 3 个不同相机位置是可见的。

②编码标志点可随意放置，保证每幅照片上必须包含至少 5 个编码标志点。

③放置标尺，标尺是一个基准长度，必须精确。

④用数码相机围绕被测物体拍摄图片，分多层次多角度拍摄物体。

⑤将拍摄的多幅照片，通过摄影测量软件计算出标志点的三维坐标和任意空间两点之间的距离。

⑥通过软件将测量的关键点三维坐标与 CAD 数据进行三维全尺寸比对分析，并对关键点的偏离程度进行对比，生成三维几何量误差分析图表。

（2）XJTUOM 面扫描系统点云采集方法：

①测量前应对锻压制件及其模具表面进行清理，去除铁屑、油污等。对于过于灰暗的工件（反射率<20%），或者反光过强（反射率>80%）的目标，测量前应在其表面喷涂显影剂。

②在待测工件表面粘贴非编码点和编码点。采用工业近景摄影测量的具体步骤完成标志点的三维坐标计算。

③非编码点的密度要与面扫描设备的幅面相适应，应保证面扫描单次扫描幅面内非编码点的数据不少于 3 个。编码点的密度和方向要保证点测量拍摄照片时每幅照片中能够识别出 5 个以上。

④三维光学面扫描如果经历过碰撞或较大振动，扫描前应对其进行重新标定。

⑤将三维光学面扫描设备对准目标上关注区域进行单次扫描。

⑥通过处理软件将点云处理成数模并与原有 CAD 数模作对比，生成三维几何量误差分析图表。

第三节　系统应用及观测精度分析

为了说明系统的实际应用及观测精度，选取基于煤层倾角变化的 4 台模型（煤层倾角为 0°、30°、40° 和 60° 的模型）进行研究。

一、观测方案设计

模型观测是相似材料模拟试验中至关重要的部分，观测所得数据直接影响观测成果质量以及试验成果。模型观测引入三维光学测量技术，具体观测仪器为 XJTUDP 三维光学摄影测量系统及 XJTUOM 三维光学面扫描系统。摄影测量系统与面扫描系统的结合应用，既可以由布设的观测点得到关注区域的模型变形、破坏及岩层移动情况，又能够通过点云数据获取模型整体信息。

由于相似材料模型所选择的材料颜色较暗，为了便于观测，在模型布点之前，先将模型正表面涂上一层白色的薄薄的颜料。

（一）测点布设

为了满足相似材料模型观测对所需数据的需要，结合相似材料模型本身不可移动、正表面接近平面、表面易被破坏等特点，确定观测点布设原则如下：

①观测点范围应该大于模型形变区域的范围。

②观测点的布设，不能影响模型原有的物理力学性质。

③变形剧烈区域，比如采空区上方，应该增加观测点的密度。

④非编码点布设在模型表面，充分利用非编码点占用面积小、质量轻、对模型表面影响较小的特点，可以实现模型表面观测点的密度要求。

⑤编码点分为 2 种，普通编码点由于材质较轻、厚度较小，可适当布设若干点于模型正表面，以满足系统计算需求；磁性编码点布设于模型周围达到控制需求。

三维光学测量系统对贴点的要求如下：

①编码点与非编码点按 1：3 至 1：4 的比例粘贴；

②被测物表面每平方米区域应粘贴 10 个左右测量点（包括编码点和非编码点）；

③非编码点根据测量的加工面进行贴点；

④粘贴时切勿折叠或弄脏测量点；

⑤被测物周围地面间每隔 30 cm 左右应摆放一个编码点；

⑥摆放非编码点时尽可能地让各个方向的拍照都能看到 8 个以上；

⑦用来定坐标的 X、Y 向的点要贴的集中以便与其他点区分开；

⑧标尺不要压在被测物上以免被测物变形。

综合以上分析，主要考虑模型所需数据的需求，确定观测点具体布设方案为：

①观测控制点（部分编码点）布设在模型架的两侧及上、下端横梁。布设间距为 0.3 m 左右。

②非编码点沿着岩层层位布设，模型上小于 0.1 m 宽的层位设置一排观测点，位于层位的中央位置；0.1～0.2 m 宽的层位设置两排观测点，分别位于层位的上边界和层位的下边界；大于 0.2 m 的层位设置 3 排观测点，层位的上边界、下边界和中央位置各布设一排。

③表土层竖向上每隔 5 cm 布设一排非编码观测点。在考虑地形变化的模型上，地形区段的观测点布设参照岩层观测点布设原则。

④表土层、顶底板及各层位间，观测点之间的水平间距可设为 5 cm 左右，其余非关键部位观测点间的水平间距可在 10 cm 左右。

（二）控制设计

相似材料模型不同时刻的观测数据，需要转换到统一的坐标系统下才能进行对比分析。坐标系统的统一需要考虑以下两方面：首先，需要确定参与 3-2-1 坐标转换的全局标志点；其次，需要确定参与比例计算的标尺，并选择合适的位置进行固定。

3-2-1 坐标转换[142]即通过 3 个点确定一个面（设为 Z 面），再指定 2 个点，可以计算出通过这 2 个点并和 Z 面垂直的面（设为 Y 面），最后指定 1 个点，可以计算出通过这个点并与 Y 面和 Z 面都垂直的面（设为 X 面）。3-2-1 坐标转换所需全局标志点至少 6 个，需选在整个模型观测过程中始终固定不变的点。另外，考虑到模型观测数据处理中需要求取点的下沉和水平位移等变形量，还需要设置一条铅垂线，指示观测点的下沉方向，便于后续数据处理，铅垂线采用垂球提供，采用两个以上编码标志点的中心作为指示标志。因此，设计全局标志点选择固定于模型周围支架上的磁性编码参考点；3-2-1 坐标转换中确定 Z 面的三个点选择位于模型表面或平行于模型表面；铅垂线设置在模型右侧（或左侧）支架，提供铅垂线的两个编码点即为指示 Y 面的两个点。

参与比例计算的标尺需在整个模型观测过程中处于固定位置。设计在模型上端加设横梁，将标尺 8—9 捆绑于模型上方的横梁上。

此外，为了避免某次观测结果中，由于人为及环境等因素引起参与控制设计的编码参考点因无法识别或识别有误而不可用，6 个全局标志点及标尺应设有备用。备用的全局标志点应布设于全局标志点附近，满足坐标转换的需要。关于备用标尺，考虑到模型实际情况，将其摆设于模型下方的地面上，摆放位置应满足能从各角度拍摄照片的需求。

设计水平煤层模型观测点布设如图 10-8 所示，水平煤层模型观测点实际布设情况如图 10-9 所示，煤层倾角为 30° 的模型实际布点如图 10-10 所示。

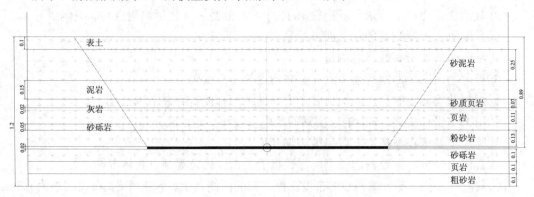

图 10-8　水平煤层模型布点设计

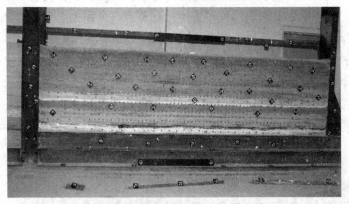

图 10-9　水平煤层模型布点实例

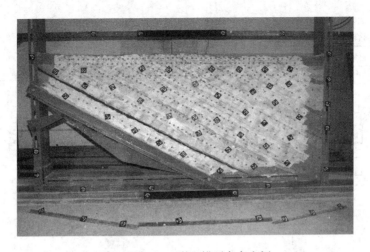

图 10-10 30°煤层模型布点实例

二、模型数据采集

三维光学测量系统应用于相似材料模型观测的模型数据采集包括 2 部分：一部分为应用 XJTUDP 三维光学摄影测量系统对观测点数据进行采集，得到布设的模型关键点的坐标信息；另一部分为应用 XJTUOM 三维光学面扫描系统对整个模型的点云数据采集。

（一）观测点数据采集

在相似材料模型试验中，需要对模型上某些点的位移进行测定，如岩层的下沉和水平移动等，这些值的观测通常是在模型的表面进行，因此，可以将相似材料模型看做是一个直立的扁平物体。

XJTUDP 摄影测量系统观测扁平物体时，其具体的摄站布置见图 10-6，即以待测物体为圆心，呈圆环状每间隔 45°位置设置一个摄站，一共 8 个摄站，摄站高度基本相同，每个摄站处相机自身分别旋转 0°和 90°拍摄 2 张照片；再以待测物体正上方作为一个独立的摄站，以摄站为圆心相机每旋转 90°拍摄 1 张照片，共拍摄 4 张照片。但考虑到相似材料模型为一个直立且不可移动的观测物，限制了观测场地及观测角度，很难实现 XJTUDP 摄影测量系统的 8 个角度的摄站观测。

应用 XJTUDP 摄影测量系统观测三维物体时，除了设置观测扁平物体时的 9 个摄站外，还需要设置不同的观测层次，即设置多个摄站水平，分别形成不同水平的拍摄圆环，其具体的摄站布置如图 10-11 所示[142]。图中+1、0 及–1 代表三个拍摄水平，其中，0 水平表示拍摄高度基本与拍摄物体处于同一水平，+1 水平则为高出拍摄物体所在高度，–1 水平则为低于拍摄物体所在高度。

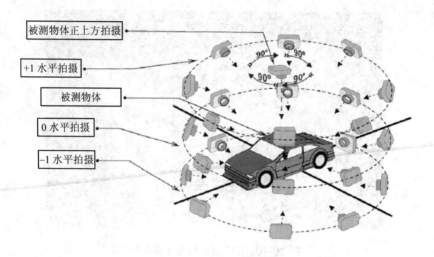

被测物体正上方拍摄

+1 水平拍摄

被测物体

0 水平拍摄

−1 水平拍摄

图 10-11 测量三维物体时摄站布置

XJTUDP 摄影测量系统的拍照方法为：

①拍摄时相机应使用黑白模式，感光度 200 为佳，光线特别暗时，可以调高感光度，但要注意拍摄时保持稳定；

②拍摄时相机应使用自动对焦模式，闪光等处于打开状态；保持一定的焦距，在拍摄过程中不要调焦距；

③拍摄时相机尽量不要晃动，保证拍摄照片清晰；

④按被测物大小不同，每个被测物应拍摄 30～100 张不同角度的照片；

⑤保证每张照片包含至少 8 个非编码点；

⑥保证每个编码点至少在 8 张照片中出现；

⑦保证用来确定坐标的点被取到 8 次以上，越多越好；

⑧标尺被整体拍到的次数在 3 次以上。

⑨一批图片由许多连续的交叠的图片组成，比如在与被测物体成 45° 的方向顺时针照一周记录的方法需要好多各个方向看的图片。

⑩当测量一个不能在一张相片中显示的大件物体时，可以采用拼接的方法。

结合以上 2 种拍摄方法及 XJTUDP 摄影测量系统的拍照方法，针对相似材料模型的直立性以及扁平性，因此模型拍摄摄站只能布置于模型正面，设计 XJTUDP 摄影测量系统观测相似材料模型时，为了实现拍摄的多角度、多层次，其具体摄站布置如下：拍摄采用 3 个水平，0 水平为正常站立拍摄，−1 水平要求观测者采用下蹲方式拍摄，+1 水平则要求观测者站于板凳等物体上进行拍摄；位于同一水平拍摄时，设计采用 3 或 4 个位置。以 4 个拍摄位置为例，图 10-12 为相似材料模型观测具体的摄站布置示意图。

对于每一个摄站，设计每次拍摄 3 张照片，即相机水平（0° 放置）时，拍摄一张照片；将相机旋转 90°，拍摄 2 张照片。图 10-13 为模型观测时相机布置。

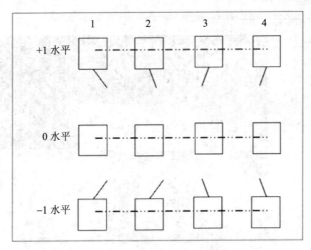

图 10-12 模型观测时摄站布置示意图

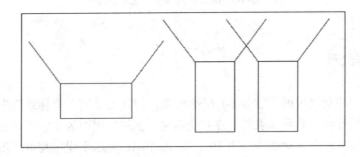

图 10-13 模型观测时相机布置

XJTUDP 摄影测量系统观测相似材料模型时，拍摄采用 3 个层次，4 个位置，每个位置拍摄 3 张照片即横一竖二，计 3×（4×3）=36 张，对于标尺和参与控制设计的周边不动的编码参考点可以适当补拍几张照片。

（二）点云数据采集

XJTUOM 面扫描系统对相似材料模型表面点云数据的采集是建立在 XJTUDP 摄影测量系统应用的基础上，每次进行点云数据扫描之前，先用 XJTUDP 摄影测量系统采集模型表面观测点的数据，然后将观测点数据中的非编码参考点导入 XJTUOM 面扫描系统中，作为点云数据拼接的控制点。

应用 XJTUOM 面扫描系统对模型观测，选用的是 1 200 mm×900 mm 的大幅面。在XJTUOM 系统扫描前，应对扫描测量头进行标定，标定过程就是利用系统软件中的标定算法获得扫描测量头的所有内外部结构参数。对于大于扫描幅面的模型，点云数据采集时采用拼接的方法获取模型整个平面的点云数据。扫描的点云如图 10-14 所示。XJTUOM 面扫描系统软件可对点云数据进行基本的操作。

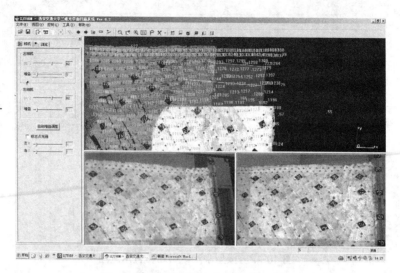

图 10-14　相似材料模型点云数据采集

三、数据处理

将不同时刻的观测数据通过 3-2-1 坐标转换，使其处于同一坐标系统下，由同一点位不同时刻的坐标差值，就可以求得该点的变形量。例如，提取表土层的一排观测点，绘制开采前后的下沉与水平移动曲线。图 10-15 及图 10-16 为水平煤层观测所得的下沉及水平移动曲线（曲线均未进行异常改正）。

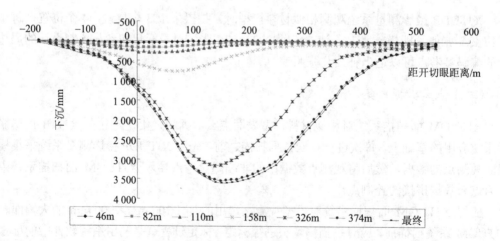

图 10-15　水平煤层模型观测下沉曲线

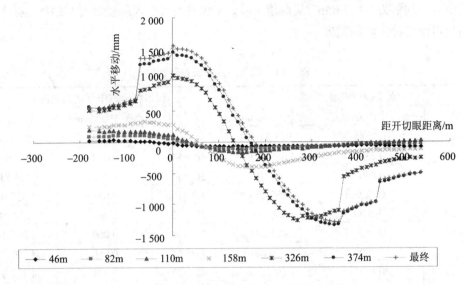

图 10-16　水平煤层模型观测水平移动曲线

四、观测精度评价

鉴于实验中引入的三维光学测量技术为首次在相似材料模型观测中应用，观测成果是否可靠（或成果的可用性）及观测精度需要进一步探讨。

（一）观测曲线形态

由观测数据处理中所得的下沉曲线图 10-15 可以看出，观测下沉曲线的形态符合开采沉陷基本规律。下沉曲线反映了连续平稳下沉的过程，没有粗差以及异常点。水平移动曲线图 10-16 也完全符合实际，曲线中跳跃部分是模型表面裂缝的部位。因此，三维光学测量技术应用于相似材料模型观测在获得变形曲线形态方面是比较理想的。

（二）模型观测精度与标称精度对比分析

选取水平煤层模型观测中的 10 组不同时刻的观测成果，采用对同一被测对象进行连续多次测量，选择固定点之间的距离作为比较对象，计算多次观测的距离中误差。采用将水平煤层模型的观测距离中误差与仪器精度评定时 XJTUDP 摄影测量系统点位精度评定选取的距离中误差进行对比分析。选取水平煤层模型开采过程中 5 天内采集的 10 次不同时刻的数据参与计算，分别随机量取每次观测中的 15 条不同线段的长度。水平煤层模型观测及仪器精度评定两种不同情况下选取的量测点距及点距中误差计算结果如表 10-1 所示。

将表 10-1 中点距中误差结果绘制成如图 10-17 所示的柱状图以便对比。图中 A 代表应用 XJTUDP 摄影测量系统进行水平煤层相似材料模型观测时，其观测点距中误差分布；B 代表 XJTUDP 摄影测量系统精度评定时的观测点距中误差分布。由柱状图对比可以看出，A 的高度均大于 B 的高度，并且 A 柱状数值的起伏较大，由此可以说明 A 柱状代表的点距误差值较大，且分布不均匀，随意性较大。另外，A 柱状的中误差均值为 0.199 mm，B

柱状的中误差均值为 0.053 mm，从均值上看，A 代表的水平煤层模型观测精度远远低于 B 代表的仪器精度评定时的精度。

表 10-1　观测距离中误差对比

水平煤层模型			仪器精度评定（理想状况）		
点号	点距中误差/mm	平均点距/mm	点号	点距中误差/mm	平均点距/mm
56～68	0.158	912.523	8～9	0.058	925.585
56～63	0.239	4 065.483	40～54	0.032	802.057
57～44	0.266	694.970	30～34	0.043	824.534
57～34	0.322	4 153.219	37～38	0.054	1 333.612
54～39	0.284	4 060.566	50～28	0.061	897.796
68～67	0.155	3 421.391	54～66	0.060	1 049.157
58～53	0.290	1 659.008	41～61	0.080	1 207.868
53～27	0.117	1 102.220	42～22	0.071	1 139.960
9～51	0.085	1 447.878	33～62	0.063	966.982
30～65	0.236	1 437.463	45～25	0.065	237.039
11～10	0.109	927.199	68～67	0.089	1 117.150
36～26	0.080	257.473	65～44	0.058	655.728
36～65	0.161	880.313	22～29	0.032	171.689
67～43	0.227	957.782	58～71	0.020	351.433
63～34	0.260	1 070.175	46～60	0.010	191.277

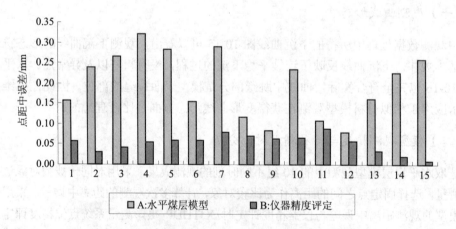

图 10-17　水平煤层模型观测精度与仪器精度评定对比

试验结果分析可得，将三维光学测量系统应用于相似材料模型观测中，虽然满足了观测点的全面性、连续性以及采集数据的高效性，但由于观测条件的限制，在观测精度方面还存在较大的误差，很难达到标称精度，并且点距中误差分布不均匀，需要采取一定的措施提高其应用的精度。

五、影响观测精度的因素研究

将三维光学测量技术应用于相似材料模型观测中，还需进一步提高其应用的精度。下面将从相机的对焦模式、相机拍摄距离、标尺位置摆放、相机参数等方面进行分析。

（一）相机对焦模式

XJTUDP 摄影测量系统中的 NikonD80 数码相机镜头具有 24 mm 的固定焦距，其对焦模式有 2 种[146]，即自动对焦模式和手动对焦模式。当对焦模式选择器设置为 AF，即自动对焦时，半按下快门释放按钮，相机将自动对焦，连续拍摄的其他照片均会自动对焦；当对焦模式选择器设置为 M，即手动对焦时，调节镜头对焦环，直至取景器内显示影像在焦点上为止，此种模式下即使影像不在焦点上，也可以随时拍照。

XJTUDP 摄影测量系统精度评定以及应用 XJTUDP 摄影测量系统观测水平煤层模型时，相机的对焦模式均选用自动对焦模式。在自动对焦模式下，仪器精度评定时其点间距离精度在 0.010～0.089 mm，而用于水平煤层模型观测试验时其点间距离精度在 0.080～0.322 mm，为了提高三维光学测量技术在相似材料模型观测中的应用，本书设计了相机对焦模式对比的试验。

相机对焦模式试验针对倾角为 40° 的模型进行，测点布设如图 10-18 所示。其试验过程如下：固定相机其他参数，只改变相机的对焦模式，对同一模型采用相同的观测方法，分别将相机调至自动对焦和手动对焦 2 种不同的对焦模式下采集模型参考点照片信息。各组别不同对焦模式下模型观测温度均为 2.4℃，摄站布置基本相同，每次观测拍摄照片数量相同。

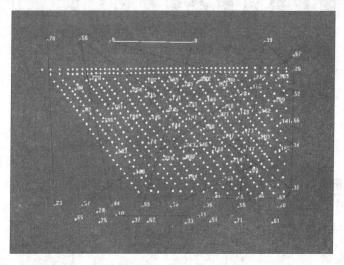

图 10-18　相机对焦模式试验测点布设及距离选取

手动对焦模式下采集观测点数据的过程为：对于每一次观测，拍摄第一幅照片时先采用自动对焦模式，在合适的拍摄距离处对准模型平面，按下快门一半，当听到滴滴的对焦声音后，可将快门按下完成第一幅照片的采集，然后迅速将相机对焦选择器的按钮由 AF 调至 M，即相机对焦模式由自动对焦转换为手动对焦，然后再继续拍摄完成整个观测过程。

通常选择第一幅照片能够完整的包括整个模型，其余照片拍摄距离设置于第一幅照片拍摄距离附近，以保证每张照片都能清晰成像。

将试验所得照片输入 XJTUDP 摄影测量系统软件中进行解算，选择点位距离中误差进行对比分析观测结果，确定三维光学测量系统在相似材料模型观测中的相机最佳对焦模式。对比点位距离中误差时，2 种对焦模式各观测 6 组数据，选择其中的 15 组点位距离进行分析，图 10-18 为所选距离之间的相对关系。为了便于对比分析，将 2 种不同对焦模式下的 15 组点位距离中误差结果绘制成如图 10-19 所示的柱状图，图中横坐标代表不同的相机对焦模式下所选取的 15 组相同的点位距离编号。由图可以看出，在其他条件都相同的情况下，只改变相机的对焦模式时其模型的观测精度存在较大的差异。当相机设置为手动对焦模式时，模型观测点距中误差均小于自动对焦模式下的观测点距中误差，且手动对焦模式下的点距中误差分布更均匀。另外，从点距中误差均值上看，手动对焦模式下，试验数值为 0.085 mm；当相机设置为自动对焦模式时，其点距中误差均值为 0.188 mm。即从点距中误差均值上看，手动对焦模式较之自动对焦模式，其观测精度有很大的提高。

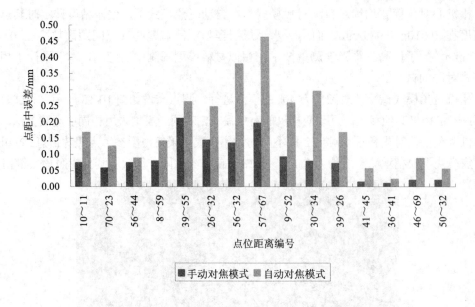

图 10-19　相机不同对焦模式下点距中误差对比

试验结果分析可得，当相机采用手动对焦模式采集数据时，其点距中误差小于自动对焦模式下的点距中误差，且误差分布较均匀，从点距中误差均值上看，手动对焦模式下的精度明显优于自动对焦模式。

（二）观测距离

观测距离的远近通过影响单次数据采集时照片拍摄张数及照片质量从而影响观测结果精度。当采用较小的观测距离时，由于单幅照片拍摄范围较小，观测整个模型时所需照片张数较多，照片拼接精度将会降低；如果采用较大的观测距离，单幅照片拍摄范围变大，整体拍摄照片张数会减少，但远距离的观测对参考点识别的误差也随之增大，从而影响观测结果。因此，合适的观测距离是影响照片拍摄质量的一个重要因素，需要进行试验分析。

最佳观测距离试验针对倾角为 40° 的模型进行。其试验过程为：相机选用手动对焦模式，固定相机其他参数，只改变相机的拍摄距离，对同一模型采用相同的观测方法，分别在 2.5 m、3.5 m、4.5 m 及 5.5 m 4 个位置采集模型表面观测点的照片信息。2.5 m 的观测距离是指每次观测时第一张照片拍摄时的距离，即每次模型观测时定焦的距离，其余照片的拍摄距离设置在 2.5 m 左右，即 2～3 m；相应的对于 3.5 m、4.5 m 及 5.5 m 的定焦距离，其观测距离设置为 3～4 m、4～5 m 和 5～6 m。由于第一组 5.5 m 处拍摄的照片参与解算时，存在多幅照片参考点识别个数较少，后面几组拍摄不再进行 5.5 m 处的数据采集。

将试验所得照片输入 XJTUDP 摄影测量系统软件中进行解算，选择点位距离中误差进行对比分析观测结果，确定三维光学测量系统在相似材料模型观测中的最佳距离。对比点位距离中误差时，选择其中的 18 组点位距离进行对比分析。为了便于对比分析，将 3 种不同观测距离下的 18 组点位距离中误差结果绘制成如图 10-20 所示的柱状图，图中横坐标代表不同的观测距离下所选取的 18 组相同的点位距离编号。由图可以看出，在其他条件都相同的情况下，只改变模型观测的距离时模型的观测精度存在较大的差异。当观测距离为 4.5 m 时，其点距中误差分布最均匀，且误差值最小，因此，4.5 m 的观测距离优于 2.5 m 及 3.5 m 的观测距离。另外，从点距中误差均值上看，当观测距离为 4.5 m 时，试验数值为 0.079 mm；当观测距离为 3.5 m 时，试验数值为 0.103 mm；当观测距离为 2.5 m 时，试验数值为 0.138 mm。即从点距中误差均值上看，观测距离为 4.5 m 时的模型观测精度最高。

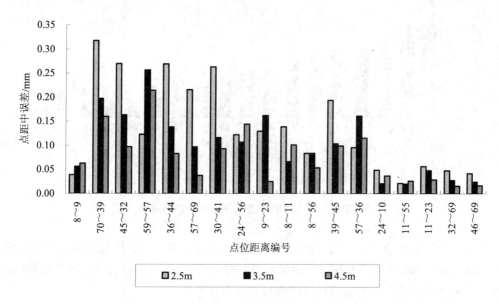

图 10-20 不同观测距离下点位距离中误差对比

试验结果分析可得，当拍摄距离设为 4.5 m 时，其点距中误差分布最均匀，除个别点外，4.5 m 的点距中误差最小，其精度明显优于 3.5 m 以及 2.5 m 的观测距离。从点距中误差均值上看，4.5 m 的观测距离下模型观测精度最高。因此，模型观测的最佳距离为 4.5 m 左右。

（三）标尺摆放位置

考虑到相似材料模型观测试验现场场地等限制，模型观测中设于模型上方横梁上的标尺只有两种摆放位置：一种是在模型观测平面的后方设置横梁架用于固定标尺；另一种就是在模型观测平面的前方位置设置横梁架用于固定标尺。这两种标尺摆放位置对模型观测精度也会产生影响。对于同一台模型，考虑到整个观测过程中模型控制点的固定性，因此，进行标尺摆放位置试验只能针对不同倾角的相似材料模型进行对比试验。

标尺摆放位置试验分别针对倾角为 40º 及 60º 的 2 台模型进行，其试验过程如下：对于 40º 的模型，标尺摆放于模型平面后方的横梁架上；60º 模型观测时，标尺摆放于模型平面前方的横梁上。相机对焦均选用手动对焦模式，固定相机其他参数，拍摄距离均为 4.5 m，分别对这 2 台模型采用相同的观测方法采集模型表面观测点的照片信息。40º 模型的数据采用观测距离试验中 4.5 m 的观测距离时的数据。

将试验所得照片输入 XJTUDP 摄影测量系统软件中进行解算，选择点位距离中误差进行对比分析观测结果，确定三维光学测量系统在相似材料模型观测中的最佳标尺摆放位置。对比点位距离中误差时，选择其中的 18 组点位距离进行对比分析。为了便于对比分析，将标尺摆放的 2 种不同位置试验下的 18 组点位距离中误差结果绘制成如图 10-21 所示的柱状图，图中横坐标代表 18 组点位距离编号（两次观测选取点距不同）。由图可以看出，标尺放置于观测平面前方位置较之后方位置其点距中误差分布更均匀，但数值上相差不大。

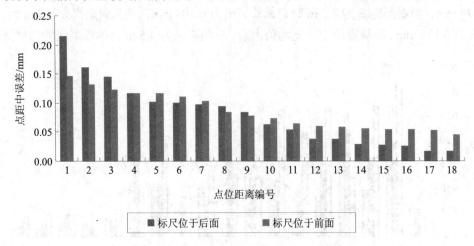

图 10-21 不同的标尺位置下点距中误差对比

从点距中误差均值上看，当标尺放置于观测平面前方位置时，模型观测点距中误差均值为 0.084 mm；当标尺放置于观测平面后方位置时，模型观测点距中误差均值为 0.079 mm。即从点距中误差均值上看，标尺位置的摆放对精度影响很小。

试验结果分析可得，标尺的 2 种不同的摆放位置对模型观测的精度影响较小，但影响模型观测中点距中误差分布的均匀性，标尺放置于观测平面前方位置较之后方位置其点距中误差分布更均匀。因此，建议模型观测时，标尺固定于观测平面前方位置的横梁架上。

（四）相机参数

照片的拍摄质量直接决定着软件解算点位的精度。其中，照片的亮度及曝光是体现照片拍摄质量的一个重要方面，快门打开时影像传感器上的光线数量决定照片的曝光。快门速度和光圈是决定曝光的 2 个因素，而两者之间又存在一定的联系。

快门速度和光圈的关系通常被形容为从水龙头接水装满杯子。在这个类比中，达到最佳曝光所需要的光线数量就是装满杯子所需要的水量。如果杯子溢水，照片将曝光过度，如果杯子未装满水，照片则曝光不足。水龙头打开的大小如同光圈，打开的时间长度则为快门速度。把水龙头开得更大可节省装满杯子的时间；关小水龙头则需要更多时间装满杯子[146]。

如同在不同的时间内使用不同的水龙头设置而装满杯子，不同的快门速度和光圈组合亦可产生相同的曝光。在拍摄过程中，速度太慢容易受持握相机的手的抖动、环境的震动等因素的影响，因此，光圈开得大一点曝光的速度就可以快一点，这样就可以相对消除一些由震动带来的成像模糊的现象。但一味把光圈开大，又会带来另外一个问题，即光圈开得越大其成像的景深就越小[146]。因此，对于一个具有固定焦距的相机，其拍摄照片的曝光度受到快门速度、光圈和景深等因素的影响，这三者之间又是存在相互联系。

为了探讨相机参数设置对模型观测的影响，本次实验设计固定相机的快门速度为1/125 s，分别设置不同的光圈值，然后分析照片拍摄效果。相机光圈变化的实验共进行了2次。第一次实验针对 F4、F5.6 和 F8 的较大的光圈值进行；第二次实验则针对 F5.6、F8和 F11 的较小光圈值进行对比。2 次实验均针对倾角为 60°的模型进行，标尺摆放位置设在模型观测平面上方前面的横梁上。

第一次试验过程如下：相机选用手动对焦模式，相机的拍摄距离设为 4.5 m，固定相机快门速度为 1/125 s，对同一模型采用相同的观测方法，只改变相机的光圈值，分别设置为 F4、F5.6 以及 F8 采集模型表面观测点的照片信息。模型观测温度为 10.5℃，各组别不同光圈值下拍摄照片张数均为 40。图 10-22 为第三组对比观测时不同的光圈值下拍摄的照片亮度对比情况。

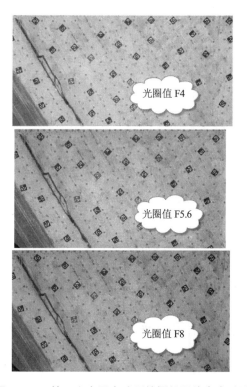

图 10-22　第一次光圈实验所拍摄的照片亮度对比

　　试验数据分析：将试验所得照片输入 XJTUDP 摄影测量系统软件中进行解算，选择点位距离中误差进行对比分析观测结果。对比点位距离中误差时，选择其中的 20 组点位距离进行对比分析。为了便于对比分析，分别将不同光圈值下的 20 组点位距离中误差值绘制成如图 10-23 所示的柱状图，图中横坐标代表不同的光圈值下所选取的 20 组相同的点位距离编号。

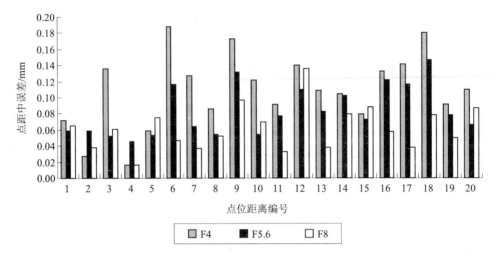

图 10-23　第一次实验不同光圈值下点距中误差对比

　　由图 10-23 可以看出，在其他条件都相同的情况下，只改变模型观测时相机的光圈值，其模型的观测精度存在一定的差异。当光圈值为 F4 时，其点距中误差波动较大，观测精度最不稳定；但对于光圈值 F8 和 F5.6 来说，其模型观测精度相差不是很明显。从点距中误差均值上看，当光圈值为 F4 时，模型观测点距中误差均值为 0.109 mm；当光圈值为 F5.6 时，模型观测点距中误差均值为 0.083 mm；对于 F8 的光圈值，模型观测点距中误差均值为 0.062 mm。因此，在本组试验中，从点距中误差均值上看，当观测距离为 4.5 m 时，相机光圈值采用 F8 时的观测精度最高。

　　第二次实验采用与第一次实验相同的方法，相机光圈值分别设为 F5.6、F8 和 F11。模型观测温度为 19℃，各组别不同光圈值下拍摄照片张数均为 40。本次实验所量取的距离与第一次相同，将 5 组实验在不同光圈值下的点距中误差数据绘制成如图 10-24 所示的柱状图，图中横坐标代表不同的光圈值下所选取的 20 组相同的点位距离编号。由图可以看出，在其他条件均相同的情况下，只改变模型观测时相机的光圈值，其模型的观测精度存在一定的差异。在本组实验中，对于 F5.6 及 F11 的光圈值，其点距中误差的波动性均大于 F8 的光圈值。因此，从点距中误差的波动性上分析，相机光圈值为 F8 时的效果最好。

　　当光圈值为 F5.6 时，模型观测点距中误差均值为 0.081 mm；当光圈值为 F8 时，模型观测点距中误差均值为 0.052 mm；对于 F11 的光圈值，模型观测点距中误差均值为 0.078 mm。因此，在本组试验中，从点距中误差均值上看，当观测距离为 4.5 m 时，相机光圈值采用 F8 时的观测精度最高。

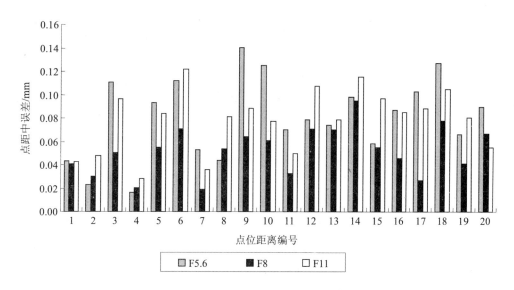

图 10-24　第二次实验不同光圈值下点位距离中误差对比

另外，在本次实验中，当将相机光圈值设置为 F11 进行模型观测时，出现闪光灯延迟现象，虽然最终结果可用，但影响观测实验的正常进行。

综合以上 2 次实验的观测结果，可以得出以下结论：在相似材料模型观测中，当观测距离为 4.5 m，相机采用相同的 1/125 s 的快门速度时，无论从点距中误差均值方面还是从点距中误差的波动性方面考虑，相机光圈设置为 F8 的观测精度均最佳。

从点距中误差均值上看，当采用 F8 的最佳光圈值时，第一次实验模型的观测精度可以达到 0.062 mm，与上述对比试验中的最佳结果 0.079 mm 相比，其观测精度有一定的提高；第二次实验模型的观测精度可以达到 0.052 mm，与上述对比试验中的最佳结果 0.079 mm 相比，其观测精度也有一定的提高；与仪器精度评定时 0.053 mm 的观测精度相比，已经十分接近。

（五）相机拍摄角度

XJTUDP 摄影测量系统采用的是工业近景摄影测量技术，其工作原理要求拍摄照片时需以待测物体为圆心，呈圆环状每间隔 45°位置设置一个摄站；而将 XJTUDP 摄影测量系统应用于相似材料模型观测时，由于模型是一个直立的扁平物体，观测场地有限，因此很难实现多角度的摄站。图 10-25 为仪器精度评定观测及相似材料模型观测 2 种不同应用时相机的拍摄位置示意图。图中标有 A 的一列图片为 XJTUDP 摄影测量系统仪器精度评定时相机布设情况，标有 B 的一列图片为将 XJTUDP 摄影测量系统应用于相似材料模型（水平煤层模型）观测时相机的布设情况。对比图中可以明显看出，A 列的观测过程实现了相机的多角度拍摄，满足了 XJTUDP 摄影测量系统对摄站位置的要求；而对于 B 列的观测，虽然实现了 3 个层次的观测，但在多角度方面，存在较大的不足，未能实现 XJTUDP 摄影测量系统对摄站的要求。因此，从摄站布置方面即相机的拍摄角度来看，将三维光学测量系统应用于相似材料模型观测中，没能发挥出 XJTUDP 摄影测量系统的最优精度。

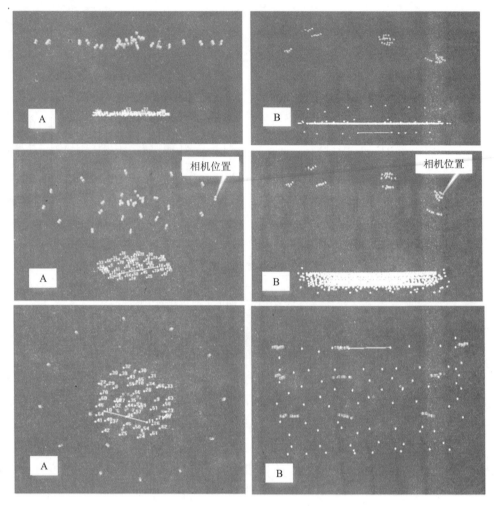

图 10-25　相机拍摄角度对比

如果观测场地及观测设备允许，可以加强模型观测中+1 水平的观测，模型的观测精度将会有很大的提高。

（六）其他影响因素

除了以上 5 个主要影响方面外，观测时的人为因素也是影响观测精度的一方面。由于每个人辨别照片的清晰程度、拍摄过程中持握相机的稳定度等因素不同，其拍摄照片解算的精度也会存在一定的差异。针对不同的观测者进行了实验。实验过程中，不同的观测者采用相同的观测方法和参数设置，分别针对倾角为 60° 的模型进行拍摄，实验共进行了 2 次，每次 5 组。第一次观测设置相机光圈值为 F8，第二次观测设置相机光圈值为 F5.6。观测结果如表 10-2 所示，实验者分别用 A 和 B 表示，表中可以看出，对于不同的实验人员，观测精度的稳定性及观测精度的高低都有较大的差别。因此，在条件允许的情况下，应当尽量避免由于实验人员的不同而产生的影响。

另外，对于相同的观测者，即使观测方法和观测的各参数相同，不同时刻的观测精度也存在一定的差异。因此，在模型观测过程中，应尽量固定各项影响因素，保持观测结果的稳定性。

表 10-2　不同观测者实验点距中误差对比

点号	第一次实验点距中误差（F5.6）/mm		第二次实验点距中误差（F8）/mm	
	A	B	A	B
10～11	0.059	0.043	0.066	0.040
8～44	0.059	0.023	0.038	0.030
36～56	0.052	0.111	0.061	0.050
36～44	0.045	0.016	0.017	0.020
44～65	0.053	0.093	0.075	0.055
50～44	0.116	0.112	0.047	0.071
36～39	0.064	0.053	0.037	0.019
39～50	0.055	0.044	0.052	0.054
67～65	0.131	0.141	0.096	0.064
65～30	0.054	0.125	0.070	0.061
56～23	0.077	0.070	0.033	0.033
23～67	0.110	0.079	0.136	0.070
23～8	0.083	0.074	0.038	0.070
9～32	0.102	0.098	0.079	0.095
32～67	0.073	0.059	0.088	0.055
25～51	0.121	0.087	0.058	0.046
51～34	0.117	0.103	0.038	0.027
50～51	0.146	0.127	0.079	0.078
51～30	0.078	0.066	0.050	0.041
23～32	0.067	0.090	0.087	0.067
中误差均值	0.083	0.081	0.062	0.052

（七）影响因素对比试验小结

综合以上分析，将各因素对观测精度的影响总结如下：

①对于相机的对焦模式，无论是从点位精度分布的均匀性还是从点距中误差均值对比，手动对焦模式均大大优于自动对焦模式。相比于自动对焦模式，采用手动对焦模式能够提高 120.45% 的精度。

②模型观测的最佳距离为 4.5 m 左右。

③标尺的两种不同的摆放位置对模型观测的精度影响较小，但影响模型观测中点距中误差分布的均匀性，标尺放置于观测平面前方位置较之后方位置其点距中误差分布更均匀。

④对于相机的参数设置，无论是从点位精度分布的均匀性还是从点距中误差均值对比，F8 的观测精度最好。

⑤如果观测场地及观测设备允许，可以加强模型观测中 +1 水平的观测，模型的观测精度将会有很大的提高；在观测过程中，还应当尽量避免由于实验人员的不同而产生的影响。

⑥对于相同的观测者，即使观测方法和观测的各参数相同，不同时刻的观测精度也存在一定的差异。因此，在模型观测过程中，应尽量固定各项影响因素，保持观测结果的稳定性。

第十一章　相似材料模型实验数据分析

第一节　煤层倾角对下沉曲线的影响规律

地下煤炭资源开采后，采空区上覆岩便会冒落、断裂、弯曲；当岩石变形传递到地表后便会产生地表下沉，随着井下开采范围的扩大，地表的沉降范围也扩大，最终形成下沉盆地。从矿山测量的角度出发来研究地表沉陷，主要的手段就是在采空区主断面的上方设置观测线，通过多次观测来获取地表沉降值，然后将观测线上各点连起来，绘制成沉降曲线，分析沉降曲线的特征后再用数学公式描述该曲线，达到可以预计地表形变的目的。

一系列实验获取了大量不同煤层倾角的下沉曲线，同时由于模型干燥收缩等因素对曲线形态有较大影响，应对曲线进行修正，修正时采取简要修正法[125]。当模型的煤层倾角从0°变化到80°的时候，采空区在水平面上的投影由大变小，但采空区的平均采深保持不变，故每个模型煤层的采动系数也由大变小，势必引起地表产生的最大下沉值变小，为了更加清楚地描述煤层倾角对曲线形态的影响规律，将每个模型的下沉曲线值除以该模型的最大下沉值，将曲线化为无因次曲线来研究。成功开展的9台相似材料模型实验地表下沉无因次曲线见图11-1，图中的坐标原点均为开切眼。

一、最大下沉角和煤层倾角的关系

在主断面上，下沉曲线上的最大下沉点和采空区中央的连线与水平方向的夹角叫做最大下沉角。在开采沉陷预计的时候，最大下沉角确定后结合平均采深便可以确定下沉曲线的整体位置。将图11-1与开采情况结合，通过图解法得到最大下沉角，利用图解法求取最大下沉角时，先将实验数据（采空区位置，下沉曲线等）按照真实比例展绘在 AutoCAD 图纸中，再用 CAD 的测量工具量出最大下沉角，图解法求取最大下沉角 θ 的示意图如图 11-2 所示。

将各个模型的最大下沉角值获取后，建立该值与煤层倾角的关系，如表 11-1 所示。

将表中数据获取后，利用二次多项式回归煤层倾角与最大下沉角的关系如图 11-3 所示。

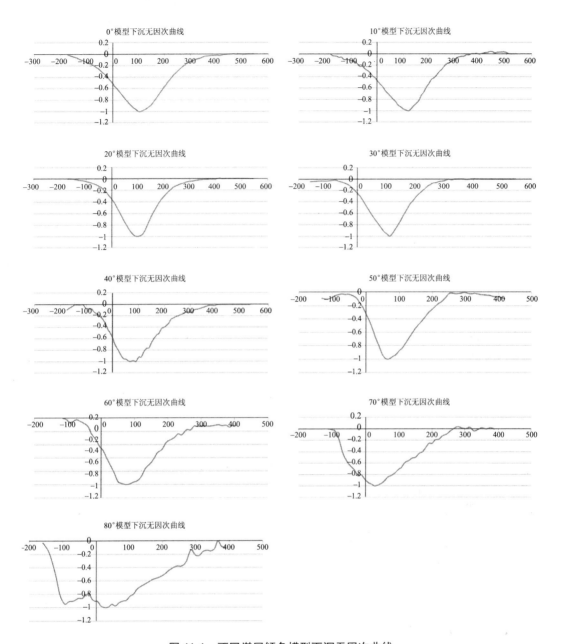

图 11-1　不同煤层倾角模型下沉无因次曲线

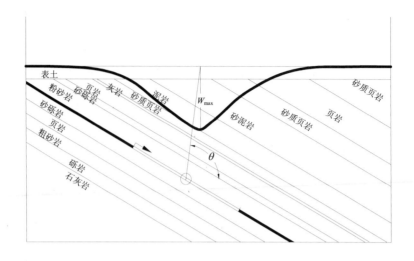

图 11-2　图解法求取最大下沉角

表 11-1　各个模型最大下沉角与煤层倾角的关系

煤层倾角	0	10	20	30	40	50	60	70	80
最大下沉角	87	83	89	82	85	92	82	92	98

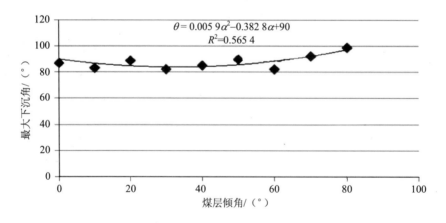

图 11-3　实验获得煤层倾角和最大下沉角关系图

　　从图 11-3 分析可知，煤层倾角和最大下沉角的关系为：随着煤层倾角的增加，最大下沉角先减小后增加，即最大下沉点先偏向下山方向，后偏向上山方向。在本实验中，最大下沉角随着煤层倾角的变化程度不大，而且有上下波动，这和相似材料模型的边界条件固定，变形在模型和钢架接触的地方被截断有关。同时从实验数据可知，随着煤层倾角接近 90° 的时候，下沉盆地有可能出现 2 个沉降中心，这和煤层接近直立后，煤层顶底板的岩石都向采空区方向运动有关。

二、最大下沉点到移动范围中点的水平距离与煤层倾角的关系

以观测线上山方向和下山方向地表移动边界点为边界，其中点为地表移动范围中心。当煤层为水平的时候，下沉曲线对称，最大下沉点和移动范围中心重合，但随着煤层倾角增大时，最大下沉点和移动范围中心分离，出现规律性变化，最大下沉点和移动范围中点的关系如图 11-4 所示。

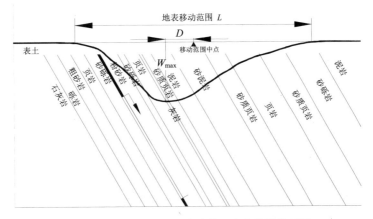

图 11-4　最大下沉点和移动范围中心位置关系图

将各个模型的下沉曲线进行分析，求出最大下沉点到移动范围中心的距离 D 和移动范围 L 的值，将其列入表 11-2。其中由于 L 的值与实际开采时岩石性质和开采深度有关系，为了表示煤层倾角的影响，回归分析的时候用 L 除 D 将其无因次化后再分析。同时由于 D/L 的值变化速度远远大于 a 的变化速度，直接回归 a 值与 D/L 值的关系后拟合精度太差，故取煤层倾角的正切值后再分析。其分析结果见图 3-5。

表 11-2　移动范围中心到最大下沉点的距离与煤层倾角的关系

a	0	10	20	30	40	50	60	70
D	0	13.16	15.986	13.16	47.48	34.315	35.5	54.8
L	557	530	528	383	486	311	365	368
D/L	0	0.024 8	0.030 3	0.034 4	0.097 7	0.110 3	0.097 3	0.148 9
tg（α）+1	1	1.176	1.364	1.577	1.839	2.192	2.732	3.747

从图 11-5 分析可知，当煤层倾角增大时，最大下沉点将越来越偏离移动范围的中心，偏移方向为上山方向。但是当煤层倾角增大到一定程度后，出现异常，从本实验分析，当煤层倾角大于 80° 后，出现 2 个下沉中心，用数学回归的方法不能解释该规律，需要进一步分析岩体内部各点的运动来揭示出现 2 个下沉中心的原因。

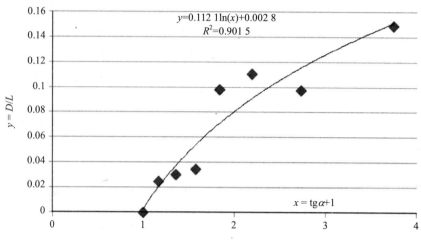

图 11-5 最大下沉点和移动范围中心位置关系图

三、采空区边缘上方下沉值与煤层倾角的关系

从已有的研究来看，当开采水平煤层充分采动的时候，采空区边缘上方的下沉值 $W1$，$W2$ 为最大下沉值的 0.5 倍，见图 11-6，图中下沉曲线为 0° 模型下沉无因次曲线。当煤层倾斜时，$W1$ 为上山方向的值，$W2$ 为下山方向的值。各个模型试验得到的 $W1$、$W2$ 值统计结果见表 11-3。

表 11-3 基于无因次曲线采空区边缘上方下沉值与煤层倾角的关系

$\alpha /（°）$	0	10	20	30	50	60	70	80
$W1$	0.5	0.46	0.36	0.25	0.31	0.44	0.89	0.91
$W2$	0.5	0.56	0.38	0.49	0.55	0.92	0.84	0.99

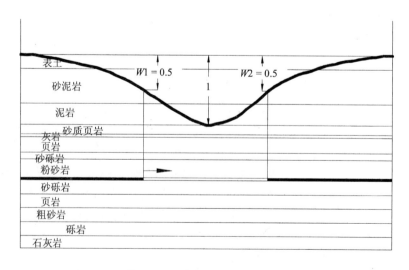

图 11-6 基于无因次曲线的采空区边缘上方下沉值

从数据的分布情况来看，当煤层倾角增加的时候，无因次曲线上的上山方向采空区边缘上方下沉值 $W1$ 随着煤层倾角 α 的值变大而先减小后增大，当煤层逐渐直立的时候该值接近 1，将其与煤层倾角的关系回归后见图 11-7。

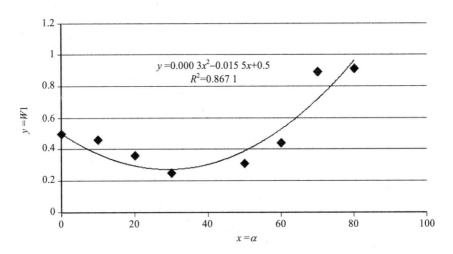

图 11-7　基于无因次曲线的上山方向采空区边缘上方下沉值与煤层倾角的关系

整体看来，当煤层倾角增大时，无因次曲线上的下山方向采空区边缘上方下沉值 $W2$ 随之增大。当煤层逐渐直立时 $W2$ 也接近 1，但不会大于 1。将其与煤层倾角的关系回归后见图 11-8。

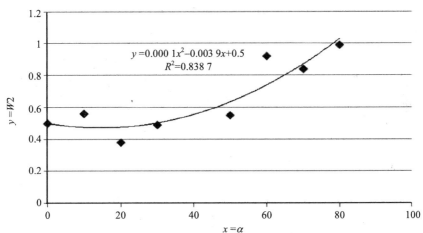

图 11-8　基于无因次曲线的下山方向采空区边缘上方下沉值与煤层倾角的关系

从 $W1$ 与 $W2$ 的关系来看，$W2$ 大于 $W1$，同时两者都小于 1。当煤层倾角增大时 $W2$ 逼近 1 的速度大于 $W1$，当煤层为 90° 时，两者相等。

四、下沉曲线的非对称性

当煤层为水平的时候，下沉曲线以最大下沉点为中心对称，但是随着角度变化，下沉曲线对称性丧失，随着煤层倾角变化呈规律性变化。基于各个模型的下沉曲线，在每条曲线上以最大下沉点为基点，取上山方向的地表移动范围 $M1$，下山方向的地表移动范围 $M2$，如图 11-9 所示。

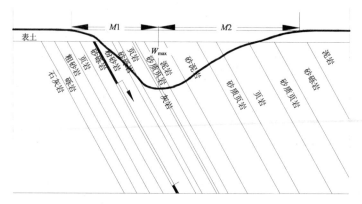

图 11-9 上山和下山方向移动范围图

各个模型上山方向和下山方向的移动范围值的单位为米（m），为了研究煤层倾角和上下上方向移动范围的关系，用 $M1$ 除 $M2$，将该值无因次化。实验采集了 0°～80° 煤层倾角的数据，数据显示随着煤层倾角的增大，下沉曲线的非对称性也增大。可推测，当煤层直立时（倾角为 90°），下沉曲线应该趋向对称，故在实验数据后添加煤层直立的数据，即 $M2/M1=1$。数据详情见表 11-4。

表 11-4 上下山方向移动范围与煤层倾角的关系

$\alpha/(°)$	0	10	20	30	40	50	60	70	80	90
$M1$/m	267	269	234	154	178	128	131	135	171	—
$M2$/m	290	261	294	229	308	183	234	233	330	—
$M2/M1$	1.09	0.97	1.26	1.49	1.73	1.43	1.79	1.73	1.93	1

运用回归分析手段，回归出表中数据的函数关系见图 11-10。

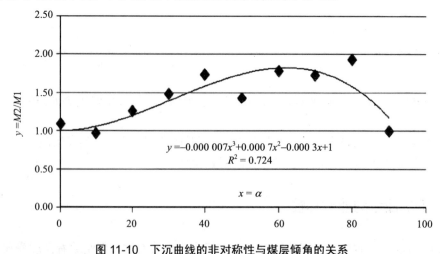

图 11-10 下沉曲线的非对称性与煤层倾角的关系

第二节　煤层倾角对水平移动曲线的影响规律

　　井下煤炭资源开采引起的岩层和地表移动是一个极其复杂的时间—空间问题，实测资料表明，地表各个点的运动从起始点到终止点的矢量指向采空区中央[9]，该矢量可分解为2个分量，一个沿竖直方向称为下沉，一个沿水平方向称为水平移动。在本系列实验中水平移动值可以通过式 12.13 求出，初步求出的水平移动曲线受到模型收缩的影响，需要将其修正，修正方法可采用简易修正法[9, 147]。修正后并将其无因次化结果如图 11-11 所示。

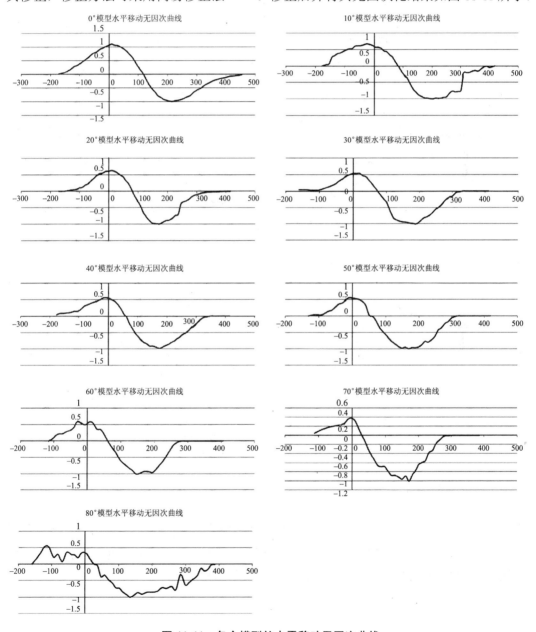

图 11-11　各个模型的水平移动无因次曲线

从曲线整体形态来看，当煤层水平的时候，曲线光滑，随着煤层倾角增大，曲线出现波动，到80°模型的时候曲线波动最大，煤层上山方向出现多个峰值。这与急倾斜煤层开采时，引起岩层之间滑移等因素有关。同时煤层角度增大，水平移动曲线的非对称性也逐渐增加。

一、水平移动曲线的非对称性和煤层倾角的关系

水平移动曲线的非对称性主要体现在上山方向的水平移动最大值和下山方向的水平移动最大值不相等（见图 11-12），以及上下山方向的水平移动范围不相等。将各个模型的上山方向最大水平移动值和下山方向最大水平移动值的比值和煤层倾角的关系进行统计，结果如表 11-5 所示。

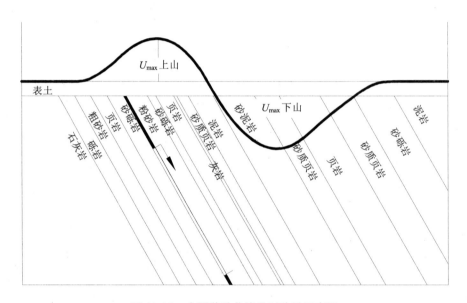

图 11-12　水平移动曲线非对称性示意图

表 11-5　水平移动最大值的非对称性与煤层倾角的关系

$\alpha/(°)$	0	10	20	30	40	50	60	70	80
U_{max} 上山/U_{max} 下山	1.11	0.67	0.63	0.59	0.56	0.55	0.50	0.38	0.30

从表 11-5 中数据分析可知，随着煤层倾角的增加水平移动曲线的非对称性也逐渐增加，其中由于 80°模型上山方向的水平移动最值有多个峰值，为了和其他模型具有可比性，表中列出的值为开切眼上方的峰值。将表 11-5 中的数据回归分析结果见图 11-13。

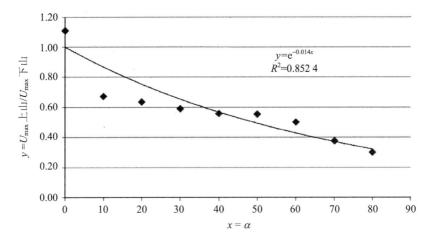

图 11-13　水平移动最大值的非对称性与煤层倾角的关系图

二、水平移动曲线和下沉曲线的关系

水平移动和下沉既有区别又有联系，区别是这两者方向不同，它们的方向相互垂直，联系是它们都是地表点运动矢量的 2 个分量，两者同时发生，下面将各个模型的水平移动和下沉无因次曲线叠加在一起，见图 11-14。

对图 11-14 分析可得，各个模型的水平移动范围和下沉范围基本一致，通过第二章第一节第四部分对下沉曲线移动范围的非对称性和煤层倾角的关系分析，得到的规律同样适用于水平移动曲线，水平移动为 0 的点几乎和最大下沉点重合。当开采煤层为急倾斜煤层时，水平移动曲线和下沉曲线都有较大波动，出现多个峰值，很难用统计方法来分析，下面从岩体内部运动来进一步分析上述地表曲线形态形成的内在原因。

三、水平移动曲线和倾斜曲线的相似性和煤层倾角的关系

从下沉曲线整体情况来看，当煤层倾斜时，曲线的走势是上山方向陡，下山方向平缓。倾斜为下沉的一阶导数，因此上山方向的倾斜最大值应该大于下山方向的最大倾斜值。从水平移动值的实测情况来看，得到的结果却是上山方向的最大值小于下山方向的最大值，从这个角度来看，随着煤层倾角的增大，倾斜曲线和水平移动曲线的相似性逐渐丧失。

第三节　煤层倾角对岩体内部运动的影响规律

井下资源开采对岩层的破坏过程是从下到上逐步传递的过程，先是直接顶的岩石破碎、垮落，然后破坏向上传递使岩层开裂、弯曲，最后传递到地表，引起地表沉陷。通常人们观测到的地表沉陷，是岩体破坏传递到地表的表象，需要进一步研究岩体内部运动以

及变形的传递规律。基于煤层倾角变化的系列相似材料模型试验,由于采取了自动化较高的观测系统,可以非接触性地获取大量的观测点坐标数据,同时依靠本书编制的自动求取变形程序,可十分方便地对试验数据可视化,为进一步研究岩体内部变形奠定了基础。各个模型岩体内部点在开采影响下的运动矢量图见彩图39。

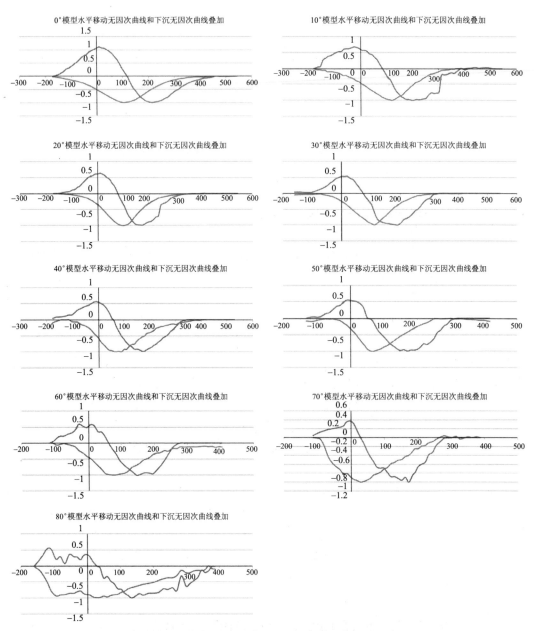

图 11-14　水平移动曲线和下沉曲线叠加图

一、不同煤层倾角影响下围岩破坏形态演变

从各个模型岩体内部点运动矢量图可知，离采空区越近的围岩运动量越大，离采空区越远的地方运动量越小。在各个模型上将顶板上方向采空区方向位移量大于 2 m 的点和底板下方点向采空区方向位移量大于 0.2 m 的点所在范围标记出来，结果见图 11-15。

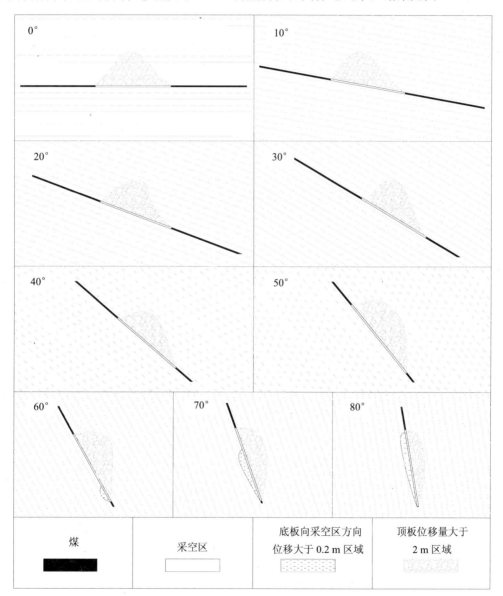

图 11-15　不同煤层倾角模型围岩破坏形态图

从图 11-15 可以看出，从水平煤层开始，随着煤层倾角的增加，采空区上覆岩层的破坏形态也由对称逐步过渡到非对称，从这个角度也可以解释倾斜煤层开采引起地表下沉曲线和水平移动曲线非对称特性形成的内在原因。当倾角大于 60°时，不但监测到顶板上方

的岩层向采空区方向运动，同时也监测到底板下方的岩层向采空区方向运动，顶底板同时运动的情况比较复杂，给开采沉陷预计工作带来了难度，目前国内还没有同时考虑顶底板运动的开采预计方法。下面从采空区附近的围岩运动向地表传递过程作进一步研究。

二、煤层倾角对开采沉陷传递过程的影响规律

开采沉陷过程，也是采矿活动对岩层和地表的地质环境破坏的过程。由于人类的建筑设施、交通设施均在地表，地表是人类主要活动空间，故人们特别关注地表环境的变化。地表沉降监测是获取地表演变的手段之一，通过地表观测得到的数据量化了环境破坏的程度，当人们没有完全掌握这些数据产生的内在机理时，便运用统计方法来分析这些数据的特征，对进一步的环境变化做预测预报。随着技术的进步，人们不但可以获取地表的数据，也可以把地层剖开分析地表变形的原因。开采沉陷过程，也是采矿活动对岩层和地表的地质环境破坏由地下扩展到地表的过程。分析研究破坏由下到上的传递规律有着重要的作用，可以帮助人们更加深入地了解地表沉陷的内因，建立新的预计模型，提高预计技术的精度。

当井下资源被开采后，形成采空区，由于重力作用采空区上方的岩石原有的应力平衡被破坏，岩石向采空区中垮落，同时垮落带上方岩层也由于重力作用逐渐向采空区移动，直到采空区被破碎岩石填满，并且破碎岩石被压实后，各个岩层才达到新的平衡，在采空区形成并充满的过程中，部分采空区的变形被传递到地表，造成地表沉陷。从岩层内部运动的矢量图可以分析出各个模型岩层在重力作用下位移的方向，该方向的反方向就是采空区变形向上传递的方向，其具体情况见图11-16。

从图11-16可知，当被开采的煤层是水平的时候，采空区变形向地表的传递方向是竖直向上的，其路径是一条直线。当煤层倾角不为0的时候，其传递路径是弧线，弧线的幅度随着煤层倾角增大而增大。当煤层为急倾斜煤层时，采空区形变向上传递的过程不只发生在顶板上，底板也有。尤其是当煤层接近直立时，采空区附近的围岩并不是马上就被破坏，当岩壁受到应力超过其能承受的临界值时，围岩才被破坏，向采空区中心移动。在这个阶段中，顶板和底板均能参与变形，并且顶板和底板的变形都能向地表传递，最后地表变形是顶、底板变形影响的叠加，有可能在地表形成2个沉降中心。地表实测情况见图11-16中80°模型下沉曲线。

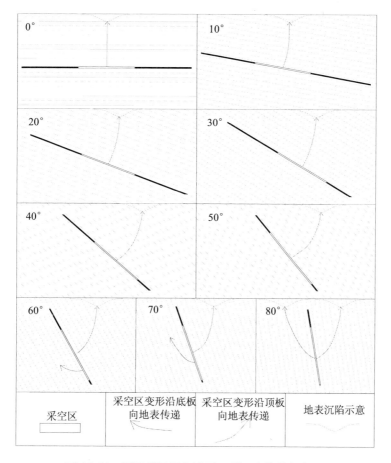

图 11-16 不同煤层倾角模型开采沉陷传递方式图

第四节 小结

通过对基于煤层倾角变化的一系列相似材料模型试验数据分析，得到了一系列煤层倾角对开采沉陷的影响规律，主要有以下几点：

①通过统计、回归等方法对各个模型的下沉和水平移动曲线进行分析，得到了地表移动曲线的形态特征和煤层倾角的关系，实验数据表明煤层倾角是影响地表移动曲线非对称性的主要原因之一。

②通过对各个模型岩体内部观测点运动矢量图的分析，得到了采空区围岩破坏形态和煤层倾角的关系。

③得到了不同倾角煤层开采后，采空区变形向地表的传递规律，从岩体内部运动的角度解释了地表变形曲线特征的形成原因。

④系统地分析并得到了煤层倾角对开采沉陷的影响规律，为下一步建立合理的开采沉陷的预计模型奠定了基础。

第十二章 适宜任意倾角的开采沉陷预计模型的建立

第一节 预计方法建立的理论基础

通过前面分析，得到煤层倾角对开采沉陷的影响规律主要有以下几个方面：

（1）煤层倾角是导致地表变形曲线的非对称性的主要原因。

煤层倾角对地表变形曲线产生非对称性的主要原因是当煤层倾角不为 0 后，上山方向和下山方向采空区变形的影响范围不一致，上山方向影响范围小，下山方向影响范围大；同时对于单元下沉盆地来说，当其影响范围偏小的时候，其最大下沉值偏大，当影响范围偏大时，其最大下沉值偏小。其叠加影响的结果便形成非对称性的地表变形曲线，以下沉曲线为实例，其示意图见图 12-1。

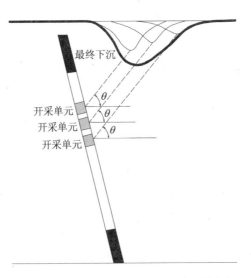

图 12-1 倾斜煤层开采地表变形曲线非对称性特征的形成机理

图中 θ 为影响传播角。

（2）煤层倾角是导致上覆岩层破坏带形状非对称性的主要原因。

不同倾角煤层开采上覆岩层破坏带的形状也不一样。但是从总体上来分析，其规律是，当煤层倾角增大时，其上覆岩层的破坏程度为上山方向越来越厚，下山方向越来越薄，其示意图见图 12-2。

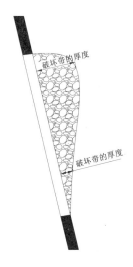

图 12-2　倾斜煤层开采上覆岩层破坏带的形态

从对实验数据的分析来看，形成图 12-2 形态的机理是当煤层倾角增大后，垮落带的岩石向下山方向滚落滑移的量也增多，导致上山方向的上覆岩层破坏严重，而下山方向的采空区被上山方向滚落的岩石充填，上覆岩层破坏轻微。下面是一组实测的上覆岩层破坏过程图：

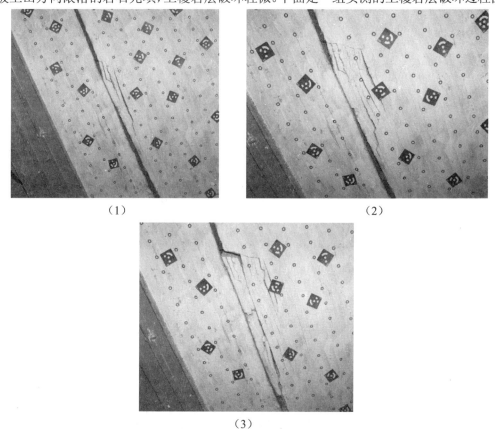

图 12-3　倾斜煤层开采上覆岩层破坏带发育过程实测图

图 12-3 展示了倾斜煤层开采时，上覆岩层破坏带的发育过程，从该过程可以看出，随着开采的启动，上覆岩层先是向采空区内离层垮落，见图 12-3（1）；随着开采进一步加强，离层垮落带增加，见图 12-3（2）；当下山方向有足够的空间后，上山方向垮落带的大块岩石向下山方向滑移，以致上山方向开切眼处岩层被拉断，出现空洞，见图 12-3（3）。从该过程不难看出，上山方向的岩石向下山方向滑移滚落的实际过程，也是下山方向的采空区空间向上山方向转移的过程。破碎岩体垮落、滑移过程所花的时间较短，或者说，该垮落、滑移的过程占整个岩层移动所花的时间比例的很小部分。基于这个观点，那么上覆岩层的移动就可以分为两个阶段，第一阶段是上覆岩层破坏后向下山方向滑移滚落，让下山方向的采空区空间向上山方向转移；第二阶段是该采空区空间转移后，新的空洞再进一步导致围岩变形，该变形向地表传递形成下沉盆地。

（3）煤层倾角改变了采空区变形传递路线和方式。

由实验数据分析可得，当煤层倾角增大时，采空区的变形传递方式由竖直向上传递转化为沿弧线传递，尤其是当煤层倾角接近直立时，采空区的变形分别沿底板和顶板传递。其示意图见图 12-4。

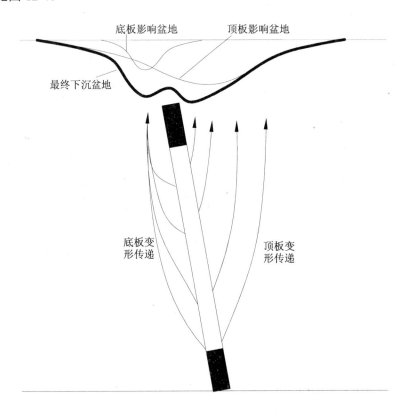

图 12-4　采空区顶底板变形对地表的影响示意图

图 12-4 示意了急倾斜煤层开采时采空区变形传递的基本过程，煤炭资源开采后，该传递从采空区裸露的岩壁开始，传到地表后终止。从实验数据和分析看来（基于 80° 模型的矢量图和下沉曲线），急倾斜煤层开采时，沿顶、底板方向的变形对地表沉陷的影响具有分开传递，叠加影响的特征。分开传递是指顶、底板的变形发生后，沿不同方向传递；叠

加影响是指当顶、底板的变形都传递到地表后，其对地表的影响是这两者之和。同时由 80° 模型的下沉曲线来看，底板的变形传递到地表的范围较为集中，范围较小，其原因可能和采煤完成后底板松动，底板沿层面滑移等因素有关系；顶板的变形传递到地表的范围比较分散，范围较大。

通过上面几点煤层倾角对开采沉陷的影响规律的分析，对预计模型也有了新的要求，主要体现在：

①在模型中要考虑开采深度的变化，采深的变化也导致了单元开采主要影响半径的变化，使地表变形曲线在煤层倾角不等于 0 时出现非对称性，符合上述规律（1）。

②需要模拟倾斜煤层开采时采空区上方岩石向下山方向滚落这一自然现象，而且煤层倾角越大，其滚落量越大，符合上述规律（2）。

③需要模拟采空区变形分别沿顶板和底板传递，导致地表出现两个下沉中心的问题，符合上述规律（3）。

根据上面几点要求，第二节将提出一种新的基于煤层倾角变化的开采沉陷预计方法。

第二节　一种基于任意煤层倾角的开采沉陷计算新方法

一、基于垮落带岩石沿倾斜底板滑移原理的采空区等影响变换方法

对采空区进行等影响变换的主要目的有以下 2 种：

①使计算简便，在不影响精度的情况下的一种简化计算。

②使计算结果更合理，将简单的情况转换为较为复杂的情况，但更能体现自然规律。

从上面 2 种等影响变换目的来看，目前使用的缓倾斜煤层的等影响变换方法，经典的概率积分法把倾斜煤层开采，看成为上、下山方向 2 个半无限开采的叠加，该过程简化了预计计算，属于上面所述的第一种。其实，随着计算机技术的发展，目前能处理更加复杂的运算，为了更能与实际相符合，可以把简单的情况转换为更为切合实际的较为复杂的情况，即上面所述的第二种情况，本书所述的以下方法也属于第二种。

从前面的分析可知，采空区在形成的时候，由于煤层倾角较大时，其下山方向的采空区空间，在上山方向的岩石向下山方向滚落时，向上山方向转移。基于这个自然现象，提出一种更为实际的采空区等影响转换方法，并基于该方法，给出新的地表下沉预计公式。其等影响转换步骤如图 12-5 所示。

该等影响变换方法的基本过程是，先将原有倾斜采空区，基于煤层厚度和煤层倾角进行剖分，然后再合并，将下山方向的采空区转移一部分到上山方向，得到新的等影响采空区，其具体方法见图 12-5。该变换实现了倾斜煤层，特别是急倾斜煤层开采时上山方向垮落带的岩石向下山方向滚动，充填下山方向采空区这一过程。值得说明的是，下山方向的采空区空间向上山方向转移的过程是渐进的，像向上冒的水泡一样，逐渐转移，其结果也不是一个标准的三角形形状，结合上覆岩层破坏的形状来看，应该近似为一个倒置的锥形，为了方便积分运算，将其近似处理为一个三角形形状。

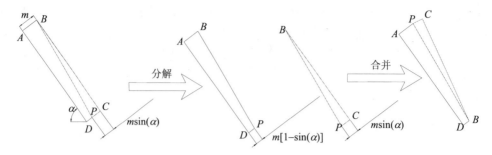

图 12-5 一种考虑煤层倾角的采空区等影响变换法

总的来说，该等影响变换具有以下特点：

①等影响变换前后，采空区的体积保持不变。

②该等影响变换和煤层倾角密切相关，当煤层倾角为 0°的时候，其等效采空区和原采空区的形状一摸一样，当煤层倾角为 90°的时候，其形状接近一个倒三角形，更能有效地预计直立煤层开采引起的漏斗状下沉坑。

③该等影响变化后，采空区的形状变为多变形，比初始状态的矩形要复杂，剖面上预计计算时需要对该多变形面积分。

等影响变换后，其开采沉陷预计基本原理还基于概率积分法。其预计计算坐标系见图 12-6。

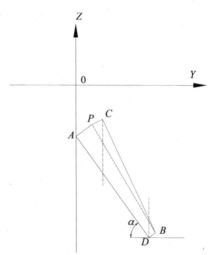

图 12-6 基于煤层倾角的采空区等影响变换法计算坐标系

在图 12-6 的坐标系中，以上山方向开切眼 A 点作为坐标原点，指向下山方向的水平方向为 Y 方向。图中 C 点和 D 点上的两条虚线表示积分区域的划分，整个大区域被化为 3 个积分区域，通过分别在这三个区域对影响函数进行面积分，再将 3 块积分结果相加，得到最后的地表变形值。积分计算前的准备工作是，求取采空区上各个顶点的坐标。

假设 A 点的坐标为 $(0, Z_A)$，D 点的坐标为 (Y_D, Z_D)，以 A 点和 D 点作为已知坐标，是因为该两点的坐标可以直接从矿图上获取，则 B、P、C 三点的坐标用如下方法计算：

$$\begin{cases} Y_{\mathrm{B}} = Y_{\mathrm{D}} + m(1-\sin\alpha)\sin\alpha \\ Z_{\mathrm{B}} = Z_{\mathrm{D}} + m(1-\sin\alpha)\cos\alpha \end{cases} \tag{12.1}$$

$$\begin{cases} Y_{\mathrm{P}} = m\sin\alpha \\ Z_{\mathrm{P}} = Z_{\mathrm{A}} + m\cos\alpha \end{cases} \tag{12.2}$$

计算 C 点的坐标时，为了简化其计算公式，可以近似地将 C 点看成在 A、D 直线上。其计算见式 12.3。

$$\begin{cases} Y_{\mathrm{C}} = m(1+\sin\alpha)\sin\alpha \\ Z_{\mathrm{C}} = Z_{\mathrm{A}} + m(1+\sin\alpha)\cos\alpha \end{cases} \tag{12.3}$$

当各个角点坐标确定之后，便可以对其进行积分计算了，积分域的确定由各个直线的方程来定：

$$AC\ \text{直线：}\quad z = \frac{Z_{\mathrm{C}}-Z_{\mathrm{A}}}{Y_{\mathrm{C}}-Y_{\mathrm{A}}}(y-Y_{\mathrm{A}}) + Z_{\mathrm{A}} = f_{\mathrm{ac}}(y) \tag{12.4}$$

$$AD\ \text{直线：}\quad z = \frac{Z_{\mathrm{D}}-Z_{\mathrm{A}}}{Y_{\mathrm{D}}-Y_{\mathrm{A}}}(y-Y_{\mathrm{A}}) + Z_{\mathrm{A}} = f_{\mathrm{ad}}(y) \tag{12.5}$$

$$BD\ \text{直线：}\quad z = \frac{Z_{\mathrm{D}}-Z_{\mathrm{B}}}{Y_{\mathrm{D}}-Y_{\mathrm{B}}}(y-Y_{\mathrm{B}}) + Z_{\mathrm{B}} = f_{\mathrm{bd}}(y) \tag{12.6}$$

$$CB\ \text{直线：}\quad z = \frac{Z_{\mathrm{C}}-Z_{\mathrm{B}}}{Y_{\mathrm{C}}-Y_{\mathrm{B}}}(y-Y_{\mathrm{B}}) + Z_{\mathrm{B}} = f_{\mathrm{cb}}(y) \tag{12.7}$$

设地表点的坐标为（Y，0），则该点的下沉预计公式为：

$$\begin{aligned} W(Y) &= q\int_{0}^{Y_{\mathrm{C}}}\mathrm{d}y\int_{f_{\mathrm{ad}}(y)}^{f_{\mathrm{ac}}(y)}\frac{\mathrm{tg}\beta}{-z}\mathrm{e}^{-\pi\left(\frac{(y-Y)\bullet\mathrm{tg}\beta}{z}\right)^{2}}\mathrm{d}z \\ &+ q\int_{Y_{\mathrm{C}}}^{Y_{\mathrm{D}}}\mathrm{d}y\int_{f_{\mathrm{ad}}(y)}^{f_{\mathrm{bc}}(y)}\frac{\mathrm{tg}\beta}{-z}\mathrm{e}^{-\pi\left(\frac{(y-Y)\bullet\mathrm{tg}\beta}{z}\right)^{2}}\mathrm{d}z + q\int_{Y_{\mathrm{D}}}^{Y_{\mathrm{B}}}\mathrm{d}y\int_{f_{\mathrm{bd}}(y)}^{f_{\mathrm{cb}}(y)}\frac{\mathrm{tg}\beta}{-z}\mathrm{e}^{-\pi\left(\frac{(y-Y)\bullet\mathrm{tg}\beta}{z}\right)^{2}}\mathrm{d}z \end{aligned} \tag{12.8}$$

式中：q ——下沉系数；

　　　$\mathrm{tg}\beta$ ——主要影响角正切。

由于本预计模型的核心原理还是概率积分法，故参数和概率积分法一摸一样，值得注意的是，上述公式中没有考虑拐点偏移距，是因为上述 $ABCD$ 采空区被看成为按照拐点偏移距处理后的空间；同时也没有考虑最大下沉角，下一小节分析变形传递原理时将着重考虑。下面来看一个计算实例：

某矿区急倾斜煤层开采，倾角 80°，煤层开采厚度 4 000 mm，平均开采深度 178 m，工作面长度 200 m，根据该矿区情况 $\mathrm{tg}\beta$ 取 1.5、下沉系数 q 取 0.8。运用本书提出的采空区等影响转换后基于 Mathmatica 数学计算软件编写公式，主断面上预计下沉曲线结果为：

急倾斜煤层开采地表下沉预计实例

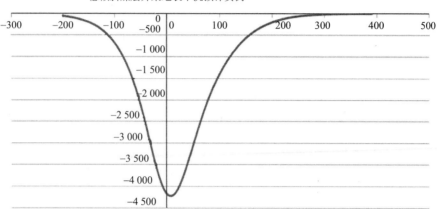

图 12-7　预计计算实例

从该实例来看，本书提出的方法能够预计急倾斜煤层开采的地表变形，证明了该方法的可行性，由于缺乏实测资料暂时不能拟合求参。

二、同时考虑采空区顶底板变形传递原理的影响微元

开采沉陷的发生，其实是井下采空区变形传递到地表造成的。通过本书第三章分析发现，当煤层为水平时，变形的传递方向是竖直向上的，当煤层倾角逐步增加，传递方向由直线变为弧线。同时当煤层倾角接近 90°的时候，煤层底板和顶板都有变形传递到地表，而且传递的方向不一样，传统的概率积分法预计变形时只考虑采空区上方围岩的运动，不能解决底板和顶板同时有变形的这类问题。

基于影响函数的基本理论，井下采空区可以被细分为无数个对地表变形有影响的微元，分别计算出各个微元对地表的影响，再积分便可以获得最终的地表变形。传统的概率积分法函数的影响微元是基于水平煤层开采而建立的，该微元只考虑顶板变形对地表的影响，通过实验研究发现，采空区底板变形也会对地表造成影响，介于这个自然现象，把传统的概率积分法微元进行变形扩展，得到基于煤层倾角变化的影响微元，具体如图 12-8 所示。

该系列影响微元的特点是：考虑了煤层倾角的变化，同时考虑了采空区沿底板和顶板的变形，比原始的概率积分法微元适应性更强。

从图 12-8 中，不难看出采空区变形同时沿顶、底板传递的本质为：变形沿顶底板分开传递、对地表共同影响。现有的概率积分法影响微元只考虑了变形沿顶板传递，而没有考虑变形沿底板传递，这也是现有概率积分法比较适合小倾角煤层而不适合急倾斜煤层的原因之一。为了充分描述采空区变形沿顶底板传递的基本规律，将现有的概率积分法影响微元作一扩展，即将现有的影响微元分为 2 个部分，分别为顶板影响部分和底板影响部分，其详情见式 12.9：

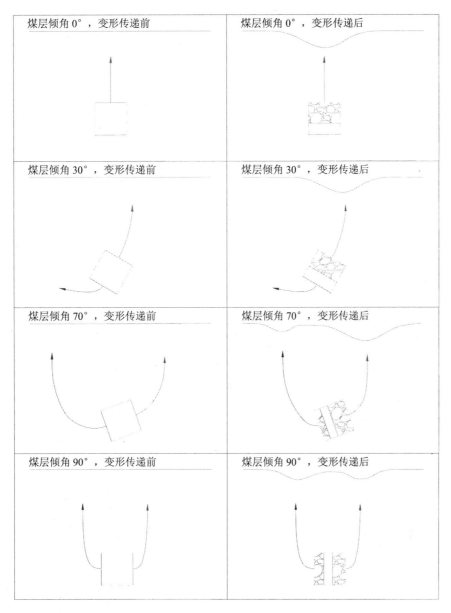

图 12-8　不同倾角煤层单元开采时变形传递示意图

$$W'_\mathrm{e}(y) = k_\mathrm{f} \frac{1}{r_\mathrm{f}} \mathrm{e}^{-\pi \frac{[y - H_0 \cot(\theta_\mathrm{f})]^2}{r_\mathrm{f}^2}} + (1 - k_\mathrm{f}) \frac{1}{r_\mathrm{r}} \mathrm{e}^{-\pi \frac{[y + H_0 \cot(\theta_\mathrm{r})]^2}{r_\mathrm{r}^2}} \qquad (12.9)$$

式中：r_f——底板变形的主要影响半径，其值为 $z/\mathrm{tg}\beta_\mathrm{f}$，为新增参数；

$\mathrm{tg}\beta_\mathrm{f}$——底板的主要影响角正切，为新增参数；

θ_f——底板侧的影响传播角，为新增参数；

k_f——底板影响系数，为新增参数；

H_0——单元开采深度；

r_r——顶板变形的主要影响半径，其值为 $h/\mathrm{tg}\beta_\gamma$，和原概率积分法参数一样；

　　tgβ_γ——底板的主要影响角正切，和原概率积分法参数一样；

　　θ_γ——顶板的影响传播角，和原概率积分法参数一样。

下面进一步通过图解的方式解释式 12.9 中的各个参数的含义。

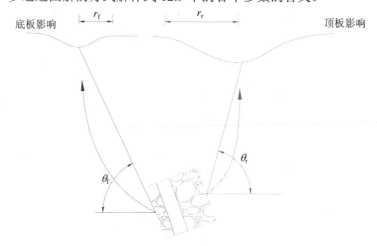

图 12-9　基于倾斜煤层的新概率积分微元

　　式 12.9 中 k_f 为底板影响系数，其取值范围为[0，1），其物理意义为底板变形在整个采空区变形中所占的比例，k_f 的值和煤层倾角有很大关系，当煤层倾角较小时，可以不考虑底板变形对地表的影响。在本书的系列实验中，煤层倾角小于等于 60° 时，其值可以设置为 0，煤层倾角越大其值越大。tgβ_f 为底板变形的主要影响角正切，其值和底板的岩石强度，岩层面之间的滑移系数等有关系，通过实验研究，底板方向的变形主要来源于底板岩石沿接触面滑移，故该变形比较集中，变形值大，影响范围小，即 tgβ_f 值较大。实验中观测到的岩石沿层面滑移见图 12-10。θ_f 为底板侧的影响传播角，其含义和传统的影响传播角一样。

图 12-10　急倾斜煤层开采引起底板岩层滑移

设地表点的坐标为（Y，0），将下沉微元代入积分公式其结果为：

$$W(Y) = q\int_0^{Y_C}\mathrm{d}y\int_{f_{\mathrm{ad}}(y)}^{f_{\mathrm{ac}}(y)}W_{\mathrm{e}}'(y-Y)\mathrm{d}z + q\int_{Y_C}^{Y_D}\mathrm{d}y\int_{f_{\mathrm{ad}}(y)}^{f_{\mathrm{bc}}(y)}W_{\mathrm{e}}'(y-Y)\mathrm{d}z +$$
$$q\int_{Y_D}^{Y_B}\mathrm{d}y\int_{f_{\mathrm{bd}}(y)}^{f_{\mathrm{cb}}(y)}W_{\mathrm{e}}'(y-Y)\mathrm{d}z \tag{12.10}$$

下面是一个计算实例，某矿区急倾斜煤层开采，倾角 83°，煤层开采厚度 4 200 mm，平均开采深度 178 m，工作面长度 195 m，根据该矿区情况 tgβ_f 取 3.2、tgβ_f 取 1.0，θ_f 取 71°，θ_γ 取 83°，下沉系数 q 取 0.8，k_f 取 0.15。运用本书提出的采空区等影响转换和新概率积分法微元，基于 Mathmatica 数学计算软件编写公式，主断面上预计下沉曲线结果如图 12-11 所示。

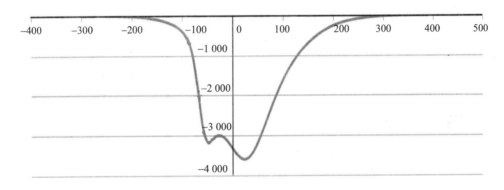

图 12-11　急倾斜煤层开采地表下沉预计实例——考虑底板变形

通过该实例可知，扩展后的概率积分法微元可以较好地处理急倾斜煤层开采顶板和底板同时变形，导致地表出现 2 个下沉中心的问题。

三、新预计模型的参数分析

从上面对新预计模型的建模过程来看，其建模过程的基本理论还基于概率积分法，当煤层倾角较小，不用考虑底板变形时，其参数的含义和取值还和原来一模一样；当为急倾斜煤层，需要考虑底板变形时，参数分为 2 个部分，一部分为底板移动参数，另一部分为顶板移动参数，其中顶板移动参数还和原概率积分法一样，底板移动参数和顶板移动参数的含义一样，但在数值上不同。主要体现在：底板移动系数 k_f 较小，一般为取值小于 0.1，底板移动角正切 tgβ_f 值较大，取值可能到 2.5~4.0。下沉系数 q 的含义为地表下沉体积与采出煤体积的比值。拐点偏移距的物理意义还是指采空区边缘上方留下一段岩层支撑上覆岩层的距离。

值得说明的是，对于采空区中的各个微元，k_f 的值也可以看做一种权，该权的大小衡量了该微元对沿底板方向变形贡献的大小，故在采空区中不同的位置，其值也应该不一样，比如离底板近的微元，该值应该较大，比如离顶板较近的地方，其值应该较小。为了简便起见，每个微元的 k_f 都取相同值，此时 k_f 为各个微元对底板影响的加权平均值。

　　底板移动角正切 $tg\beta_f$ 取值较大原因和底板方向围岩的运动机理有关系，通过实验分析，底板的三带（冒落带、断裂带、弯曲带）分布比较薄，大多数时候三带不会同时出现，仅仅观测到底板有弯曲现象。底板方向的地表变形在很大程度上来自于当煤层倾角较大时，煤层被开采后，对底板测的围岩压力减小，底板沿岩层接触面的滑移，见图 12-10。岩层滑移变形向地表的传递方式和常规的覆岩垮落、断裂、弯曲变形向地表的传递方式具有较大差异，滑移变形的主要特点是变形集中，影响范围较小，变形值大。该变形特点是 $tg\beta_f$ 取值较大的内在原因。

　　下沉系数 q 的含义和传统的概率积分法下沉系数含义也有所不同。传统的下沉系数含义为，充分采动时，最大下沉值与 $mcos\alpha$ 的比值。但是由于考虑到本预计模型涵盖了所有煤层倾角，当煤层倾角较大时，将不会出现充分采动，为了更好地说明问题，该值不再取最大下沉值与 $mcos\alpha$ 的比值，而取下沉盆地的体积与采出煤体积的比值。

　　θ_f 和 θ_γ 为底板方向和顶板方向的影响传播角，其值的大小确定了主断面下沉曲线上 2 个下沉中心的位置，从这方面来说，该值也可以叫做顶板方向和底板方向的最大下沉角。其含义诠释了顶底板变形沿不同方向传递的本质现象。对于每个微元来说，变形传递的方向和结果也不一样，也就是说各个微元的 θ_f 和 θ_γ 是不应该一样的，但是为了计算方便，各个微元的 θ_f 取相同值，θ_γ 也取相同值。此时 θ_f 和 θ_γ 和前面提到的 k_f 一样，也可理解为一种加权平均值。从对实验数据的分析来看，θ_f 比 θ_γ 的值稍大。

四、预计方法适宜性分析

　　本预计方法的提出主要是将现有的概率积分法进行拓展，让其适宜任意倾角煤层开采引起的地表变形预计问题。由于缺乏急倾斜煤层的实测观测站数据，对于预计方法的适宜性分析，还采用本书相似材料模拟实验中的数据，选择其中倾角比较大的 80° 模型和 60° 模型，下面对其拟合求参，并给出拟合精度。

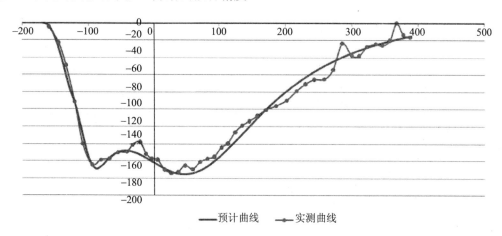

图 12-12　80°模型实测数据和新预计模型拟合曲线对比图

　　从拟合的效果来看，本书提出新方法的拟合效果好于原始的概率积分法。拟合的精度按照式 12.11 和式 12.12 计算，公式如下：

$$拟合绝对误差 = \sqrt{\frac{\sum\limits_{i=1}^{n}(W_{i拟合} - W_{i实测})^2}{n}} \tag{12.11}$$

$$拟合相对误差 = \frac{\sqrt{\dfrac{\sum\limits_{i=1}^{n}(W_{i拟合} - W_{i实测})^2}{n}}}{W_{max}} \tag{12.12}$$

其结果为，绝对误差为 8.5 mm，相对误差为 5%，优于原始概率积分法的拟合精度 11 mm 和 7%，证明了本方法的优越性。其参数为：拐点偏移距（从模型上量取，上山方向 5 m，下山方向 3 m）。k_f 取值 0.09，$tg\beta_f$ 取值 2.4，$tg\beta_\gamma$ 取值 0.45，下沉系数 0.08，θ_f 为 61°，θ_γ 为 77°。从求取的参数来看，其中下沉系数和顶板主要影响角正切值较小，这和模型岩石性质较硬有关系，同时底板的主要影响角正切较大，这跟底板受采动影响沿层面滑移有关系。拟合数据详情见表 12-1。

表 12-1　80°模型拟合实测下沉值和新计算方法预计下沉值对比

点号	计算坐标	实测下沉/mm）	预计下沉/mm	点号	计算坐标	实测下沉/mm	预计下沉/mm
1	−159.97	−4	−17	25	112.56	−140	−148
2	−145.05	−23	−39	26	123.50	−127	−140
3	−134.27	−49	−61	27	134.18	−119	−132
4	−121.10	−92	−96	28	145.03	−114	−116
5	−109.17	−140	−128	29	157.39	−108	−108
6	−94.86	−165	−169	30	170.07	−101	−100
7	−81.67	−159	−165	31	185.35	−96	−93
8	−68.11	−157	−157	32	201.27	−90	−80
9	−54.72	−150	−148	33	216.27	−79	−68
10	−40.93	−150	−148	34	229.80	−71	−63
11	−31.66	−141	−150	35	243.11	−66	−58
12	−21.12	−138	−153	36	258.36	−65	−49
13	−12.01	−152	−157	37	271.35	−54	−45
14	−3.62	−157	−162	38	285.47	−24	−42
15	5.13	−158	−166	39	299.69	−37	−35
16	15.52	−170	−170	40	310.65	−38	−32
17	26.30	−174	−173	41	322.57	−27	−29
18	36.96	−173	−175	42	335.30	−24	−27
19	47.47	−165	−175	43	345.67	−26	−25
20	58.82	−170	−174	44	356.91	−20	−22
21	70.27	−161	−171	45	366.97	0	−20
22	81.60	−157	−166	46	377.29	−14	−17
23	91.80	−155	−161	47	387.24	−16	−15
24	102.82	−144	−155	—	—	—	—

下面进一步对 60°模型运用新预计函数进行求参拟合，预计结果和实测对比见图 12-13，拟合数据详情见表 12-2。

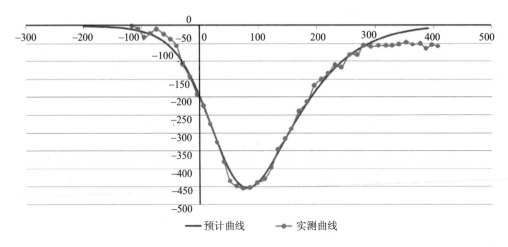

图 12-13 60°模型实测数据和新模型拟合曲线对比图

表 12-2 60°模型拟合实测下沉值和新计算方法预计下沉值对比

点号	计算坐标	实测下沉/mm	预计下沉/mm	点号	计算坐标	实测下沉/mm	预计下沉/mm
1	−116.43	0	−10	24	145.52	−316	−318
2	−105.32	−8	−13	25	155.63	−288	−289
3	−95.18	−31	−17	26	168.87	−239	−248
4	−84.92	−21	−23	27	183.09	−213	−210
5	−74.41	−9	−30	28	195.26	−167	−186
6	−61.68	−23	−46	29	207.47	−150	−155
7	−50.26	−37	−60	30	219.19	−134	−136
8	−40.00	−56	−78	31	231.00	−109	−119
9	−29.52	−108	−101	32	242.14	−116	−104
10	−17.36	−142	−145	33	256.05	−81	−83
11	−5.26	−191	−180	34	269.26	−81	−66
12	6.12	−222	−221	35	279.25	−55	−56
13	16.79	−274	−264	36	291.86	−58	−48
14	28.31	−326	−330	37	305.18	−55	−37
15	40.17	−380	−371	38	317.98	−55	−31
16	50.31	−434	−405	39	328.42	−55	−26
17	62.20	−448	−441	40	339.93	−51	−21
18	73.62	−455	−447	41	352.27	−46	−19
19	84.60	−452	−452	42	363.22	−52	−17
20	97.60	−438	−435	43	376.29	−50	−16
21	109.92	−428	−415	44	386.19	−64	−14
22	121.75	−397	−390	45	395.83	−53	−13
23	132.94	−345	−348	46	406.18	−57	−12

从拟合的效果来看，本书提出新方法的拟合效果好于原始的概率积分法。拟合的精度还按照式 12.11 和式 12.12 计算，其结果为，绝对误差：19 mm，相对误差为 4%，优于原始概率积分法的拟合精度 25 mm 和 6%。证明了本方法的优越性。其参数为：拐点偏移距（从模型上量取，上山方向 4 m，下山方向 5 m）。k_f 取值 0，$\text{tg}\beta_\gamma$ 取值 0.9，下沉系数 0.12，θ_γ 为 72°。从求取的参数来看，其中下沉系数和顶板主要影响角正切值较小，这和模型的岩石性质较硬有关系，该模型底板影响甚微，预计时不考虑。

第三节　预计模型优化

一、滑移系数

本书提出的新预计方法在建模过程中由于考虑到倾斜煤层，特别是急倾斜煤层在开采过程中，上山方向垮落带岩石向下山方向滑移滚动，充填下山方向采空区，让下山方向采空区空间向上转移这一自然过程，提出了一种采空区等影响变换方法。在该方法中，从下山方向分出一块宽度为 $mk_s\sin\alpha$ 的一块倒三角形采空区，将下山方向采空区空间转移到上山方向，使其更符合自然规律。该过程模拟了上山方向岩石向下山方向滑移的过程，由于不同矿区的岩石性质不一样，其滑移程度也不一样，根据实验数据可得，当煤层倾角大于 40°的时候有明显的滑移。在现有基础上引入参数 k_s，并将其代入公式，原有的 $m\sin\alpha$ 变为 $mk_s\sin\alpha$，图 12-5 变为图 12-14。

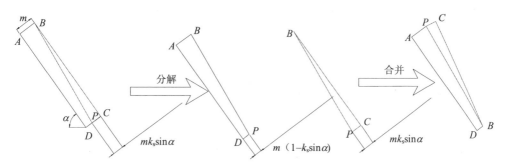

图 12-14　采空区等影响变换法引入参数 k_s

则式 12.1，式 12.2，式 12.3，做如下变化：

$$\begin{cases} Y_B = Y_D + m(1 - k_s\sin\alpha)\sin\alpha \\ Z_B = Z_D + m(1 - k_s\sin\alpha)\cos\alpha \end{cases} \tag{12.13}$$

$$\begin{cases} Y_P = m\sin\alpha \\ Z_P = Z_A + m\cos\alpha \end{cases} \tag{12.14}$$

$$\begin{cases} Y_C = m(1 + k_s \sin\alpha)\sin\alpha \\ Z_C = Z_A + m(1 + k_s \sin\alpha)\cos\alpha \end{cases} \tag{12.15}$$

引入 k_s 参数后，如果计算中不考虑滑移影响，可设该参数为 0，所得到采空区和原始采空区一模一样，不产生变化。考虑滑移影响后，该参数的取值范围为（0，1]。当煤层倾角较小时，也可以不考虑采空区的滑移影响，k_s 可取值 0。考虑滑移影响后，k_s 的值和垮落岩石的大小、软硬等都有关系，岩石块状越大，其值越小，硬度越大，其值越小。

二、全盆地地表移动变形的求取

在第七章第二节第二部分中提出了概率积分法下沉微元的扩展形式，用于解决煤层顶底板同时出现变形的问题，下面进一步得出倾斜、曲率、水平移动、水平变形的扩展微元及全盆地地表变形的预计公式：

$$W'_e(x,y) = k_f \frac{1}{r_f^2} e^{-\pi \frac{[y - H_0 \cot(\theta_f)]^2 + x^2}{r_f^2}} + (1 - k_f)\frac{1}{r_r^2} e^{-\pi \frac{[y + H_0 \cot(\theta_r)]^2 + x^2}{r_r^2}} \tag{12.16}$$

$$i'_{ye}(x,y) = k_f 2\pi \frac{[y - H_0 \cot(\theta_f)]}{r_f^4} e^{-\pi \frac{[y - H_0 \cot(\theta_f)]^2 + x^2}{r_f^2}}$$
$$+ (1 - k_f)2\pi \frac{[y + H_0 \cot(\theta_r)]}{r_r^4} e^{-\pi \frac{[y + H_0 \cot(\theta_r)]^2 + x^2}{r_r^2}} \tag{12.17}$$

$$i'_{xe}(x,y) = k_f 2\pi \frac{x}{r_f^4} e^{-\pi \frac{[y - H_0 \cot(\theta_f)]^2 + x^2}{r_f^2}} + (1 - k_f)2\pi \frac{x}{r_r^4} e^{-\pi \frac{[y + H_0 \cot(\theta_r)]^2 + x^2}{r_r^2}} \tag{12.18}$$

$$k'_{ye}(x,y) = k_f \frac{2\pi}{r_f^4}\{\frac{2\pi[y - H_0 \cot(\theta_f)]}{r_f^2} - 1\} e^{-\pi \frac{[y - H_0 \cot(\theta_f)]^2 + x^2}{r_f^2}}$$
$$+ (1 - k_f)\frac{2\pi}{r_r^4}\{\frac{2\pi[y + H_0 \cot(\theta_f)]}{r_r^2} - 1\} e^{-\pi \frac{[y + H_0 \cot(\theta_r)]^2 + x^2}{r_r^2}} \tag{12.19}$$

$$k'_{xe}(x,y) = k_f \frac{2\pi}{r_f^4}(\frac{2\pi x}{r_f^2} - 1) e^{-\pi \frac{[y - H_0 \cot(\theta_f)]^2 + x^2}{r_f^2}}$$
$$+ (1 - k_f)\frac{2\pi}{r_r^4}(\frac{2\pi x}{r_r^2} - 1) e^{-\pi \frac{[y + H_0 \cot(\theta_r)]^2 + x^2}{r_r^2}} \tag{12.20}$$

$$U'_{ye}(x,y) = k_f \frac{2\pi[y - H_0 \cot(\theta_f)]}{r_f^3} e^{-\pi \frac{[y - H_0 \cot(\theta_f)]^2 + x^2}{r_f^2}} - k_f \frac{1}{r_f} e^{-\pi \frac{[y - H_0 \cot(\theta_f)]^2}{r_f^2}} \cot\theta_f$$
$$+ (1 - k_f)\frac{2\pi[y + H_0 \cot(\theta_r)]}{r_r^3} e^{-\pi \frac{[y + H_0 \cot(\theta_r)]^2 + x^2}{r_r^2}} + (1 - k_f)\frac{1}{r_r} e^{-\pi \frac{[y + H_0 \cot(\theta_r)]^2}{r_r^2}} \cot\theta_r \tag{12.21}$$

$$U'_{xe}(x,y)=k_f\frac{2\pi x}{r_f^3}\mathrm{e}^{-\pi\frac{[y-H_0\cot(\theta_f)]^2+x^2}{r_f^2}}+(1-k_f)\frac{2\pi x}{r_r^3}\mathrm{e}^{-\pi\frac{[y+H_0\cot(\theta_r)]^2+x^2}{r_r^2}} \tag{12.22}$$

$$\varepsilon'_{ye}(x,y)=k_f\frac{2\pi}{r_f^3}\{\frac{2\pi[y-H_0\cot(\theta_f)]^2}{r_f^2}-1\}\mathrm{e}^{-\pi\frac{[y-H_0\cot(\theta_f)]^2+x^2}{r_f^2}}$$

$$-k_f2\pi\frac{[y-H_0\cot(\theta_f)]}{r_f^2}\mathrm{e}^{-\pi\frac{[y-H_0\cot(\theta_f)]^2}{r_f^2}}\cot\theta_f$$

$$+(1-k_f)\frac{2\pi}{r_r^3}\{\frac{2\pi[y+H_0\cot(\theta_f)]^2}{r_r^2}-1\}\mathrm{e}^{-\pi\frac{[y+H_0\cot(\theta_r)]^2+x^2}{r_r^2}} \tag{12.23}$$

$$+(1-k_f)2\pi\frac{[y+H_0\cot(\theta_r)]}{r_r^2}\mathrm{e}^{-\pi\frac{[y+H_0\cot(\theta_r)]^2}{r_r^2}}\cot\theta_r$$

$$\varepsilon'_{xe}(x,y)=k_f\frac{2\pi}{r_f^3}\{\frac{2\pi x^2}{r_f^2}-1\}\mathrm{e}^{-\pi\frac{[y-H_0\cot(\theta_f)]^2+x^2}{r_f^2}}$$

$$+(1-k_f)\frac{2\pi}{r_r^3}\{\frac{2\pi x^2}{r_r^2}-1\}\mathrm{e}^{-\pi\frac{[y+H_0\cot(\theta_r)]^2+x^2}{r_r^2}} \tag{12.24}$$

根据上述公式全盆地地表变形预计计算坐标系，见图 12-15。

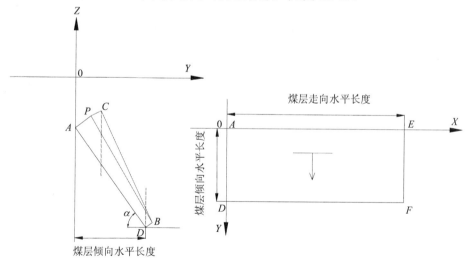

图 12-15　预计计算坐标系

图中 *ADFE* 为采空区俯视图，走向为 *X* 倾向为 *Y*，在 *X0Y* 坐标系下，点（*X*，*Y*）的地表变形计算公式为：

$$W(X,Y) = q\int_0^{X_E} dx \int_0^{Y_C} dy \int_{f_{ad}(y)}^{f_{ac}(y)} W_e'(x-X, y-Y) dz$$
$$+ q\int_0^{X_E} dx \int_{Y_C}^{Y_D} dy \int_{f_{ad}(y)}^{f_{bc}(y)} W_e'(x-X, y-Y) dz \qquad (12.25)$$
$$+ q\int_0^{X_E} dx \int_{Y_D}^{Y_B} dy \int_{f_{bd}(y)}^{f_{cb}(y)} W_e'(x-X, y-Y) dz$$

$$i_y(X,Y) = q\int_0^{X_E} dx \int_0^{Y_C} dy \int_{f_{ad}(y)}^{f_{ac}(y)} i_{ye}'(x-X, y-Y) dz$$
$$+ q\int_0^{X_E} dx \int_{Y_C}^{Y_D} dy \int_{f_{ad}(y)}^{f_{bc}(y)} i_{ye}'(x-X, y-Y) dz \qquad (12.26)$$
$$+ q\int_0^{X_E} dx \int_{Y_D}^{Y_B} dy \int_{f_{bd}(y)}^{f_{cb}(y)} i_{ye}'(x-X, y-Y) dz$$

$$i_x(X,Y) = q\int_0^{X_E} dx \int_0^{Y_C} dy \int_{f_{ad}(y)}^{f_{ac}(y)} i_{xe}'(x-X, y-Y) dz$$
$$+ q\int_0^{X_E} dx \int_{Y_C}^{Y_D} dy \int_{f_{ad}(y)}^{f_{bc}(y)} i_{xe}'(x-X, y-Y) dz \qquad (12.27)$$
$$+ q\int_0^{X_E} dx \int_{Y_D}^{Y_B} dy \int_{f_{bd}(y)}^{f_{cb}(y)} i_{xe}'(x-X, y-Y) dz$$

$$k_y(X,Y) = q\int_0^{X_E} dx \int_0^{Y_C} dy \int_{f_{ad}(y)}^{f_{ac}(y)} k_{ye}'(x-X, y-Y) dz$$
$$+ q\int_0^{X_E} dx \int_{Y_C}^{Y_D} dy \int_{f_{ad}(y)}^{f_{bc}(y)} k_{ye}'(x-X, y-Y) dz \qquad (12.28)$$
$$+ q\int_0^{X_E} dx \int_{Y_D}^{Y_B} dy \int_{f_{bd}(y)}^{f_{cb}(y)} k_{ye}'(x-X, y-Y) dz$$

$$k_x(X,Y) = q\int_0^{X_E} dx \int_0^{Y_C} dy \int_{f_{ad}(y)}^{f_{ac}(y)} k_{xe}'(x-X, y-Y) dz$$
$$+ q\int_0^{X_E} dx \int_{Y_C}^{Y_D} dy \int_{f_{ad}(y)}^{f_{bc}(y)} k_{xe}'(x-X, y-Y) dz \qquad (12.29)$$
$$+ q\int_0^{X_E} dx \int_{Y_D}^{Y_B} dy \int_{f_{bd}(y)}^{f_{cb}(y)} k_{xe}'(x-X, y-Y) dz$$

$$U_y(X,Y) = b \cdot q \cdot \int_0^{X_E} dx \int_0^{Y_C} dy \int_{f_{ad}(y)}^{f_{ac}(y)} U_{ye}'(x-X, y-Y) dz$$
$$+ b \cdot q \cdot \int_0^{X_E} dx \int_{Y_C}^{Y_D} dy \int_{f_{ad}(y)}^{f_{bc}(y)} U_{ye}'(x-X, y-Y) dz \qquad (12.30)$$
$$+ b \cdot q \cdot \int_0^{X_E} dx \int_{Y_D}^{Y_B} dy \int_{f_{bd}(y)}^{f_{cb}(y)} U_{ye}'(x-X, y-Y) dz$$

$$U_x(X,Y) = b \cdot q \cdot \int_0^{X_E} dx \int_0^{Y_C} dy \int_{f_{ad}(y)}^{f_{ac}(y)} U_{xe}'(x-X, y-Y) dz$$
$$+ b \cdot q \cdot \int_0^{X_E} dx \int_{Y_C}^{Y_D} dy \int_{f_{ad}(y)}^{f_{bc}(y)} U_{xe}'(x-X, y-Y) dz \qquad (12.31)$$
$$+ b \cdot q \cdot \int_0^{X_E} dx \int_{Y_D}^{Y_B} dy \int_{f_{bd}(y)}^{f_{cb}(y)} U_{xe}'(x-X, y-Y) dz$$

$$\varepsilon_y(X,Y) = b \cdot q \cdot \int_0^{X_E} \mathrm{d}x \int_0^{Y_C} \mathrm{d}y \int_{f_{ad}(y)}^{f_{ac}(y)} \varepsilon'_{ye}(x-X, y-Y)\mathrm{d}z$$

$$+ b \cdot q \cdot \int_0^{X_E} \mathrm{d}x \int_{Y_C}^{Y_D} \mathrm{d}y \int_{f_{ad}(y)}^{f_{bc}(y)} \varepsilon'_{ye}(x-X, y-Y)\mathrm{d}z \qquad (12.32)$$

$$+ b \cdot q \cdot \int_0^{X_E} \mathrm{d}x \int_{Y_D}^{Y_B} \mathrm{d}y \int_{f_{bd}(y)}^{f_{cb}(y)} \varepsilon'_{ye}(x-X, y-Y)\mathrm{d}z$$

$$\varepsilon_x(X,Y) = b \cdot q \cdot \int_0^{X_E} \mathrm{d}x \int_0^{Y_C} \mathrm{d}y \int_{f_{ad}(y)}^{f_{ac}(y)} \varepsilon'_{xe}(x-X, y-Y)\mathrm{d}z$$

$$+ b \cdot q \cdot \int_0^{X_E} \mathrm{d}x \int_{Y_C}^{Y_D} \mathrm{d}y \int_{f_{ad}(y)}^{f_{bc}(y)} \varepsilon'_{xe}(x-X, y-Y)\mathrm{d}z \qquad (12.33)$$

$$+ b \cdot q \cdot \int_0^{X_E} \mathrm{d}x \int_{Y_D}^{Y_B} \mathrm{d}y \int_{f_{bd}(y)}^{f_{cb}(y)} \varepsilon'_{xe}(x-X, y-Y)\mathrm{d}z$$

式中：b 为水平移动系数。

第四节　小结

针对目前概率积分法对任意倾角煤层开采沉陷预计的局限性，本章研究了其基本机理，并建立了相应的开采沉陷预计模型，取得的主要成果有：

①通过提出一种采空区等影响变换的方法，模拟了大倾角煤层开采时垮落带岩石向下滑移滚落过程，其预计方法更切合实际，并给出了计算实例，说明了该方法的可用性。

②通过对传统的概率积分法微元进行扩展变形，让其适应任意倾角的开采沉陷预计，解决了采空区顶板和底板变形同时向地表传递的问题，并给出了计算实例，说明了该方法的可用性。

③通过对实验数据的拟合求参，发现本章提出的新方法能更好地拟合实验室数据，证明了方法的优越性。

④基于煤层倾角变化的开采沉陷预计模型的研究成功，为进一步建立一体化开采沉陷预测技术体系奠定坚实的基础。

第十三章 耦合 DEM 的开采沉陷预计模型研究

目前影响开采沉陷预测精度的另一个重要制约因素是无法建立起适用性较好的考虑地形变化的预测模型，主要原因体现在 2 个方面：首先，目前考虑山区地表移动与变形的预计模型参数体系复杂，难以进行准确确定，导致预测精度差异较大，制约着预测模型的推广应用；另一方面表征地面起伏变化的 DEM 模型获取难度高，且数据格式的差异导致其与开采沉陷预测模块的耦合在技术上存在一定的困难。本章通过研究，对目前可获得的 DEM 模型进行分析与格式转换，形成使用开采沉陷预计模型调用的数据文件，将其与适宜倾角变化的开采沉陷模型耦合，最终在理论上解决实用的可考虑地形起伏及煤层倾角变化的一体化开采沉陷预测模型的建立。

第一节 考虑坡度变化的开采沉陷预计方法

我国矿区幅员辽阔，资源丰富，约有 70%的矿区位于平原地区，约有 30%的矿区位于山区。平原地形平坦，山区地形高低起伏多变，这 2 种区域的开采沉陷体现出不同的规律。

通过我国著名开采沉陷专家何万龙多年的研究，得出山区开采沉陷有如下基本规律：通过对山区水平移动的分析，证明了山区煤层开采后，地表点的移动有向下坡方向滑移的分量，滑移量的大小和影响范围与地表倾角、倾向、表土层性质以及在盆地内的位置有关。对这些特征的研究，何教授将山区地表移动的规律写成数学模型，并被列入《建筑物、水体、铁路及主要井巷煤柱留设与压煤开采规程》[148]。

山区任意点下沉和水平移动计算公式如下：

$$W'(x,y) = W(x,y) + D_{x,y} \{ P[x]\cos^2\varphi + P[y]\sin^2\varphi +$$
$$P[x]P[y]\sin^2\varphi\cos^2\varphi\tan^2\alpha'_{x,y} \} W(x,y)\tan^2\alpha'_{x,y} \quad (13.1)$$

$$U'(x,y)_\phi = U(x,y)_\phi + |D_{x,y}| W(x,y) \{ P[x]\cos\varphi\cos\phi + P[y]\sin\varphi\sin\phi \}\tan\alpha'_{x,y} \quad (13.2)$$

式中 $W(x,y)$ 和 $U(x,y)_\phi$ 分别为相同地质、开采技术条件下平地任意点 (x,y) 的下沉和任意点 (x,y) 沿 ϕ 方向的水平移动，可按照平地预计公式计算出来；$D_{x,y}$ 为 (x,y) 点的地表特性系数，可按照表 13-1 获取，$\alpha'_{x,y}$ 为地表趋势面 (x,y) 点的倾角；ϕ 为 (x,y) 点的倾斜方位角，ϕ 为预计方向。$P[x]$ 和 $P[y]$ 分别为走向和倾向主断面的滑移影响函数，可按照式 13.3 计算。

表 13-1 山区地表特征系数

地表类型	表土层与地表植被特征	地表特征系数 D	
		凹形地貌	凸形地貌
I	风化基岩；或厚度小于 2 m，地表生长密集的灌木丛或树林的砂质黏土荒坡	−0.1～−0.2	+0.2～+0.3
II	风化坡积物或砂质黏土层厚度 2～5 m 地面有灌木丛和疏林的荒坡	−0.2～−0.3	+0.3～+0.6
III	风化坡积物，亚黏土质红，黄土层，底部有钙质结核或砾石层，厚度大于 5 m 地面为耕地或果园	−0.3～−0.4	+0.6～+1.0
IV	具有垂直节理的湿陷性轻亚黏土或坡积物，底部有钙质结核或砾石层，厚度大于 5 m，地面为耕地	−0.4～−0.5	+1.0～+1.5

注：在凹形地貌和凸形地貌之间的变换部位，D 取 0 值。

$$P[x] = P(x) + P(l - x) - 1 \tag{13.3}$$

式中 l 为工作面走向方向的计算长度，$P(x)$ 可按照下式计算：

$$P(x) = 1 + A \cdot e^{-\frac{1}{2}(\frac{x}{r}+p)^2} + W_m e^{-t(\frac{x}{r}+p)^2} \tag{13.4}$$

式中 r 为主要影响半径，A、P、t 为滑移影响参数，可根据经验求得，其参考值为 $A=2\pi$、$P=2$、$t=\pi$。

山区任意点任意方向的变形计算方法为：

$$i'(x,y)_{\phi ij} = \frac{W'(x,y)_j - W'(x,y)_i}{d_{ij}} \tag{13.5}$$

$$K'(x,y)_{\phi j} = \frac{i'(x,y)_{\phi jk} - i'(x,y)_{\phi ij}}{0.5(d_{ij} + d_{jk})} \tag{13.6}$$

$$\varepsilon'(x,y)_{\phi ij} = \frac{U'(x,y)_{\phi j} - U'(x,y)_{\phi i}}{d_{ij}} \tag{13.7}$$

式中 i，j，k 依次代表相邻的 3 个预计点号；d_{ij} 和 d_{jk} 分别为 i 点至 j 点以及 j 点至 k 点的平距；$i'(x,y)_{\phi ij}$ 和 $\varepsilon'(x,y)_{\phi ij}$ 分别为 i 点至 j 点的山区倾斜和水平变形预计值，$K'(x,y)_{\phi ij}$ 为 j 点的山区曲率变形预计值；$i'(x,y)_{\phi jk}$ 为 j、k 点间的山区倾斜预计值；$W'(x,y)_i$、$W'(x,y)_j$ 和 $U'(x,y)_{\phi j}$、$U'(x,y)_{\phi i}$ 分别为预计的 i 点和 j 点山区下沉和水平移动预计值。

可见，在上述方法体系中，如果确定了平原地区开采引起的任意点的下沉及水平移动，确定对应实际山地地表的坡度、坡向、滑移影响系数、地表特征系数等参数后，即可实现山区地表开采影响下的移动与变形预计。而对于一个特定的预计计算区域而言，其难点在于如何确定任一点位的坡向及坡度，此问题可借助 DEM 实现。

第二节　DEM 数据的获得及格式读取

　　数字高程模型（DEM）作为地形表面的一种数字表达形式，具有易以多种形式显示地形信息、精度不会损失、容易实现自动化和实时化、具有多比例尺特性等优点，目前在计算机制图中被广泛应用。DEM 数据包含平面位置和高程 2 种信息，可以直接在野外通过实测得到，也可以间接从航空影像或遥感影像解译以及既有地形图矢量化获得[149]。对于工作面尺度的开采沉陷预计，其 DEM 获取通常是通过对区域地形图矢量化所得，在矢量化过程中，可根据预计工作的需要保存适当的交互文件格式；而对井田或矿区尺度的开采沉陷预计，由于预测计算范围较大，其 DEM 数据常来自于航空影像或遥感影像，随着传感器技术的发展，许多影像数据可以直接从相关机构官网上免费下载。例如 SRTM 90 m DEM 可以从"国际科学数据服务平台"上下载，因此重点对如何利用 SRTM 90 m DEM 数据进行开采沉陷预计进行详细介绍。

一、*.img 数据格式简介

　　.img 文件以分层文件结构（Hierarchical File Architecture）存储。这种格式将不同类型的数据节点以树的结构进行组织，组成树的节点能够支持任意类型的数据并且允许用户自定义新的数据节点。为了能够在不同操作系统的计算机之间共享数据，节点的内容和存储结构以独立于机器的格式（Machine Independent Format）保存。.img 文件采用这种存储结构最大的优势在于它所包含节点的类型和数量都不是固定的，如果用户按照其规则扩充自己的节点，那么利用这种文件能够存储任意类型的数据[150]。HFA 结构见图 13-1。

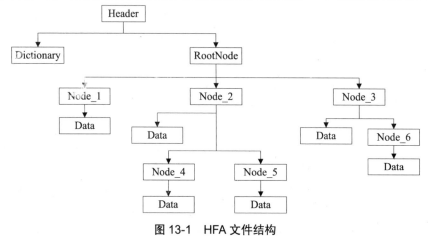

图 13-1　HFA 文件结构

　　HFA 树中每一个节点由存储结构和节点内容组成，节点存储结构包括该节点所包含数据的类型及其组织方式，每一个节点都包含一个头文件，头文件中定义了指向其存储结构、内容及其指向其他节点的指针。任何一个*.img 文件都是由三种基本的预定义对象组成的，它们是 Ehfa_HeaderTag、Ehfa_File、Ehfa_Enty。

（一）Ehfa_HeaderTag

*.img 文件开始的唯一标识，一般占 20 个字节。

表 13-2　Ehfa_HeaderTag 数据结构

类型	名称	定义
Char[16]	label	文件标识 EHFA_HEADER_TAG
Long	headerPtr	指向 Ehfa_File 的指针

（二）Ehfa_File

用于追踪记录每一个 HFA 节点，尽管在指针的帮助下它们可以开始于整个文件的任何位置。

表 13-3　Ehfa_File 数据结构

类型	名称	定义
Long	version	版本号通常为 1
Long	freeList	
Long	rootEntryPtr	指向根节点的指针，其他节点为该节点的子节点
Short	entryHeaderLength	每一个节点同文件所包含的字节数
Short	dictionaryPtr	所有节点存储结构信息的开始位置

（三）Ehfa_Enty

每一个节点的头文件。

表 13-4　Ehfa_Enty 数据结构

类型	名称	定义
Long	next	指向当前层中下一个节点的指针
Long	prev	指向当前层中前一个节点的指针
Long	parent	指向当前节点父节点的指针
Long	child	指向当前节点第一个子节点的指针
Long	data	指向当前节点数据的指针
Long	dataSize	当前节点包含数据所占的字节数
Char[64]	name	一个以'\0'结尾的字符串表示节点名称
Char[32]	type	节点包含数据的类型
Time	modTime	该节点最后被修改的时间

（四）数据字典

数据字典用来描述 HFA 文件中所有节点存储结构，它通常以紧凑 ASCII 字符串的形式位于整个文件的尾部，指向它的指针位于 Ehfa_File 对象中。HFA 文件中每一个节点的存储结构在读取之前都是未知的，在读取节点之前，必须先读取节点的存储结构，然后按照存储结构中变量的次序和所占的字节数按位进行读取。

在数据字典中一个节点对应一个对象，一个对象由一个或多个子项组成，每一个子项有自己的数据类型和名称。在数据字典中节点 Ehfa_Enty 的存储结构如下：

{1: Lnext, 1: Lprev, 1: Lparent, 1: Lchild, 1: Ldata, 1: ldataSize, 64: cname, 32: ctype, 1: tmodTime, } Ehfa_Entry

其中变量之间以逗号隔开，每一个变量的定义包括变量的数目、数据类型和名称。例如："1：Lnext，"数字 1 表示一个变量，字母 L 表示数据类型为 long 长整型，next 表示变量的名称。

二、*.img 格式数据读取

从*.img 文件的起始位置开始，先读取 Ehfa_HeaderTag 对象；根据 Ehfa_HeaderTag 的指针 headerPtr 寻找到 Ehfa_File 对象，从该对象中的 rootEntryPtr 指针和 dictionaryPtr 指针得到根节点和数据字典的位置；按照普通树先序遍历的方式递归遍历根节点的所有子节点，每获取一个节点先根据其 type 字段的值到 dictionary 中查询其存储结构，然后按照其存储结构到其 data 字段所指的位置读取数据[124]。读取过程的数据流程图见图 13-2。

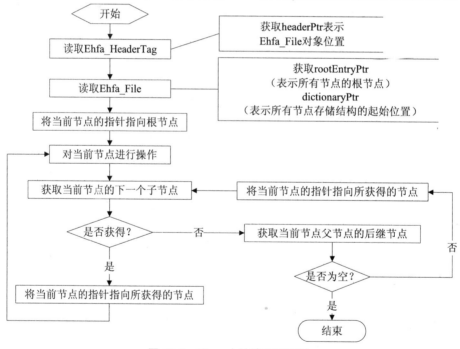

图 13-2　*.img 文件读取流程图

在所有节点中只有部分节点对获取图像信息比较重要，它们分别是 EimgLayer 及其子节点 Esta_Statistics、Edsc_Table、Eprj_ProParameters、Edms_State、Eprj_MapInfo、Ehfa_Layer。一个 Eimg_Layer 对应一幅图像中的一个波段，它主要描述波段的基本信息，包括像素的数据类型、所包含块的行列数目以及图像宽度和高度的像素数目。一个 Eimg_Layer 按照波段像素的行列数目被划分为多个块（Block），每一个块的大小根据图像的行、列数目的不同而不同，一般为 64*64。Edms_State 记录波段中所有块的位置和信息；Esta_Statistics 记录一个波段的统计信息，包括像素的最小值、最大值、平均值、均方差；Edsc_Table 记录图像的统计直方图；Eprj_ProParameters 记录地图投影信息，包括投影名称、投影代号，其子节点 Eprj_Datum 用来记录投影的高程基准，包括当前投影与 WGS84 坐标系转换的 7 个参数；Eprj_MapInfo 记录图层的基本信息，包括图像左上角、右下角点坐标以及像素的大小；Ehfa_Layer 用来记录图层的类型，包含 2 种类型："Raster" 和 "Vector"，目前 Vector 还没有实现。Eimg_Layger 节点的层次结构如下。

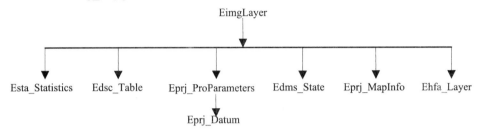

图 13-3　Eimg_Layer 节点的层次结构

在块中像素分为 "ESRI GRID" 压缩方式和非压缩方式存储，非压缩方式表示块中的数据按照顺序排列在块中，读取时只需块内数据的起始位置开始，按照块中所包含的像素数目进行读取；"ESRI GRID" 压缩方式为二维游程编码，块中的数据被分为多个游程，一个游程记录具有相同值的连续像素，在各行或各列像素值发生变化的情况下，它记录像素值及其重复的数目。一个按照 "ESRI GRID" 方式编码的块内像素存储的方式如下：

min value	num segment	data offset	numbits per value	data counts	data values

图 13-4　块内像素存储方式

其中 minvalue 占前 4 个字节，为了确保压缩块中能够存储所占字节数过大的像素值，在编码过程中将块中所有像素值都减去它们的最小值，该最小值即为 minvalue；numsegment 表示游程的数目，占 4 个字节；dataoffset 表示各游程像素值相对于块起始位置的偏移量，占 4 个字节；numbitspervalue 表示每一个像素值所占的字节数，占一个字节；datacounts 表示每一个游程中压缩像素的数目；datavalues 表示每一个游程中像素的值，每一个 datavalue 所占的字节数由 numbitspervalue 值确定，一个块中有多少个游程对应多少个 datacount 和 datavalue。每一个 datacount 有可能占有 1、2、3、4 个字节，第一个字节的前两位（0、1、2、3）表示它所占的字节数，剩下的 6 位表示该游程所包含的像素数目，其余的字节如果存在，则与前面的 6 位一起组合起来表示游程内像素的数目。一个 datacount 内数据的组织方式如下：

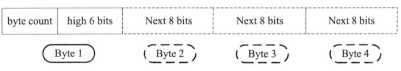

图 13-5　datacount 内数据的组织方式

　　要获取*.img 文件中的图像信息，主要读取 Eimg_Layer 节点，每一个 Eimg_Layer 对应图像中的一个波段，波段的像素值以块的形式分布在文件中，同一波段块的编码方式和数据所在的位置存储于 Eimg_Layer 的子节点 Edms_State 中。在读取.img 文件时，从根节点出发按照普通树先序遍历的方式搜索到 Eimg_Layer 节点，获取其子节点指针，依次遍历其子节点，从 Edms_State 节点中读取各块的信息，逐块按照编码方式读取块中的像素值，并按照块的先后顺序将各个块中像素添加到一个数组中组成整个波段的像素值；从 Eprj_ProParameters 节点中获取投影参数；从 Eprj_MapInfo 子节点中读取图像范围和像素所占字节数。读取 Eimg_Layer 节点的程序流程图见图 13-6。

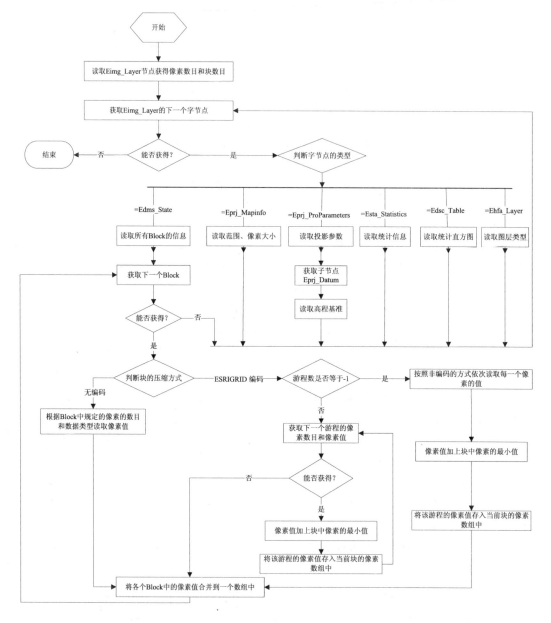

图 13-6　读取 Eimg_Layer 程序流程图

图像为中国科学院计算机网络信息中心国际科学数据镜像网站 SRTM 第 57 列 05 行地区单波段 DEM，格式为*.img，分辨率为 90.0 m，像素数据类型为 signed 16 bit，投影系统和高程基准为 WGS84，行、列数分别是 6 399 和 5 161，总共分为 8 100 个块，块的大小为 64*64，用上述方法读取并显示在自主开发的开采沉陷广适应预计系统中效果如图 13-7 所示。

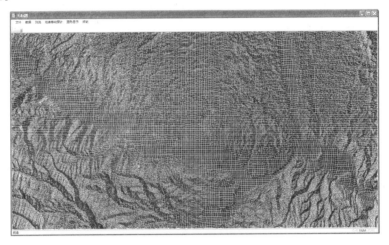

图 13-7　*.img 格式数据读取结果

通过上述操作，为利用 DEM 数据进行考虑地形变化的开采沉陷预计提供了基础数据，接下来要进行的工作为如何将 DEM 数据调入开采沉陷预计模块，获取所需的地表坡度、坡向及煤层变化等信息，来解决不同地形、不同产状煤层情况下的开采沉陷预计问题。

第三节　DEM 与开采沉陷预测模型的耦合研究

一、开采沉陷预计格网的建立

在进行开采沉陷预计计算时，常用的数据处理方法为在开采影响区按照适当的间距布置规则格网，计算每个网格节点上的下沉和变形值，通过对大量网格节点计算结果的插值计算获得下沉和变形等值线。

利用 DEM 获取的地表数据通常不规则格网，与进行开采沉陷所采用地表规则格网具有一定的差异，因此，需要根据获取的 DEM 进行开采沉陷预计格网的建立。为了建立正方形格网，必须通过数学方法计算出新的规则格网节点的坐标。格网节点的坐标是 DEM 构成和应用的基础，其精度将影响 DEM 的精度。因此，从离散点生成格网节点的插值算法必须最大可能地保持原始数据的精度，同时保持原始数据中地形或是煤层特征的信息。在实际应用中，由于地形变化的趋势和幅度的复杂情况，不可能用明确的函数关系表达出来，只能根据有限数量的离散点（采样值）和适当的内插方法来进行近似的描述，此外还要考虑到处理的效率、可靠性、内插数据的用途等诸因素来选用不同的计算方法，生成节点高程的算法大概有以下几种：

（1）线性插值

假设待求点 $P(x, y, e)$，处于相邻三点 $P_1(x_1, y_1, e_1)$，$P_2(x_2, y_2, e_2)$，$P_3(x_3, y_3, e_3)$ 所组成的平面上，则 p 点的高程为：

$$z = a_0 + a_1 x + a_2 y \tag{13.8}$$

系数 a_0，a_1，a_2 可利用 3 个邻近的已知点求得，该方法数据量大的时候可以有较高的计算速度，但精度不高。

（2）多项式（曲面）插值

多项式插值是利用 $z=f(x, y)$ [（$f(x, y)$ 为 x，y 的多项式]表示的曲面拟合被插值点 p 附近的地形表面。由于计算量的原因，以及在参考点较少的情况下，三次以上多项式往往会引起较大的误差，一些实验研究表明，二次曲面不仅是最简单的，而且是逼近不规则表面最有效的，所以 $f(x, y)$ 的次数一般不大于 2，多采用二次多项式。以二次曲面为例，设二次曲面方程为：

$$z = a_0 + a_1 x + a_2 y + a_3 xy + a_4 x^2 + a_5 y^2 \tag{13.9}$$

为了确定式（式 13.9）中的各项待定系数（a_0，…，a_5），可以利用被插值点附近的已知高程的离散点坐标，即可认为二次曲面（式 13.9）通过这些已知点，至少需要 6 个离散点数据才能确定未知的系数。为了保证曲面的一致性以及与相邻曲面之间的连续性，还可设定其一阶和二阶导数及边界条件，这样得到的方程组可通过线性代数的矩阵运算，求得各项系数。

$$\begin{bmatrix} a_0 \\ \vdots \\ a_5 \end{bmatrix} = \begin{bmatrix} 1 & x_0 & y_0 & x_0 y_0 & x_0^2 & y_0^2 \\ \vdots & \vdots & \vdots & \vdots & \vdots & \vdots \\ 1 & y_5 & y_5 & x_5 y_5 & x_5^2 & y_5^2 \end{bmatrix}^{-1} \begin{bmatrix} z_0 \\ \vdots \\ z_5 \end{bmatrix} \tag{13.10}$$

用矩阵符号表示系数 A，得：

$$A = F^{-1} Z \tag{13.11}$$

(x_0, y_0, z_0)，…，(x_5, y_5, z_5) 是被插值点 $p(x, y)$ 附近的 6 个离散点的坐标数据。某些算法对二次曲面的表达式进行了简单化，删去其中的若干项，即用抛物面或双曲面进行插值，使运算更加简单。移动曲面拟合算法就是这种方法的应用，移动曲面法是将被插值点 p 作为原点，在四个象限的限定范围之内寻找离散点数据，用多项式（一般是次曲面）进行插值，插值多项式的形式与找到的参考点数目有关。一般来说，多项二次函数形式的选取可按以下规则：

①参考点数大于 8 时

$$f(x, y) = a_0 + a_1 x + a_2 y + a_3 xy + a_4 x^2 + a_5 y^2 \tag{13.12}$$

②当参考点数为 6 或 7 时

$$f(x,y) = a_0 + a_1 x + a_2 y + a_3 x^2 + a_4 y^2 \tag{13.13}$$

③当参考点数为 4 或 5 时

$$f(x,y) = a_0 + a_1 x + a_2 y + a_3 xy \tag{13.14}$$

（3）距离加权平均插值

离散点插值不利于任何曲面插值函数，直接使用被插值点 P 附近参考点的坐标数据，根据参考点距 P 点的距离，计算该参考点对插值结果的影响。具体计算法如下：

设 (x_i, y_i, z_i)，$i = 1, \cdots, n$ 为被插值点 $P(x, y, z)$ 附近的一组参考点坐标，P 的高程插值计算公式为

$$Z = \sum_{i=1}^{n}(c_i z_i) / \sum_{i=1}^{n} c_i \tag{13.15}$$

c_i 是距离加权函数，常用的形式是

$$c_i = 1/d_i^2 = 1/\left[(x-x_i)^2 + (y-y_i)^2\right] \tag{13.16}$$

为了避免运算时的异常，可修改为

$$c_i = 1/\left(d_i^2 + \varepsilon\right) \tag{13.17}$$

ε 为一很小的常数。

对应不同形式的权函数，同一距离处的参考点对插值结果的影响不同。随着距离变化较快的权函数适用于变化较大的地形，而坡度较缓和的地形用缓慢变化的权函数则效果较好。常用的其他形式的权函数见式 13.18。

$$\left.\begin{array}{l}
\text{a）} c_i = 1/d_i \\[4pt]
\text{b）} c_i = 1/d_i^2 \\[4pt]
\text{c）} c_i = e^{-d_i^2} \\[4pt]
\text{d）} c_i = 1 - kd_i^2, k = 0.5, d_i \leqslant \sqrt{2} \\[4pt]
\text{e）} c_i = 1/d_i^n, n = 3 \\[4pt]
\text{f）} c_i = \left(1 - d_i^2\right)/d_i^2, d_i \leqslant 1 \\[4pt]
d_i = \sqrt{(x-x_i)^2 + (y-y_i)^2}
\end{array}\right\} \tag{13.18}$$

除上面几种高程差值方法外，还有最小二乘插值、多层曲面插值等方法，在开采沉陷预计系统中常常使用距离加权平均插值。

二、基于最小二乘法的坡度和坡向求取

（一）最小二乘法基本原理

衡量一个函数 $P(x)$ 同所给数据 (x_i, y_i) $(i = 0, 1, \cdots, m)$ 的偏差 $r_i = P(x_i) - y_i$ $(i = 0,$

$1, \cdots, m$）的大小，常用的方法有如下 3 种，一是偏差 r_i（$i=0, 1, \cdots, m$）的最大绝对值 $\max|r_i|$（$0 \leqslant i \leqslant m$），即偏差向量 $r=(r_0, r_1, \cdots, r_m)^T r$ 的 ∞ 一范数；二是偏差绝对值之和 $\sum|r_i|$（$i=0, 1, \cdots, m$），亦即偏差向量 r 的 1 一范数；三是偏差平方和 $\sum r_i^2$（$i=0, 1, \cdots, m$），也就是偏差向量 r 的 2 一范数。前 2 种方法比较自然，但由于含有绝对值，不便于微分运算，因此在函数拟合问题中常采用偏差平方和来度量 r_i（$i=0, 1, \cdots, m$）的总体大小。

对给定的数据 (x_i, y_i)（$i=0, 1, \cdots, m$），在取定的函数类 ϕ 中，求 $P(x) \in \phi$，使偏差 $r_i=P(x_i)-y_i$（$i=0, 1, \cdots, m$）的平方和为最小，即

$$\sum_{i=0}^{m} r_i^2 = \sum_{i=0}^{m}[P(x)-y_i]^2 = \min \tag{13.19}$$

满足上式的函数 $P(x)$ 叫最小二乘拟合函数或是最小二乘解，求最小二乘拟合函数 $P(x)$ 的方法叫函数拟合的最小二乘法。

（二）对空间三维离散点的最小二乘平面拟合

从煤层的地质构造特点来说，在小范围内，比如一个采区或是工作面，煤层都可以用一个近似平面或斜面来描述，对于地表，在小范围内也可以看成一个斜面。通过向井下打钻孔，或是地面观测，可获得这些面部分点的三维坐标，如果单独分析离散点我们很难分析出其整体姿态，但是基于这些点的面特征，可把这些点数据拟合为一个平面，获得其平面方程后，就能很方便地进行空间分析了。从数据的连续性来说，格网 DEM 也是由一系列的三维离散点组成的，该离散点位于格网节点上，故对网格 DEM 的空间分析，也可以借鉴这种方法。

平面方程一般表达式为：

$$P(x,y,z) = Ax + By + Cz + D = 0 \tag{13.20}$$

为了方便求其参数，上面方程两边同时除去 D，化为：

$$p(x,y,z) = ax + by + cz + 1 = 0 \tag{13.21}$$

对测得的点集数据 (x_i, y_i, z_i)（$i=0, 1, \cdots, m$），要求其最小二乘拟合平面其实就是使 $\sum_{i=0}^{m}[p(x,y,z)-p(x_i,y_i,z_i)]^2 = \min$，其中 $P(x, y, z)=0$，该公式化为：

$$F = \sum_{i=1}^{m}(ax_i + by_i + cz_i + 1)^2 = \min \tag{13.22}$$

要使上式成立需要 $\dfrac{\partial F}{\partial a}=0$、$\dfrac{\partial F}{\partial b}=0$、$\dfrac{\partial F}{\partial c}=0$ 成立，即：

$$\begin{cases} a\sum_{i=1}^{m}x_i^2 + b\sum_{i=1}^{m}x_iy_i + c\sum_{i=1}^{m}z_ix_i = -\sum_{i=1}^{m}x_i \\ a\sum_{i=1}^{m}x_iy_i + b\sum_{i=1}^{m}y_i^2 + c\sum_{i=1}^{m}z_iy_i = -\sum_{i=1}^{m}y_i \\ a\sum_{i=1}^{m}x_iz_i + b\sum_{i=1}^{m}y_iz_i + c\sum_{i=1}^{m}z_i^2 = -\sum_{i=1}^{m}z_i \end{cases} \tag{13.23}$$

设 $Q = \begin{bmatrix} \sum\limits_{i=1}^{m} x_i^2 & \sum\limits_{i=1}^{m} x_i y_i & \sum\limits_{i=1}^{m} z_i x_i \\ \sum\limits_{i=1}^{m} x_i y_i & \sum\limits_{i=1}^{m} y_i^2 & \sum\limits_{i=1}^{m} z_i y_i \\ \sum\limits_{i=1}^{m} x_i z_i & \sum\limits_{i=1}^{m} y_i z_i & \sum\limits_{i=1}^{m} z_i^2 \end{bmatrix}$ 、 $K = \begin{bmatrix} -\sum\limits_{i=1}^{m} x_i \\ -\sum\limits_{i=1}^{m} y_i \\ -\sum\limits_{i=1}^{m} z_i \end{bmatrix}$ 可得:

$$Q\begin{bmatrix} a & b & c \end{bmatrix}^T = K \tag{13.24}$$

解得平面方程的系数为:

$$\begin{bmatrix} a & b & c \end{bmatrix}^T = Q^{-1}K \tag{13.25}$$

拟合平面和水平面的关系见图 13-8。

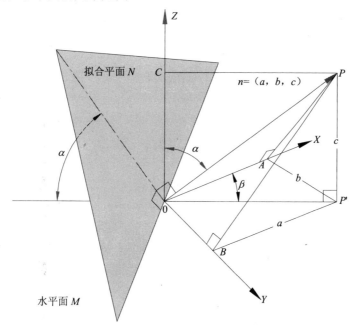

图 13-8 拟合平面和水平面的几何关系

图 13-8 中,OP 为拟合平面 N 的法向量,P' 为 P 点在水平面上的投影,α 为拟合平面倾角,OP' 为拟合平面的倾斜方向线,β 为拟合平面的倾向方位角。

(三)由平面的法向量求取平面倾角

由式 13.25 可计算出拟合平面的法向量 $n = (a, b, c)$,同时根据图 13-8 中的几何关系可以解得拟合平面的倾角为:

$$\alpha = 90^0 - \arctan(\frac{|c|}{\sqrt{a^2 + b^2}}) \tag{13.26}$$

（四）由平面法向量求取平面倾向

平面的倾向方位角 β 的求取，即是求取点（0，0）到点（a，b）的方位角，求取该方位角的方法和求取普通测量方位角的方法一致（左手坐标系）。

三、DEM 与开采沉陷预测模型耦合的基本步骤

山区地表开采沉陷预计模型和 DEM 模型耦合的基本步骤是：
（1）生成预计格网，并且根据地表现有高程点内插格网节点的高程。
（2）求取格网节点的地表倾角和倾斜方向，计算的时候可采用移动窗口法，见图 13-9。

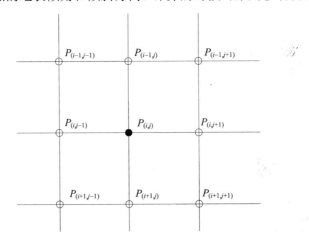

图 13-9　移动窗口求取预计点的坡向坡度示意图

在图 13-9 中，求取 P（i，j）点的坡度和坡向的具体方法是：先从 3×3 的移动窗口中取出和 P（i，j）邻近的具有高程值的 DEM 节点，然后再通过式 13.19 的最小二乘拟合法，求取 P 点的坡向坡度，最后将计算结果代入山区地表移动预计公式即可。移动窗口的大小可以根据实际要求调节。

第十四章　广适应开采沉陷预测软件开发

第一节　概述

一、开发背景

目前概率积分法是我国较为成熟、应用最为广泛的开采沉陷预计方法之一，工程应用中的沉陷预计系统大都是在该方法基础上实现的。由于概率积分法适用于煤层倾角较小、地势平坦条件下的地表移动变形预计，将现有的预计软件应用于倾斜煤层和山区开采沉陷预计出现了诸多问题。具体表现在：①根据现有软件预计结果留设的保护煤柱在山区和倾斜煤层条件下起不到应有的作用；②现阶段土地复垦、环境影响评价、地质灾害预测等工作中都涉及山区开采沉陷预计，山区地表移动变形是煤层开采和地形共同作用下的结果，而现有预计软件没有考虑地形因素对地表移动变形的影响。

随着计算机软、硬件技术的发展，从事开采沉陷工作的人员希望操作简便、适用范围广、可视化效果好的开采沉陷预计软件出现来提高工作效率。这一问题引起有关专家的高度重视，本项目通过研究，已经建立了适应不同煤层倾角和地形变化的开采沉陷预计模型，为开发适用于不同煤层、平地和山区的开采沉陷预计软件提供了条件。

二、开发目标

本系统的目标是基于不同煤层倾角的开采沉陷预计模型和山区沉陷预计模型，建立适用于不同煤层倾角和地形的开采沉陷预计软件系统。在对地表观测数据和工作面数据有效管理的基础上，实现不同倾角、地形条件下地表移动变形的合理预计和分析。在完成简单地质采矿条件下沉陷预计的同时，解决在地形较为复杂的山区和倾斜、急倾斜煤层条件下的地表移动变形预计问题。

系统实现地表移动观测数据的自动化管理和更新，不同煤层倾角下任意形状工作面的针对平地、山区地形的地表移动变形预计，考虑工作面分布和地形的预计结果图形化输出以及基于预计结果的分析等功能，提供输出图形与其他图形处理软件的交换接口。

系统以煤层开采的地质采矿条件和工作面参数为输入，兼容 USGS.dem 格式和 ESRI.IMG 格式的地表 DEM 数据进行不同倾角和地形的地表移动变形预计。为便于用户对地表移动变形的可视化分析，在对预计结果输出方面，本系统利用 OpenGL 图形接口实现地表 DEM、地表移动盆地、工作面方位叠加显示。

三、开发工具

- MS VC++ 2010 开发工具；
- MS Office2007 辅助工具；
- MS Office Visio 2007 建模工具；
- OpenGL 图形库。

第二节　开采沉陷预计模型简介

一、平地沉陷预计模型

根据第十三章的研究成果，在对倾斜煤层进行开采沉陷预计时，将原有的倾斜采空区基于煤层厚度和煤层倾角进行剖分，把下山方向的采空区转移一部分到上山方向，得到等影响采空区。通过对传统概率积分微元进行扩展，让其适应于任意倾角的开采沉陷预计，得到适用于不同倾角的开采沉陷预计模型。

适用于不同煤层倾角平地条件下的地表移动变形预计公式为14.1及公式13.23 一式13.31：

$$W_e'(x,y) = k_f \frac{1}{r_f^2} e^{-\pi \frac{[y-H_0 \cot\theta_f]^2 + x^2}{r_f^2}} + (1-k_f) \frac{1}{r_r^2} e^{-\pi \frac{[y+H_0 \cot\theta_r]^2 + x^2}{r_r^2}} \qquad (14.1)$$

二、山区沉陷预计模型

山区地表移动变形为相同地质采矿条件下平地的地表移动变形与山区采动滑移变形的矢量叠加，即：

$$W'(x,y) = W(x,y) + \Delta W(x,y)$$
$$I'(x,y) = I(x,y) + \Delta I(x,y)$$
$$K'(x,y) = K(x,y) + \Delta K(x,y)$$
$$U'(x,y) = U(x,y) + \Delta U(x,y)$$
$$\varepsilon'(x,y) = \varepsilon(x,y) + \Delta\varepsilon(x,y)$$

以上各式中等号左边为山区地表移动变形的下沉、水平移动、曲率、水平变形和水平移动，等号右端分别为相应的平地和山区采动滑移矢量。

在实际计算过程中山区地表移动变形的预计公式为：

$$W'(x,y) = W(x,y) + D_{x,y}\{P(x)\cos^2\psi + P(y)\sin^2\psi$$
$$+ P(x)P(y)\sin^2\psi\cos^2\psi\tan^2\alpha_{x,y}\}W(x,y)\tan^2\alpha_{x,y}$$
$$U'(x,y)_\varphi = U(x,y)_\varphi + |D_{x,y}|[P(x)\cos\varphi\cos\psi$$
$$+ P(y)\sin\varphi\sin\psi]\tan\alpha_{x,y}$$

（14.2）

式中： $W(x,y)$ 和 $U(x,y)_\varphi$——分别为相同地质、开采条件下通过平地概率积分预计公式计算地表任意点（x，y）的平地下沉和该点沿预计方向 φ 的水平移动；

D_{xy}——预计点的地表特性系数；

α_{xy}——预计的沿倾斜方向的倾角；

ϕ——预计方向；

ψ——预计点的倾斜方向，均由 x 轴沿逆时针方向计算；

$P(x)$ 和 $P(y)$——走向和倾向主断面的滑移影响函数，其计算公式为：

$$P(x) = P[x] + P[l-x] - 1$$

（14.3）

$$P[x] = 1 + Ae^{-\frac{1}{2}(\frac{x}{r}+P)^2} + W_m e^{-t(\frac{x}{r}+P)^2}$$

式中： l——工作走向计算长度；

r——主要影响半径；

A、P、t——滑移影响参数。

$P(y)$ 的计算方法可用工作面倾向计算长度代替上式中 l 计算得到。

山区任意点沿预计方向的倾斜、曲率和水平变形可由其下沉和水平移动值计算得到，计算公式如下：

$$i'(x,y)_{\varphi ij} = \frac{W'(x,y)_i - W'(x,y)_j}{d_{ij}}$$
$$K'(x,y)_{\varphi j} = \frac{i'(x,y)_{\varphi jk} - i'(x,y)_{\varphi ij}}{0.5(d_{ij}+d_{jk})}$$
$$\varepsilon'(x,y)_{\varphi ij} = \frac{U'(x,y)_{\varphi j} - i'(x,y)_{\varphi i}}{d_{ij}}$$

（14.4）

式中： i、j、k——在预计方向上依次相邻的 3 个预计点号；

d_{ij}——i 点至 j 点的平距；

$i'(x,y)_{\phi ij}$——i 点至 j 点的山区倾斜；

$K'(x,y)_{\phi j}$——j 点的山区曲率；

$\varepsilon'(x,y)_{\phi ij}$——$i$ 点至 j 点的山区水平变形。

利用上述模型进行地表移动变形预计的程序流程图如图 14-1 所示。

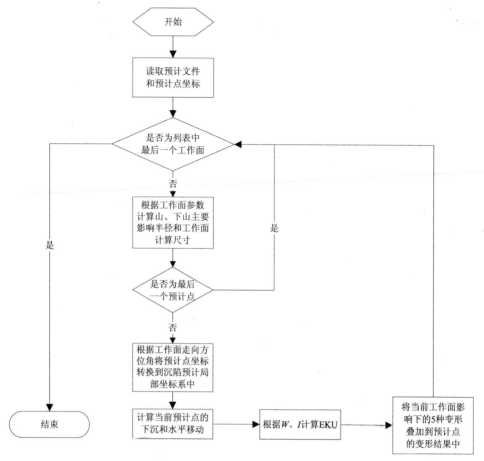

图 14-1　沉陷预计程序流程图ε

第三节　总体设计

一、功能框架

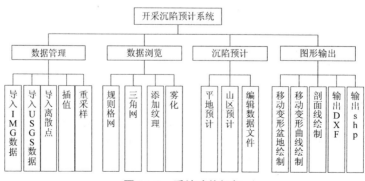

图 14-2　系统功能框架

系统的主要功能有：

①数据管理，实现离散点格式、IMG 格式和 USGS 格式地形数据的三维显示和基于地形数据的插值、采样功能；

②地形数据可视化，实现基于离散点数据构建规则格网和不规则三角网，以及对格网和 TIN 添加纹理和雾化处理；

③基本的数据浏览功能，包括对离散点数据、规则格网和三角网的平移、缩放、旋转；

④预计文件的编辑功能，根据用户输入的预计参数和预计点坐标创建预计文件，实现对已有预计文件中的工作面信息、预计参数以及预计坐标点的查询、修改；

⑤沉陷预计，实现单个或多个工作面在不同倾角条件下、平地和山区地形条件下的下沉、倾斜、曲率、水平移动、水平变形值的预计；

⑥图形输出，实现移动变形盆地、地表 DEM 和工作面的三维显示、图形绘制以及基于移动变形盆地的剖面线绘制，并将结果以*.DXF 或*.shp 文件输出。

二、系统运行主界面

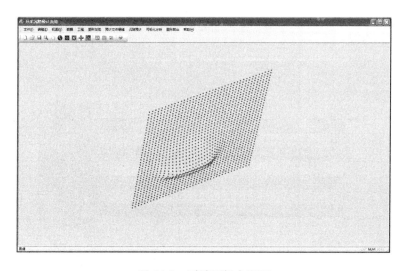

图 14-3　系统运行主界面

三、功能设计

（一）数据管理

1. 功能描述

数据导入，提供.txt 格式、*.img 格式和*.dem 格式的表 DEM 数据的导入和显示功能。在导入数据时，系统可以根据文件后缀自动识别数据格式，对于*.txt 格式文件其格式为点 ID 号、X、Y、高程坐标系为测量坐标系；对于*.img 和*.dem 格式数据系统可以获取其参考坐标系信息、坐标范围、每一个数据点的坐标和高程信息。

插值,对离散点通过反距离加权插值的方法进行插值生成规则格网数据以便于沉陷预计。当打开离散点数据后,系统会自动计算离散点在 X 方向和 Y 方向的最大值、最小值,在"间距"栏中数据格网间距后"回车", X 方向、 Y 方向的行列数目会自动计算出来。单击"确定"按钮,系统会以 X 方向和 Y 方向的最大值、最小值为范围生成等间距的格网并计算每一个格网点的高程,通过差值得到的格网坐标以及高程值将显示在对应的"数据浏览"表格中。

2．界面设计

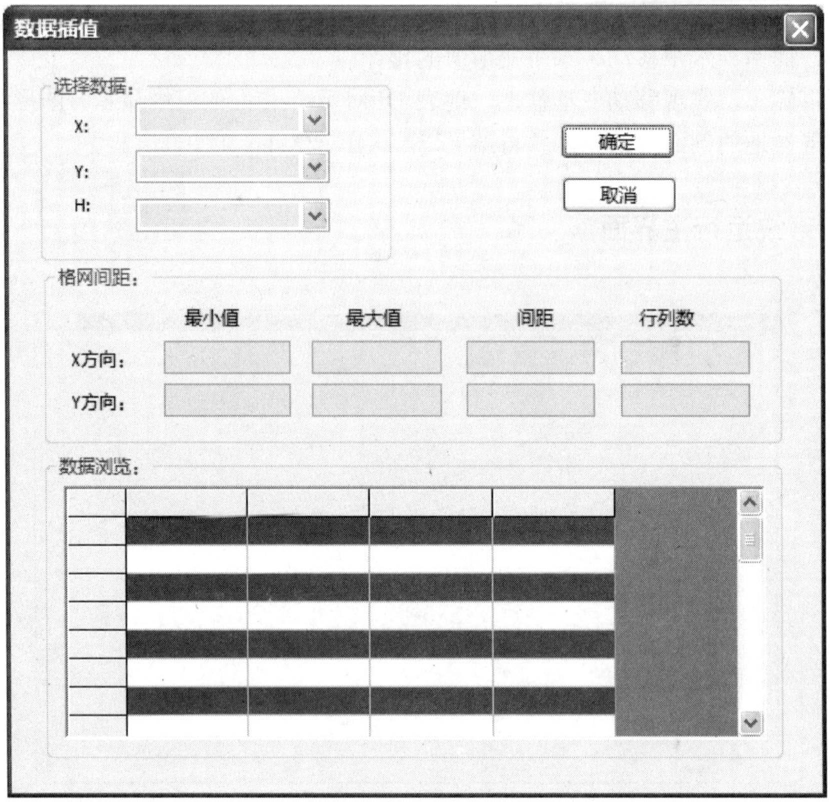

图 14-4　数据插值

（二）数据浏览

1．功能描述

实现对地形数据和地表移动盆地以规则格网、Delaunay 三角网或离散点形式的三维显示,提供在正射投影和透视投影下地形数据的三维旋转、平移、缩放功能,同时能够对显示的数据进行纹理添加和雾化处理,操作过程中单击左侧的单选按钮,可以改变投影方式和显示效果,双击纹理图片框可以修改纹理图片。

2．界面设计

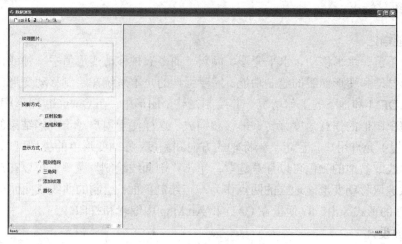

图 14-5　数据浏览

（三）数据文件编辑

1．功能描述

提供对预计参数、工作面信息、工作面角点、山区特性系数的录入和编辑，为便于沉陷预计本功能将属于同一预计范围内的工作面信息组织成预计文件，可以同时将若干工作面添加到同一个数据文件中，确保一次完成影响范围内的所有工作面预计。单击"添加工作面"系统会将当前编辑的工作面添加到内存中，如果所有工作面都添加完毕，点击"生成数据文件"系统会将所有工作的预计参数写入预计文件中，如果要对已有的数据文件进行编辑，可以点击"打开已有数据文件"按钮，然后对预计文件中的预计参数进行编辑。

2．界面设计

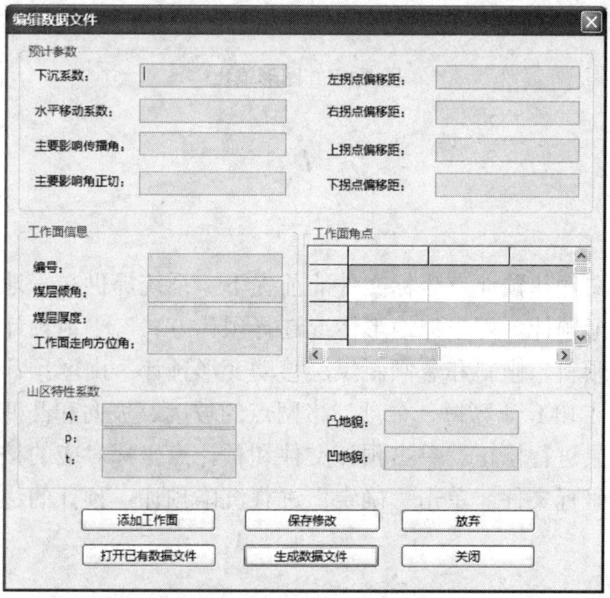

图 14-6　数据文件编辑

（四）图形输出

1. 功能描述

提供对下沉、水平移动、水平变形、倾斜、曲率五种移动变形值中一种或任意几种变形值的变形盆地和变形曲线的绘制功能。需要强调的是本系统在绘制移动变形曲线和盆地时，将地表 DEM 和地下的工作情况一并绘制在整个图形中，在 OpenGL 图形库的支持下，可以实现整个图形的任意角度旋转、平移和缩放，这样便于用户对于沉陷结果的可视化分析。操作过程中允许用户自己定义坐标轴的方向和刻度；移动变形值的类型可以自己添加；移动变形曲线或盆地的颜色可以任意选取；单击"剖面线绘制"菜单，可以在旋转、缩放条件下任意选取移动变形盆地上的两点作为端点绘制剖面；绘制的曲线或曲面可以以*.dxf和*.shp 文件的形式导出，以便于在 CAD 和 ArcMap 中编辑和打印。

2. 界面设计

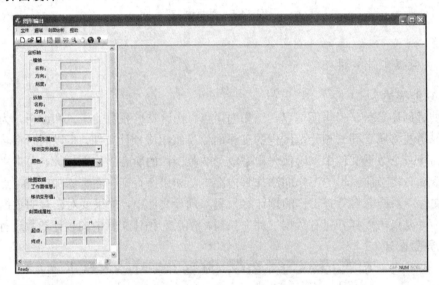

图 14-7　图形输出

（五）沉陷预计

1. 功能描述

在准备好预计文件和预计点坐标文件的前提下，系统提供在平地地形和山区地形条件下的地表移动变形预计。可根据地形情况选择预计方式，平地预计可以完成任意形状和数目的工作面缓倾斜、倾斜和急倾斜煤层移动变形预计；山区预计是在平地预计的基础上，根据地表的 DEM 计算每一个预计格网点的坡度、坡向和凸凹性系数对每一个格网点的平地预计结果进行修正。单击预计文件和预计点坐标对应的按钮可以选取对应的预计文件和预计点坐标文件，单击"确定"进行沉陷预计，预计的进度将显示在下方的进度条中。

2．界面设计

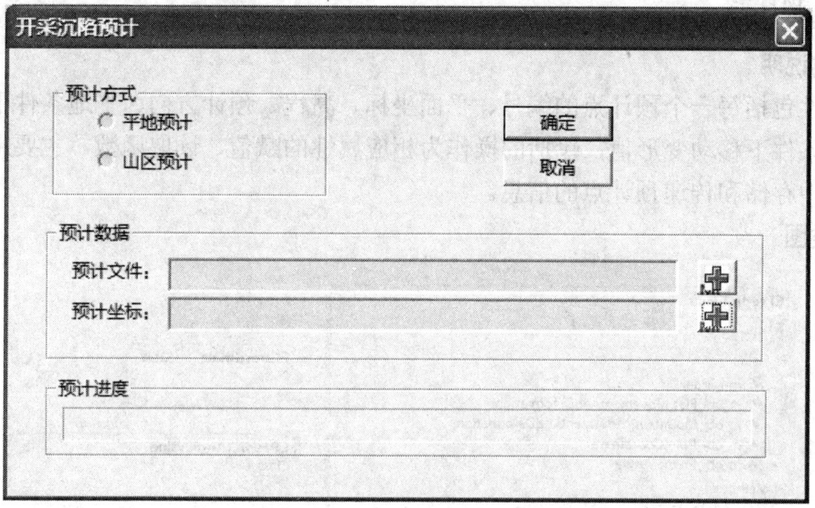

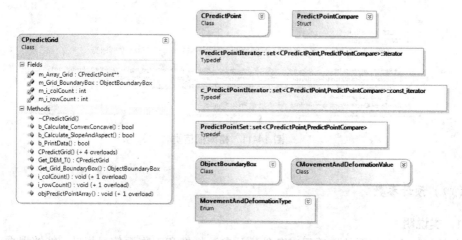

图 14-8　沉陷预计

四、类设计

（一）预计格网

1．类说明

用于以二维数组的形式组织存储规则格网预计点，包括格网的行列数、格网范围、预计点信息，完成按照规则格网的形式计算每一个格网点的坡度、坡向和凸凹特性、输出格网点的信息等功能。坡度和坡向的计算采用拟合曲面法，通过二次曲面即 3*3 的窗口，逐次遍历完所有格网点即可完成所有格网点的坡度坡向计算。

2．类图

CPredictGrid
Class

⊟ Fields
  🔩 m_Array_Grid : CPredictPoint**
  🔩 m_Grid_BoundaryBox : ObjectBoundaryBox
  🔩 m_i_colCount : int
  🔩 m_i_rowCount : int
⊟ Methods
  ◆ ~CPredictGrid()
  ◆ b_Calculate_ConvexConcave() : bool
  ◆ b_Calculate_SlopeAndAspect() : bool
  ◆ b_PrintData() : bool
  ◆ CPredictGrid() (+ 4 overloads)
  ◆ Get_DEM_TO : CPredictGrid
  ◆ Get_Grid_BoundaryBox() : ObjectBoundaryBox
  ◆ i_colCount() : void (+ 1 overload)
  ◆ i_rowCount() : void (+ 1 overload)
  ◆ objPredictPointArray() : void (+ 1 overload)

CPredictPoint
Class

PredictPointCompare
Struct

PredictPointIterator : set<CPredictPoint,PredictPointCompare>::iterator
Typedef

c_PredictPointIterator : set<CPredictPoint,PredictPointCompare>::const_iterator
Typedef

PredictPointSet : set<CPredictPoint,PredictPointCompare>
Typedef

ObjectBoundaryBox
Class

CMovementAndDeformationValue
Class

MovementAndDeformationType
Enum

图 14-9　预计格网类

（二）预计点

1. 类说明

其属性包括每一个预计点的编号、平面坐标、高程、预计方向、平地条件下移动变形值和山区条件下移动变形值，包括的操作为相应属性的赋值、读取函数。主要用于在沉陷预计过称中存储和传递预计点的信息。

2. 类图

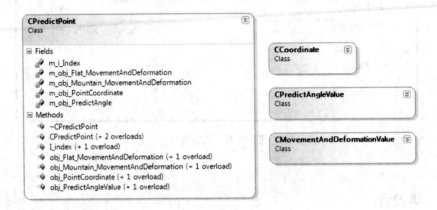

图 14-10　预计格点类

（三）格网插值

1. 类说明

用于对离散高程点进行插值运算，插值过程中按照规定的格网间距取插值点，对每一个格网点沿八个方向搜索临近点，最后用反距离加权算法计算每一个格网点的高程值。

2. 类图

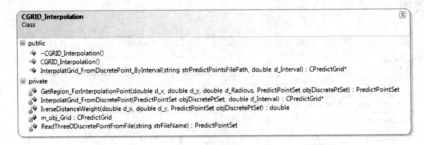

图 14-11　格网插值类

（四）预计参数

1. 类说明

包括每一个工作面的地质采矿条件预计参数指针和工作面信息指针，能够根据工作面角点、煤层倾角、主要影响角正切以及主要影响传播角计算工作面的计算尺寸。

2. 类图

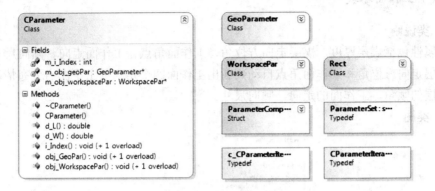

图 14-12 预计参数类

(五)地质采矿条件参数

1. 类说明

包含概率积分预计方法的参数:下沉系数、水平移动系数、主要影响角正切、主要影响传播角以及上、下、左、右的拐点偏移距。用于在沉陷预计过称中组织传递预计参数。

2. 类图

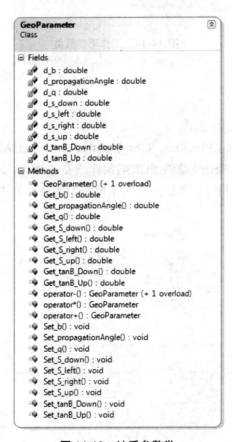

图 14-13 地质参数类

（六）工作面参数

1. 类说明

其属性包括煤层厚度、煤层走向方位角、工作面角点、工作面走向、倾向尺寸。能够根据煤层走向方位角和工作面角点自动判断出工作面四个角点的上下左右分布情况；进而计算煤层的倾角、工作面的走向、倾向尺寸。

2. 类图

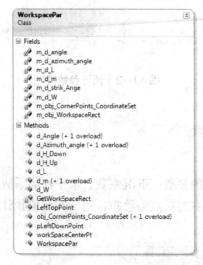

图 14-14　工作面参数类

（七）沉陷预计类

1. 类说明

平地沉陷预计类（CPlanArea_SubsidencePredicter_ByCAI）和山区沉陷预计类（CMountainSubsidencePredicter）派生自沉陷预计基类（CSubsidencePredicter），拥有预计参数集合指针和预计格网指针。分别完成在平地和山区地形条件下的地表移动变形预计。

2. 类图

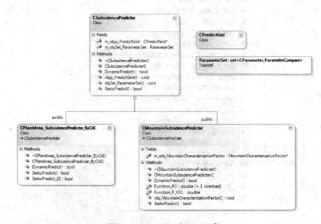

图 14-15　沉陷预计类

（八）OpenGL 操作类

1．类说明

对离散点、规则格网和三角网形式的数据在 OpenGL 场景中的三维显示函数和操作进行封装，鼠标的左键响应旋转事件、中键滚轮响应缩放事件、中键单击并拖动响应视图的平移事件。在操作过程中通过记录并更新视图模型矩阵，达到实时更新场景的目的。

2．类图

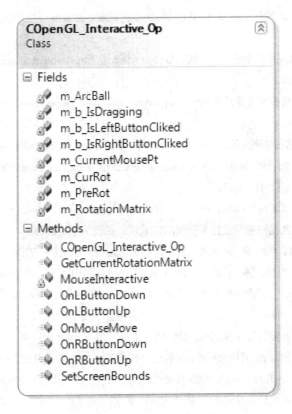

图 14-16　OpenGL 操作类

参考文献

[1] 李清泉，杨必胜，史文中，等. 三维空间数据的实时获取、建模与可视化[M]. 武汉：武汉大学出版社，2003.

[2] 武汉徕达空间信息技术有限公司. 机载 LiDAR 技术概述. http：//lidartek. com. cn/content. asp？id=1476.[2011-12-23].

[3] 东方道迩. LiDAR 机载激光雷达系统. http：//www. bjeo. com. cn/pubnews/761062/20080828/761070. jsp#2.[2011-12-23].

[4] 中国科学院深圳先进技术研究院. 仪器设备共享. http：//www. siat. ac. cn/jgsz/zcbm/kfjspt0/zyjj/.[2011-12-23].

[5] Nikon. 手持式 3D 扫描器. http：//www. nikon-instruments. com. cn/products/index. html？tp1=45&tp2=103&tp3=&pid=373. [2011-12-23].

[6] 中国金属加工网. 供求商机. http：//www. metals8848. com/supply/84640. html.[2011-12-23].

[7] 马立广. 地面三维激光扫描测量技术研究[D]. 武汉：武汉大学，2005.

[8] 范海英，杨伦，邢志辉，等. 三维激光扫描系统的工程应用研究[J]. 矿山测量，2004（3）.

[9] 何国清，杨伦，凌赓娣，等. 矿山开采沉陷学[M] 徐州：中国矿业大学出版社，1991.

[10] 中华人民共和国煤炭工业部. 建筑物、水体、铁路及主要井巷煤柱留设与压煤开采规程[M]. 北京：煤炭工业出版社，1986.

[11] 吴侃. 开采沉陷动态预计程序及其应用[J]. 测绘工程，1995，4（3）：44-48.

[12] 吴侃. 地表移动变形动态预计中求取下沉速度系数的新方法及应用[J]. 江苏煤炭，1991（2）：34-35.

[13] 崔希民，缪协兴，赵英利，等. 论地表移动的时间过程[J]. 煤炭学报，1999，24（5）：453-457.

[14] 刘宝琛，廖国华. 煤矿地表移动的基本规律[M]. 北京：中国工业出版社，1965.

[15] 罗满建，廖超明.RTK 测量精度检定方法探讨[J]. 测绘通报，2004（12）：31-33.

[16] 余小龙，胡学奎.GPS RTK 技术的优缺点及发展前景[J]. 测绘通报，2007（10）：39-44.

[17] 张玉卓，仲惟林，姚建国. 断层影响下地表移动规律的统计和数值模拟研究[J]. 煤炭学报，1989（1）：23-31.

[18] 方开泰，马长兴. 正交与均匀试验设计[M]. 北京：科学出版社，2001.

[19] 邹友峰，马伟民. 正交设计在开采沉陷中的应用[J]. 中国矿业大学学报，1987（4）：31-36.

[20] 张小红. 机载激光扫描测高数据滤波及地物提取[D]. 武汉：武汉大学.

[21] 管海燕，张剑清，邓非，等. 基于扫描线的城区机载激光扫描数据滤波算法研究[J]. 测绘通报，2007，12：9-13.

[22] 何正斌，田永瑞. 机载三维激光扫描点云非地面点剔除算法[J]. 大地测量与地球动力学，2009，8（4）：97-101.

[23] 张皓. 基于虚拟网格与改进坡度滤波算法的机载 LiDAR 数据滤波[J]. 测绘科学技术学报，2009，6（3）：224-227.

[24] 朱政，刘仁义，刘南. Img 图像数据格式分析及超大数据量快速读取方法[J]. 计算机应用研究，2003，8：60-61.

[25] 张艳丽，李开放，任世广. 大倾角煤层综放开采中上覆岩层的运移特征[J]. 西安科技大学学报，2010，30（2）：150-153.

[26] Axelsson，P. DEM Generation from Laser Scanner Data Using Adaptive TIN Models [J]. International Archives of the Photogrammetry，Remote Sensing and Spatial Information Sciences，2000，33（B3）：110-117.

[27] 李卉，李德仁. 一种渐进加密三角网 LiDAR 点云滤波的改进算法[J]. 测绘科学，2009，5：39-41.

[28] 毛建华，何挺，曾齐红，等. 基于 TIN 的 LiDAR 点云过滤算法[J]. 激光杂志，2007，6（28）：36-38.

[29] 吕震，柯映林，孙庆，等. 反求工程中过渡曲面特征提取算法研究[J]. 计算机集成制造系统——CIMS，2003，9（2）：154-157.

[30] 梁佳洪，刘会霞，王霄. 基于平面曲率提取产品特征线的散乱数据建模[J]. 机床与液压，2004，9：52-54.

[31] 慈瑞梅，李东波，童一飞. 复杂曲面特征线自动提取技术研究[J]. 机械设计，2005，22（9）：15-16.

[32] 路兴昌，张艳红. 基于三维激光扫描的空间地物建模[J]. 吉林大学学报，2008，38（1）：167-171.

[33] 张慧，刘伟军. 一种基于小波的轮廓特征提取算法[J]. 中国图像图形学报，2005，10（7）：828-833.

[34] 李必军，方志样，任娟. 从激光扫描数据中进行建筑物特征提取研究[J]. 武汉大学学报，2003，28（1）：65-70.

[35] Xu Jingzhong，Wan Youchuan，Zhang Xubing Source：Proceedings of SPIE-The International Society for Optical Engineering，v 6419，Geoinformatics 2006：Remotely Sensed Data and Information，2006，p 641900.

[36] 路兴昌，宫辉力，文吉，等. 基于激光扫描数据的三维可视化建模[J]. 系统仿真学报，2007，19（7）：1624-1629.

[37] Dinesh M，Ryosuke S. Auto-extraction of Urban Features from Vehicle-Borne Laser Data. Symposium on Geospatial Theory，Processing and Applications，Ottawa. 2002.

[38] 柯映林，单东日. 基于边特征的点云数据区域分割[J]. 浙江大学学报，2005，39（3）：378-380，396.

[39] Pauly M，Keiser R，Gross M. Multi-scale feature extraction on point-sampled surfaces. Eurographics'03，2003：281-289.

[40] 吴杭彬，刘春. 基于数学形态学的 LiDAR 数据分割和边缘提取[J]. 遥感信息，2008：27-32.

[41] Milroy M J，Bradley C，Vckers G W. Segmentation of a wrap-around model using anactive contour. Computer Aided Design，1997，29（4）：299-320.

[42] 柯映林，陈曦. 基于 4DShepard 曲面的点云曲率估算[J]. 浙江大学学报，2005，39（6）：761-764.

[43] Gumhold S，Wang X，Macleod R. Feature extraction from point clouds. 10th International Meshing Roundtable，2001：293-305.

[44] 焦明连，蒋廷臣. 合成孔径雷达干涉测量理论与应用[M]. 北京：测绘出版社，2009.

[45] Graham，L. C. Synthetic Interferometer Radar for Topographic Mapping[C]. Proc. IEEE，1974，62：763-768.

[46] Zebker，H.，R. Goldstein. Topographic mapping from interferometric synthetic aperture radar observations[J]. Journal of Geophysical Research，1986，91（B5）：4993-4999.

[47] Gens R., Vangenderen J. L. SAR interferometry—issues, techniques, applications[J]. International Journal of Remote Sensing, 1996, 17: 1803-1835.

[48] Gens R. Quality assessment of SAR interferometry data[D]. Germany: Hannover University, 1998.

[49] Gabriel A. K. , Goldstein R. M., Zebker H. A . Mapping small elevation changes over largeareas: differential radar interferometry[J]. Journal of Geophysical Research, 1989, 94 (B7): 9183-9191.

[50] Zebker H. A., Rosen P. A., Goldstein R. M., et al. On the derivation of coseismic diaplacement fields using differential radar interferometry: the Landers earthquake[J]. Journal of Geophysical Research, 1994, 99: 19617-19634.

[51] Fruneau B., Sarti F. Detection of ground subsidence in the city of Paris using radar interferometry: isolation of deformation from atmospheric artifacts using correlation[J]. Geophysical Research Letters, 2000, 27: 3981-3984.

[52] 刘国祥. 利用雷达干涉技术监测区域地表形变[M]. 北京: 测绘出版社, 2006.

[53] 吴立新, 高均海, 葛大庆, 等. 基于 D-InSAR 的煤矿区开采沉陷遥感监测技术分析[J]. 地理与地理信息科学, 2004, 20 (2): 22-25, 37.

[54] 马超, 单新建. 星载合成孔径雷达差分干涉测量 (D-InSAR) 技术在形变监测中的应用概述[J]. 中国地震, 2004, 20 (4): 410-417.

[55] 刘国祥, 丁晓利, 陈永奇, 等. 极具潜力的空间对地观测新技术——合成孔径雷达干涉[J]. 地球科学进展, 2000, 15: 734-740.

[56] Massonnet D, Rossi M, et al. The displacement field of the Landers earthquake mapped by radar interferometry[J]. Nature, 1993, 364: 138-142.

[57] Zebker H A, Rosen P A, Goldstein R M, et al. On the derivation of co seismic displacement fields using differential radar interferometry: The Lander earthquakes [J]. Journal of Geophysical Research, 1994, 99 (B10): 19617-19634.

[58] Massonnet D, Vadon H, Rossi M. Reduction of the need for phase unwrapping in radar interferometry [J]. IEEE Transaction on Geosciences and Remote Sensing, 1996, 34 (2), 489-497.

[59] Ferretti A, Prati C, Rocca F. Multibaseline InSAR DEM Reconstruction: The wavelet approach [J]. IEEE Transactions on Geosciences and Remote Sensing, 1999, 37: 705-715.

[60] Ferretti A, Prati C, Rocca F. Permanent scatters in SAR interferometory [J]. IEEE Transactions on Geosciences and Remote Sensing, 2001, 39 (1): 8-19.

[61] Cao L., Zhang Y., He J., et al. Coal mine land subsidence monitoring by using spaceborne InSAR data-a case study of Fengfeng, Hebei Province, China [C]. The International Archives of the Photogrammery, Remote Sensing and Spatial Information Science. 2008, 2.

[62] 廖明生, 林珲. 雷达干涉测量——原理与信号处理基础[M]. 北京: 测绘出版社, 2003.

[63] 王超, 张红, 刘智. 星载合成孔径雷达干涉测量[M]. 北京: 科学出版社, 2002.

[64] 范景辉, 郭华东, 郭小方, 等. 基于相干目标的干涉图叠加方法监测天津地区地面沉降[J]. 遥感学报, 2008 (1): 111-118.

[65] 姚宁. D-InSAR 监测开采沉陷的实验研究[D]. 徐州: 中国矿业大学, 2009.

[66] 张诗玉, 李陶, 夏耶. 基于 InSAR 技术的城市地面沉降灾害监测研究[J]. 武汉大学学报: 信息科学版, 2008, 33 (8): 850-859.

[67] 龙四春，李陶. D-InSAR 中参考 DEM 误差与轨道误差对相位贡献的灵敏度研究[J]. 遥感信息，2009（2）：3-6.

[68] 刘国祥. Monitoring of Ground Deformations with Radar Interferometry[M]. 北京：测绘出版社，2006.

[69] 刘国祥，丁晓利，李志林，等. 卫星 SAR 复数图像的空间配准[J]. 测绘学报，2001，30：60-66.

[70] 彭曙蓉. 高分辨率合成孔径雷达干涉测量技术及其应用研究[D]. 长沙：湖南大学，2007.

[71] 魏钟铨，等. 合成孔径雷达[M]. 北京：科学出版社，2001.

[72] Kampes B. M. . Radar Interferometry：Persistent Scatterer Technique[M]. Dordrecht：Springer，2006.

[73] Colesanti C.，Ferretti A.，Novali F.，et al . SAR monitoring of progressive and seasonal ground deformation using the permanent scatterers technique[J]. IEEE Transactions on Geoscience and Remote Sensing，2003，41（7）：1685-1701.

[74] Hanssen R. F. . Radar Interferometry[M]. Netherlands：Kluwer Academic Publishers，2001：301.

[75] 张军，向家彬，彭石宝. 一种新的 InSAR 基线估计方法[J]. 空军雷达学院学报，2008，22（1）：36-39.

[76] 程滔. CR、PS 干涉形变测量联合解算算法研究与应用[D]. 北京：中国地震局地质研究所，2007.

[77] 张红，王超，吴涛，等. 基于相干目标的 DInSAR 方法研究[M]. 北京：科学出版社，2009.

[78] 闫建伟. 基于 D-InSAR 技术的煤矿地面沉陷监测研究[D]. 徐州：中国矿业大学，2011.

[79] 闫建伟，汪云甲，陈国良，等. 钱营孜煤矿地表沉陷的 D-InSAR 监测[J]. 金属矿山，2011，（3）：105-111.

[80] 陈国良. 煤矿区"一张图"建设的若干关键技术研究[D]. 徐州：中国矿业大学，2011.

[81] Sheng Yaobin，Wang Yunjia，Ge Linlin，et al. Differential radar interferometry and its application in monitoring underground coal mining-induced subsidence. Int. Conf. on Geospatial Solutions for Emergency Management & 50th Anniversary of the founding of the Chinese Academy of Surveying & Mapping，Beijing，P. R. China，14-16 September：227-232.

[82] 杨帆，麻凤海. 急倾斜煤层采动覆岩移动模式及其应用[M]. 北京：科学出版社，2007.

[83] 谭继文. 矿山环境学[M]. 北京：地震出版社，2008.

[84] 蔡来良. 适宜倾角变化的开采沉陷一体化预测模型研究[D]. 徐州：中国矿业大学，2011.

[85] 陈兴华. 脆性材料结构模型试验[M]. 北京：水利水电出版社，1994.

[86] 段书武. 相似材料模型内部位移测试方法研究[D]. 天津：天津大学，2003.

[87] 李鸿昌. 矿山压力的相似模拟试验[M]. 徐州：中国矿业大学出版社，1988.

[88] 易宏伟. 模型边界摩擦系数的测试与减模材料的研究[J]. 阜新矿业学院学报，1995（1）.

[89] 高明中. 模型试验中几个问题的分析[J]. 西安矿业学院学报，1996，16（4）：304-307.

[90] 高明中. 侧面摩擦对平面模型的影响分析[J]. 矿山压力与顶板管理，1997，1：62-64.

[91] 郝迎吉，王生范. 相似材料模型实验中围岩垂直应力微机测控系统[J]. 煤矿机械，2006，27（6）：1041-1043.

[92] 柴敬，伍永平，侯忠杰，等. 相似材料模型实验中围岩垂直应力测试的实验研究[J]. 岩土工程学报，2000，22（2）：218-221.

[93] 柴敬. 相似模拟实验中近景摄影测量的应用[J]. 西安矿业学院学报，1996，16（1）：5-9.

[94] 赵国旭，谢和平，马伟民. 大条带综放开采的相似材料模型试验研究[J]. 西部探矿工程，2003（12）：61-63.

[95] 谭志祥，邓喀中. 采动区建筑物动态移动变形规律模拟研究[J]. 西安科技大学学报，2006，9：349-352.

[96] 方新秋，何富连，钱鸣高. 直接顶稳定性的相似模拟试验[J]. 矿山压力与顶板管理，1999，3（4）：41-44.

[97] 杨化超，邓喀中，郭广礼. 相似材料模型变形测量中的数字近景摄影测量监测技术[J]. 煤炭学报，2006，31（3）：292-295.

[98] 杨化超，邓喀中，杨国东，等. 矿山条带开采相似材料模型变形测量[J]. 吉林大学学报：地球科学版，2007，37（1）：190-194.

[99] 康建荣，王金庄，胡海峰. 相似材料模拟试验经纬仪观测方法分析[J]. 矿山测量，1999，2（1）：43-46.

[100] 刘吉波，戴华阳，阎跃观，等. 相似材料模型实验两个控制点经纬仪观测法及其精度分析[J]. 矿山测量，2008，3（1）：77-79.

[101] 赵兵朝，赵国梁，李瑞斌. 全站仪在开采沉陷三维相似模拟实验中的应用[J]. 西安科技大学学报，2007，27（1）：35-38.

[102] 蔡利梅，许家林，马文顶，等. 相似材料模型变形的图像自动测量[J]. 矿山压力与顶板管理，2004，3：106-108.

[103] 蔡利梅，黎少辉. 自动测量相似材料模型变形软件的设计与实现[J]. 计算机应用与软件，2006，23（7）：98-100.

[104] 杨晋，张申，杨扬. 自动网格法在井下精确定位中的应用[J]. 矿业研究与开发，2006，26（5）：75-78.

[105] 何金，邓喀中. 3D 激光扫描应用于开采沉陷相似材料模型观测[J]. 测绘信息与工程，2008，33（5）：19-21.

[106] 何金. 三维激光扫描技术应用于开采沉陷监测的研究[D]. 徐州：中国矿业大学，2008.

[107] 邵双运. 光学三维测量技术与应用[J]. 现代仪器，2008，3：10-13.

[108] 蔡伟峰，游步东，晓敏. 空间三维测量的研究[J]. 江西科学，2007，25（1）：68-71.

[109] 陈晓荣，蔡萍，施文康. 光学非接触三维形貌测量技术新进展[J]. 光学精密工程，2002，10（5）：528-532.

[110] 苏显渝，李继陶. 三维面形测量技术的新进展[J]. 物理，1996，25（10）：614-620.

[111] Huntley J M. Optical shape measurement technology：past，present and future [J]. Proceedings of SPIE，2000，4076（1）：162-173.

[112] 王震. 基于光栅投影的三维模型测量系统关键技术研究与实现[D]. 南京：南京航空航天大学研究生院机电学院，2007.

[113] 冯文灏. 工业测量[M]. 武汉：武汉大学出版社，2004.

[114] 郑团结，缪剑，高德俊，等. 机载三维激光扫描的实时一体化摄影测量及数据处理[J]. 测绘技术装备，2006，8（3）：11-15.

[115] Moss J. P. A Laser Scanning System for the Measurement of Facial Surface Morphology [J]. Optics and Lasers in Engineering：1989，10：179-190.

[116] 杜颖，李真，张国雄. 三维曲面的光学非接触测量技术[J]. 光学精密工程：1999，6（3）：1-6.

[117] 桑新柱，吕乃光. 三维形状测量方法及发展趋势[J]. 北京机械工业学院学报，2001，6（2）：32-38.

[118] Wang Guanghui，Hu Zhanyi，Wu Fuchao，et al. Implementation and experimental study on fast object modeling based on multiple structured stripes[J]. Optics and Lasers in Engineering，2004，42：627-638.

[119] Sansoni G. ，Carocci M. ，Rodella R. Calibration and Performance Evaluation of A 3-D Imaging Sensor Based on The Projection of Structured Light[J]. IEEE Transactions on Instrumentation and Measurement，2000，49（3）：628-636.

[120] Lequellec, J. M. ，Lerasle, F. Car Cockpit 3D Reconstruction by A Structured Light Sensor[C]. Intelligent Vehicles Symposium，2000. IV 2000. Proceedings of the IEEE. 2000：87-92.

[121] 梁声. 反向工程中数字近景摄影测量系统三维光学测量关键技术研究[D]. 上海：上海交通大学，2008.

[122] 苏发，耿雷，牛曙光. 反求工程中三维光学测量系统在模具设计和制造中的应用[J]. 计量技术，2005，7：37-39.

[123] Pierre Grussenmeyer，Jean Yasmine. Photogrammetry for the Preparation of Archaeological Excavation. A 3D Restitution According to Modern and Archive Images of Beaufort Castle Landscape（Lebanon）[C]. CIPA Special Session，2003.

[124] Patrick Jordan，Jochen Willneff，Nicola D'Apuzzo，et al. Photogrammetric measurement of deformations of horse hoof horn capsules [C]. Videometrics and Optical Methods for 3D Shape Measurement，Proceeding of SPIE，San Jose，California，2001，4309：204-211.

[125] 冯文灏. 近景摄影测量[M]. 武汉：武汉大学出版社，2002.

[126] 曹天宁. 从 1992 年 SPIE 国际会议看国外光学工艺与检测的发展新动向[J]. 光学技术，1993，4：30-37.

[127] 王建国. 基于快速原型技术的快速反馈设计系统研究[D]. 北京：清华大学，1996.

[128] 吴琦峰. 基于 ATOS 测量系统的常规工程零件 CAD 模型重构方法研究[D]. 重庆：重庆大学，2003.

[129] Rosenfeld A.，Kak A. C.，Digital Picture Processing，Beijing：SciencePress，1983：57-190.

[130] 王亚元. 基于数字摄影的光学三维测量技术[J]. 工具技术，2005，39：61-63.

[131] 黄诚驹，齐荣. 基于 ATOS 测量系统原型曲面快速数字测量及处理[J]. 机电产品开发与创新，2004，7：79-80.

[132] Tsai R Y，An efficient and accurate camera calibration technique for 3D machine vision[C]. Proc. IEEE Conf. on Computer Vision and Pattern Recognition，Miami Beach，FL，1986：364-374.

[133] Reimar K L，et al. Techniques of Calibration of the scale factor and image center for high accuracy 3D machine vision metrology. IEEE Trans. on PAMI，1988，10（5）.

[134] 周士侃. 基于 Atos&Tritop 的点云采集方法[J]. 模具技术，2004，2.

[135] 王翠萍. ATOS 扫描仪在货车驾驶室覆盖件测量中的应用[J]. 农业装备与车辆工程，2006，3：34-37.

[136] Roger Y T. A versatile camera calibration technique for high-accuracy 3D machine vision metrology using off-the-shelf TV camera and lenses. IEEE Journal of Automation，1987，RA-3（4）.

[137] Zhang S.，Zhang J. 3-D Contour Reconstruction Using Phase Shifting Method. Final project report of CSE528. 2001.

[138] 苏发，牛曙光，孙洪江. 三维光学扫描测量系统在产品快速设计及制造中的应用[J]. 机床与液压，2005，7：19-20.

[139] 张德海，梁晋，郭成，等. 三维数字化尺寸检测在逆向工程中的研究及应用[J]. 机械研究与应用，2008，21（4）：67-70.

[140] 朱敏，邱蔚六，房兵，等. 三维光栅投影技术在面部轮廓三维重建中的应用[J]. 上海口腔医学，2004，13（3）：173-175.

[141] 张浩翼，曾德山，邢渊. 反向工程中三维光学测量系统参考点的设计和图像处理识别技术研究[J]. 模具工业，2004，5：43-46.

[142] 三维光学测量系统介绍[E]. 西安：西安交通大学信息机电研究所，2008，8.

[143] 孙晨光. 数字相移相位测量技术及其应用[D]. 天津：天津大学，2003.

[144] 苏发. 提高 ATOS 系统在反求设计中测量精度的研究[D]. 阜新. 辽宁工程技术大学，2007.

[145] 张德海，梁晋，唐正宗，等. 基于近景摄影测量和三维光学测量的大幅面测量新方法[J]. 中国机械工程，2009，20（7）：817-822.

[146] NikonD80 数码相机简体中文使用手册[E]. Nikon 公司，2006，9.

[147] 崔希民，缪协兴，苏德国，等. 岩层与地表移动相似材料模拟试验的误差分析[J]. 岩石力学与工程学报，2002，21（12）：1827-1830.

[148] 国家煤炭工业局. 建筑物、水体、铁路及主要井巷煤柱留设与压煤开采规程[M]. 北京：煤炭工业出版社，2000.

[149] 李志林，朱庆. 数字高程模型[M]. 武汉：武汉大学出版社，2003.

[150] Ftp：//ftp. ecn. purdue. edu/jshan/86/help/html/appendices/hfa_object_directory. htm#Basic_Objects_of_an _HFA_File.

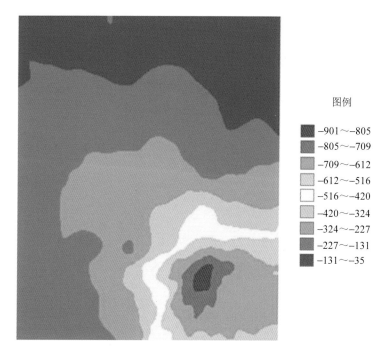

图例

■ −901～−805
■ −805～−709
■ −709～−612
□ −612～−516
□ −516～−420
□ −420～−324
■ −324～−227
■ −227～−131
■ −131～−35

彩图 1 首末两期数据获得的 DEM 相减

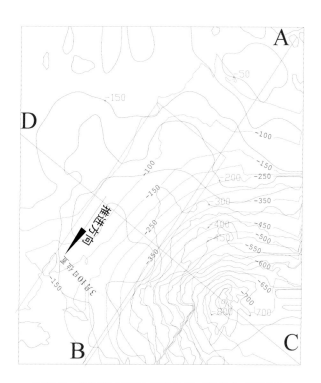

彩图 2 实测值与预计值对比图（黑色为实测值）

（a）第一次点云   （b）第二次点云   （c）两次点云叠加

（d）第二次点云侧面

彩图 3　扫描得到的点云

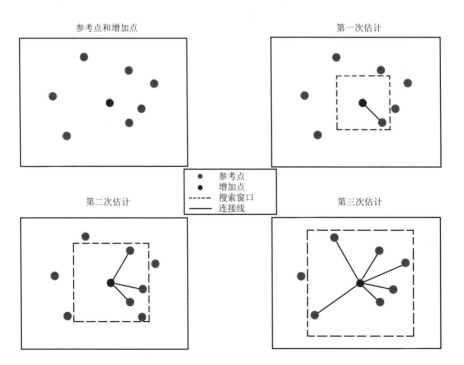

彩图 4　向 PS 参考网中引入单个离散 PS 点的方法

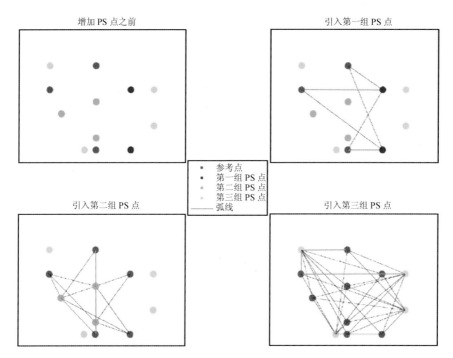

彩图 5 离散 PS 点引入 PS 参考网示意图

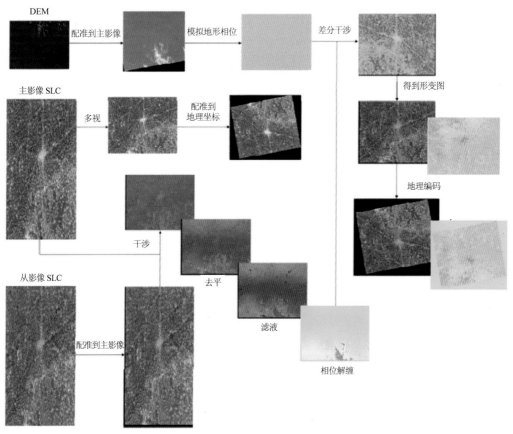

彩图 6 "二轨法"D-InSAR 矿区地表沉降监测流程图

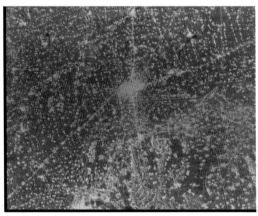

彩图 7　去平后干涉图（左图是相位图，右图是联合后向散射强度的相位图）

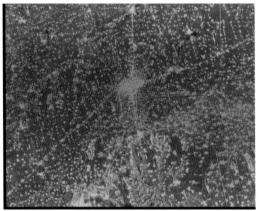

彩图 8　滤波后干涉图（左图是相位图，右图是联合后向散射强度的相位图）

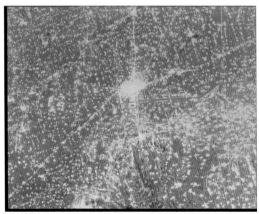

彩图 9　解缠后干涉图（左图是相位图，右图是联合后向散射强度的相位图）

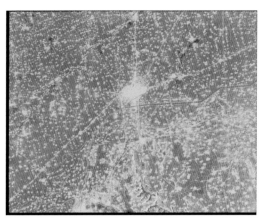

彩图 10　模拟地形相位图　　　　　　　　　　彩图 11　联合强度图的差分相位

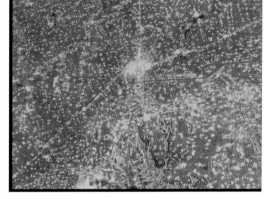

彩图 12　沉降图（左图为沉降图，右图为联合后向散射图的沉降图）

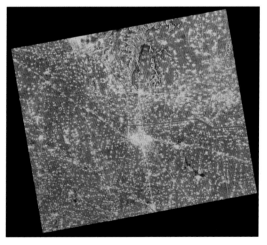

彩图 13　地理编码后的沉降图（左图为沉降图，右图为联合后向散射图的沉降图）

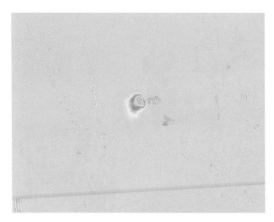

彩图 14　矿区沉降图（左图为沉降图，右图为联合后向散射图的沉降图）

彩图 15　钱营孜煤矿联合地理要素的沉陷图

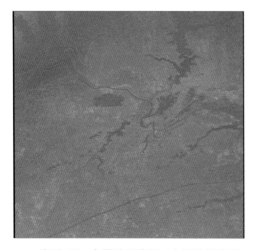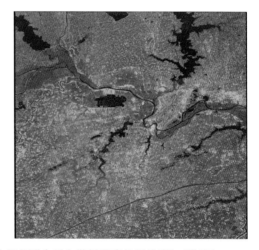

彩图 16　去平后干涉图（左图是相位图，右图是联合后向散射强度的相位图）（淮南）

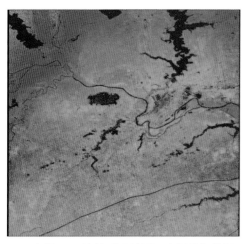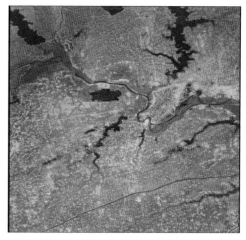

彩图 17　滤波后干涉图（左图是相位图，右图是联合后向散射强度的相位图）（淮南）

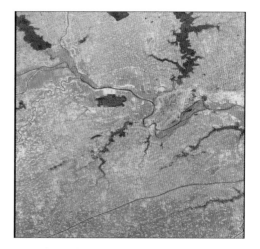

彩图 18　解缠后干涉图（左图是相位图，右图是联合后向散射强度的相位图）（淮南）

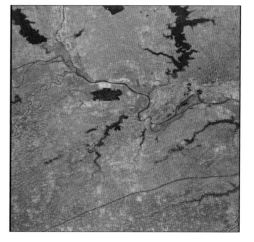

彩图 19　沉降图（左图为沉降图，右图为联合后向散射图的沉降图）（淮南）

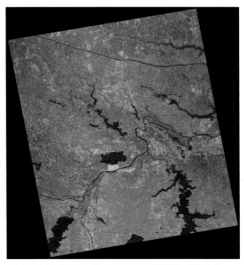

彩图 20　地理编码后的沉降图（左图为沉降图，右图为联合后向散射图的沉降图）（淮南）

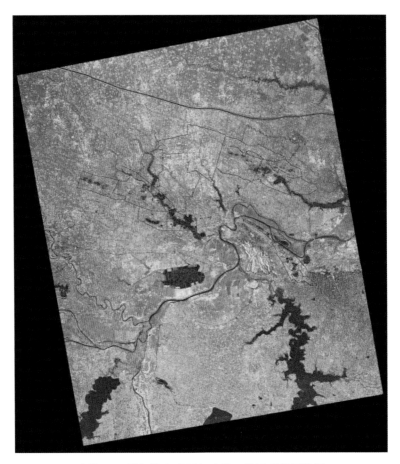

彩图 21　叠加淮南矿区各矿井田边界后的沉降图

彩图 22　裁剪后的淮南矿区沉降图（根据各矿井田边界）

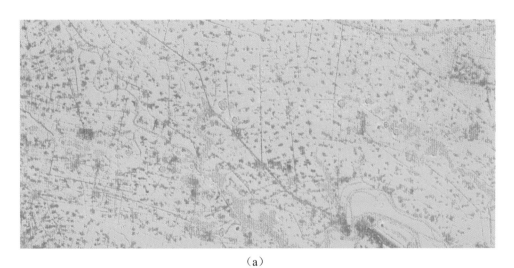

（a）

（b）

彩图 23　淮河以北的淮南矿区各矿沉降值（a 为沉降图，b 为下沉量等值线图）

（a）

（b）

彩图 24 谢桥矿地面沉降值（a 是沉降图，b 为下沉量等值线图）

（a）

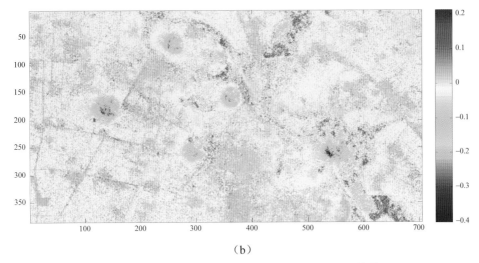

（b）

彩图25　张集矿地面沉降值（a是沉降图，b为下沉量等值线图）

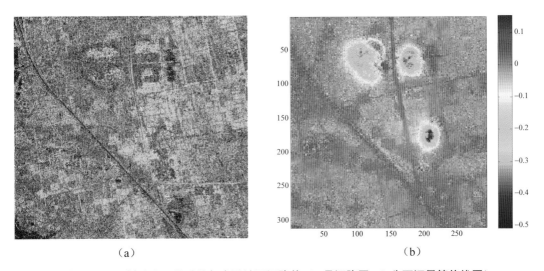

（a）　　　　　　　　　　　　　　　　　　（b）

彩图26　顾桥矿和顾北矿北部交界地面沉降值（a是沉降图，b为下沉量等值线图）

（a）

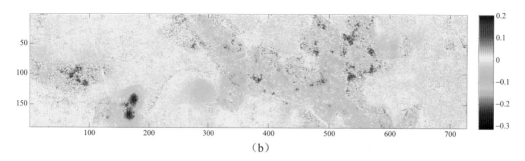

（b）

彩图 27　新集矿和花园湖矿部分区域地面沉降值（a 是沉降图，b 为下沉量等值线图）

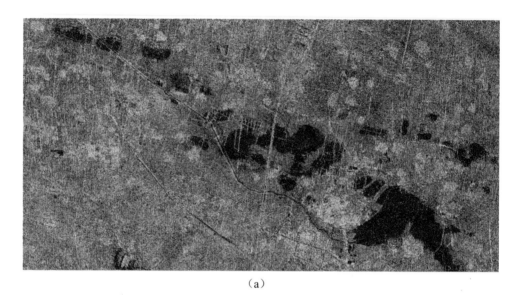

（a）

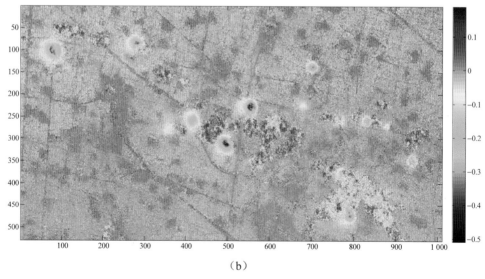

（b）

彩图 28　潘一、潘二、潘三矿地面沉降值（a 是沉降图，b 为下沉量等值线图）

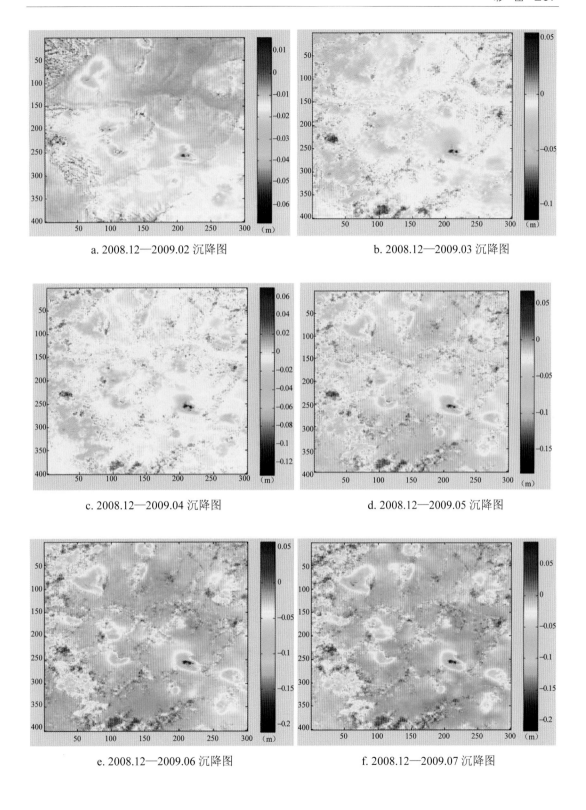

a. 2008.12—2009.02 沉降图

b. 2008.12—2009.03 沉降图

c. 2008.12—2009.04 沉降图

d. 2008.12—2009.05 沉降图

e. 2008.12—2009.06 沉降图

f. 2008.12—2009.07 沉降图

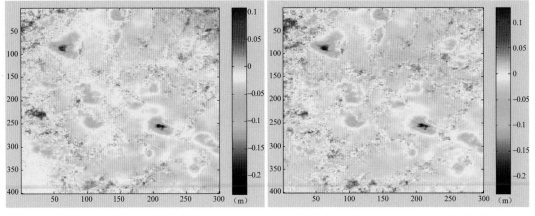

g. 2008.12—2009.08 沉降图　　　　　　h. 2008.12—2009.10 沉降图

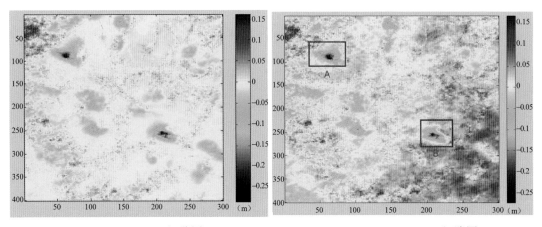

i. 2008.12—2009.11 沉降图　　　　　　j. 2008.12—2009.12 沉降图

彩图 29　监测沉降数据分析图

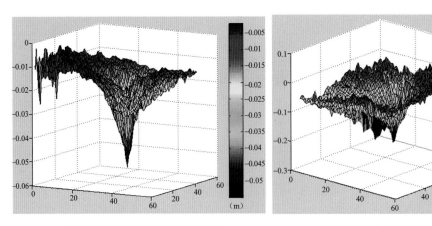

（a）A 区域 35 天内沉降三维图　　　　　（b）A 区域 210 天内沉降三维图

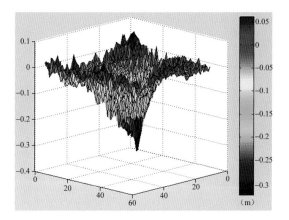

（c）A 区域 210 天内沉降三维图

彩图 30　A 区域三维沉降图

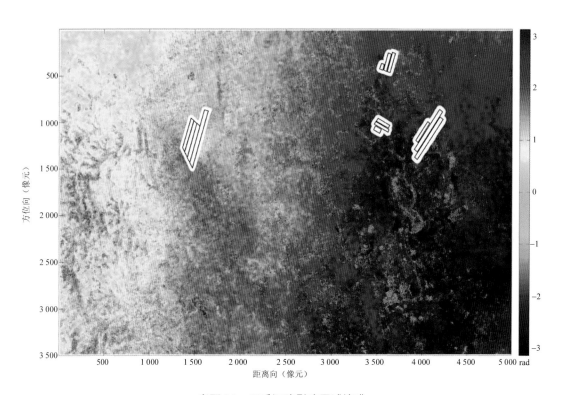

彩图 31　开采沉陷影响区域掩膜

注：图中黑色框为投影到雷达坐标系的该幅差分干涉图从影像获取时间之前 1 年时间内开采计划中的工作面

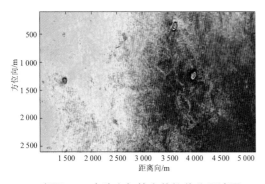

彩图 32   去除大气效应前的差分干涉图

彩图 33   去除大气效应后的差分干涉图

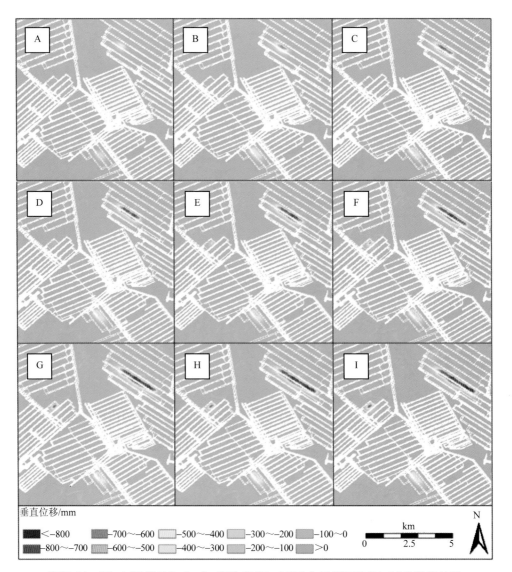

彩图 34   Westcliff 煤矿和 Appin 煤矿 2007—2008 年开采沉陷 DInSAR 监测结果

注：白色框为投影到雷达坐标系的工作面，图中显示的为自 2007 年 7 月 26 日至其他影像获取日期的累积沉降量（负值为沉陷）：（A）2007 年 8 月 14 日，（B）2007 年 9 月 29 日，（C）2007 年 11 月 14 日，（D）2007 年 12 月 30 日，（E）2008 年 2 月 14 日，（F）2008 年 3 月 31 日，（G）2008 年 5 月 16 日，（H）2008 年 7 月 1 日，（I）2008 年 10 月 1 日

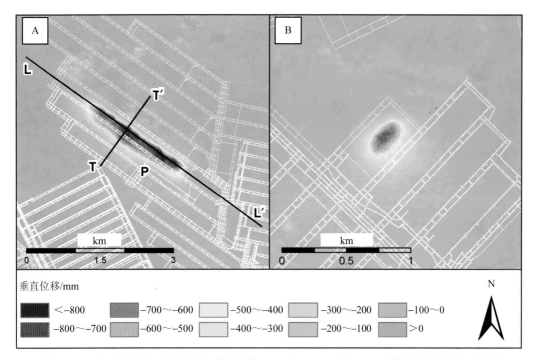

垂直位移/mm

< -800	-700～-600	-500～-400	-300～-200	-100～0
-800～-700	-600～-500	-400～-300	-200～-100	> 0

N

彩图 35　A 中为沿煤层走向和倾向的观测线 L-L′和 T-T′，B 为 Appin 煤矿右上角的沉陷区域

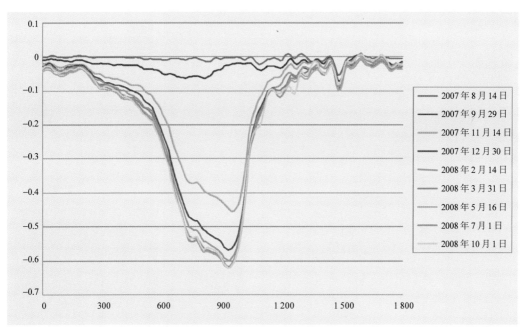

──	2007 年 8 月 14 日
──	2007 年 9 月 29 日
──	2007 年 11 月 14 日
──	2007 年 12 月 30 日
──	2008 年 2 月 14 日
──	2008 年 3 月 31 日
──	2008 年 5 月 16 日
──	2008 年 7 月 1 日
──	2008 年 10 月 1 日

彩图 36　观测线 T-T′视线方向沉陷值累积图

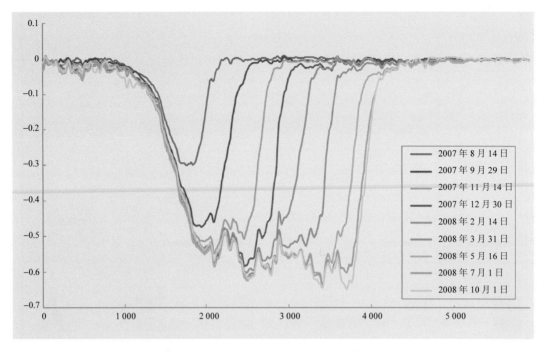

彩图 37　观测线 L-L'视线方向沉陷值累积图

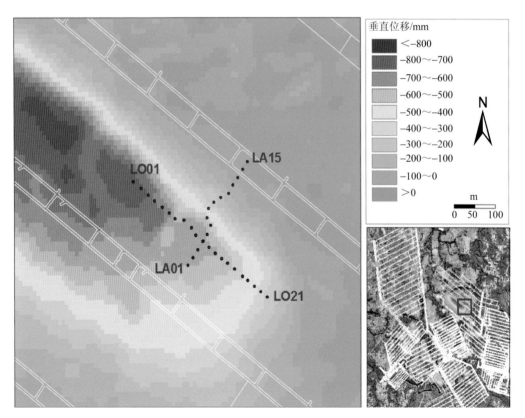

彩图 38　2007 年 6 月 29 日至 2008 年 2 月 14 日的 DInSAR 监测结果与 GPS 监测结果比较

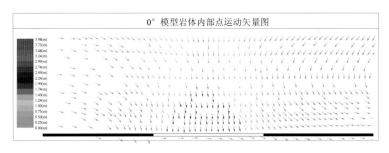

0° 模型岩体内部点运动矢量图

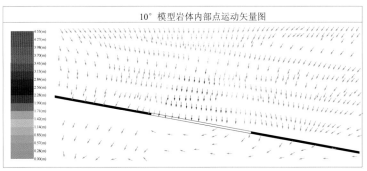

10° 模型岩体内部点运动矢量图

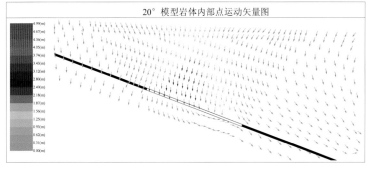

20° 模型岩体内部点运动矢量图

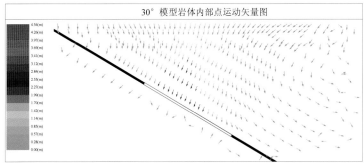

30° 模型岩体内部点运动矢量图

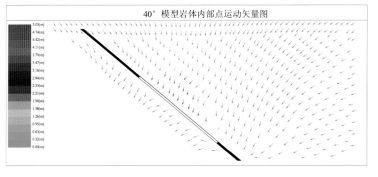

40° 模型岩体内部点运动矢量图

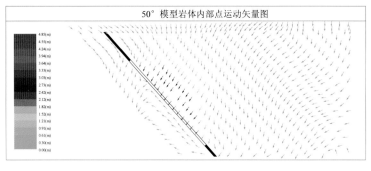

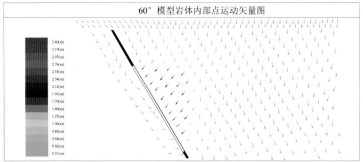

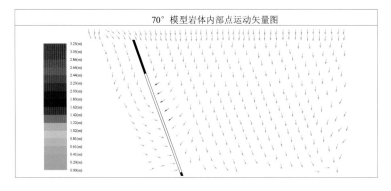

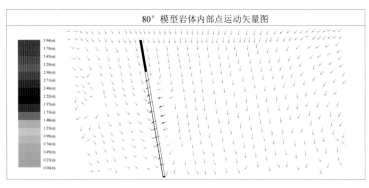

彩图 39 各个模型岩体内部运动矢量图